荣获中国石油和化学工业优秀教材奖

普通高等教育“十三五”规划教材

环境生态工程

朱端卫　主编　万小琼　崔理华　副主编

Eco-Environmental Engineering

本书本着生态与环境持续、和谐发展的理念，在确保系统范围内生态平衡的基础上，整合环境工程技术以综合解决与生态失衡息息相关的非单纯环境问题。全书突出了生物与工程技术相辅相成的特色，贯穿理论性、实践性和可操作性并举的授渔导向。本书共分9章，分别为概论、环境生态工程基本原理及设计基础、湿地环境生态工程、水环境生态工程、流域环境生态工程、固体废物的环境生态工程、生物质处理及利用工程、大气环境生态工程和环境生态工程综合设计与实验。

本书可供高等院校环境生态工程专业、环境工程专业、环境科学专业及相关专业本科教学使用，也可供相关工程领域的研究人员、技术人员和管理人员参阅。

图书在版编目(CIP)数据

环境生态工程/朱端卫主编．—北京：化学工业出版社，2017.5（2024.7重印）
普通高等教育“十三五”规划教材
ISBN 978-7-122-26073-4

Ⅰ.①环… Ⅱ.①朱… Ⅲ.①环境生态学-生态工程-高等学校-教材 Ⅳ.①X171

中国版本图书馆CIP数据核字（2016）第011553号

责任编辑：满悦芝 洪 强　　装帧设计：张 辉
责任校对：王 静

出版发行：化学工业出版社（北京市东城区青年湖南街13号 邮政编码100011）
印　　装：大厂聚鑫印刷有限责任公司
787mm×1092mm 1/16 印张13¼ 字数318千字 2024年7月北京第1版第10次印刷

购书咨询：010-64518888　售后服务：010-64518899
网　　址：http://www.cip.com.cn
凡购买本书，如有缺损质量问题，本社销售中心负责调换。

定　　价：35.00元

《环境生态工程》编写人员名单

主　　编　朱端卫

副 主 编　万小琼　崔理华

编写人员　（按姓氏笔画排序）

万小琼　华中农业大学

王　砚　华中农业大学

朱端卫　华中农业大学

华玉妹　华中农业大学

向荣彪　华中农业大学

杨钙仁　广西大学

周文兵　华中农业大学

赵建伟　华中农业大学

崔理华　华南农业大学

蔡建波　华中农业大学

主　　审　盛连喜　东北师范大学

前　言

人类社会进入21世纪以来，环境与生态问题被提到前所未有的高度，这不仅是人们对当今人口激增、工业高度发展、肥料和农药过度使用、农产品加工、资源过度消耗等环节于人类生存环境不利的一种担忧，同时也是人们将日新月异的科学技术加快应用于环境污染治理的一种坚定表现。于是乎，通过研究与实践，部分科研工作者在防治环境污染和提高环境质量过程中将注视的目光由工业点源污染防控转向广大城乡、江河湖库面源污染治理的广阔空间，更加注重利用自然力量来修复各种环境污染，以确保人类社会沿着环境优化、生态和谐的方向持续发展。

实际上，在20世纪下半叶人们逐渐从对环境监测和环境影响评估的描述性工作中走了出来，在控制论、系统论的前提下，应用基础工程学、物理学及化学等学科研究的进展为环境工程提供了基本概念和原理；面对环境变化对生态系统的负面影响，同样利用控制论、系统论等理论对基础生态学和应用生态学进行了拓展，形成了生态工程。时至今日，环境污染物的散布已在大尺度空间上深刻影响着生态系统平衡和安全；另一方面，人们加强了对生物在群体上与污染物的转化、消失的关系的认识，从而利用生物多样性及生物措施来减少污染物在环境中的传递，这一工作综合了环境工程和生态工程的作用，形成了环境生态工程基本理论和方法。

部分高等院校开设环境工程专业的时钟随着21世纪的到来才被敲响。此时，环境工程的理论和方法都已成熟，而这一专业培养的学生在实践中将更多遇到大尺度空间上环境问题的挑战。他们在面对农村环境问题和农业面源污染时要有所作为，发挥生物学特色的优势来解决实际问题，创新解决问题的方式与方法。我们编写《环境生态工程》（Eco-Environmental Engineering）教材，希望通过本课程的学习，环境生态工程、环境工程等专业的学生能够掌握本书介绍的方法和原理，在此基础上通过阅读案例和进行相关实验，能更好地理解环境生态工程的作用，为将来解决广大城乡、江河湖库面源污染问题打下坚实的基础。

本书第1章及第9章实验3由朱端卫编写；第2章2.1～2.4节、第5章由万小琼编写；第3章由华玉妹、崔理华编写；第9章实验1由华玉妹编写；第2章2.5节、第4章4.1～4.3节及第9章实验5由赵建伟编写；第4章4.4、4.5节由蔡建波编写；第6章及第9章实验2由王砚编写；第7章及第9章实验4由周文兵编写；第8章由向荣彪、杨钙仁编写；第9章实验6由向荣彪编写。全书由朱端卫汇总、修定，蔡建波对部分图表进行了重新编辑，刘广龙提供了部分资料，石巍方对第9章实验3的部分概念进行了完善，北京师范大学的刘静玲教授对第5章进行了审定，东北师范大学的盛连喜教授对全书进行了审定，在此一并致谢。

由于我们水平有限，而本书内容涉及的领域广泛且又是一门交叉的新兴学科，其中有些论点并非完全成熟、方法并非完善、内容取舍并非完全恰当，编写过程难免有疏漏之处，敬请本书读者批评指正。

朱端卫

2017年4月

目　　录

第1章　概论 …… 1

1.1　环境生态工程的产生背景及其相关理念 …… 1

1.2　环境生态工程的学科任务 …… 2

1.2.1　环境生态工程的定义 …… 2

1.2.2　环境生态工程的课程任务 …… 3

1.3　环境生态工程的研究进展 …… 4

1.3.1　国内外环境生态工程概述 …… 4

1.3.2　环境生态工程在我国的发展前景 …… 5

思考题 …… 6

参考文献 …… 6

第2章　环境生态工程基本原理及设计基础 …… 7

2.1　环境生态工程的核心原理 …… 7

2.1.1　整体性原理 …… 7

2.1.2　协调与平衡原理 …… 9

2.1.3　自生原理 …… 11

2.1.4　循环再生原理 …… 13

2.2　环境生态工程的生态学原理 …… 14

2.2.1　层次性原理 …… 14

2.2.2　生物多样性原理 …… 15

2.2.3　限制因子原理 …… 16

2.2.4　边缘效应原理 …… 16

2.2.5　景观生态原理 …… 17

2.3　环境生态工程的工程学原理 …… 17

2.3.1　太阳能充分利用原理 …… 18

2.3.2　水资源循环利用原理 …… 18

2.3.3　绿色工艺原理 …… 18

2.3.4　生物有效配置原理 …… 19

2.4　环境生态工程的经济学原理 …… 19

2.4.1　生态经济平衡原理 …… 19

2.4.2　生态经济价值原理 …… 19

2.4.3　生态经济效益原理 …… 20

2.5　环境生态工程设计基础 …… 21

2.5.1　环境生态工程设计原则 …… 21

2.5.2　环境生态工程设计路线 …… 24

2.5.3 设计技术路线 …… 26
思考题 …… 28
参考文献 …… 28
第3章 湿地环境生态工程 …… 29
3.1 湿地环境 …… 29
3.1.1 湿地概念与类型 …… 29
3.1.2 湿地生态系统功能 …… 30
3.2 人工湿地对污染物处理的强化功能 …… 34
3.2.1 悬浮物的去除机理 …… 35
3.2.2 有机物的去除机理 …… 36
3.2.3 氮的去除机理 …… 37
3.2.4 磷的去除机理 …… 37
3.2.5 重金属离子的去除机理 …… 38
3.2.6 病原微生物的去除机理 …… 39
3.3 人工湿地的设计与施工 …… 39
3.3.1 基本概念 …… 39
3.3.2 人工湿地的工艺组合、设计程序及其参数 …… 40
3.3.3 面积设计 …… 44
3.3.4 填料与防渗设计 …… 46
3.3.5 集配水与通气的设计 …… 47
3.3.6 湿地植物的选择 …… 48
3.3.7 施工 …… 50
3.4 人工湿地运行与管理 …… 50
3.4.1 运行调试 …… 50
3.4.2 特殊控制 …… 51
3.4.3 系统监测 …… 51
3.4.4 故障处理 …… 52
3.4.5 冬季管理 …… 54
3.5 人工湿地生态工程实例 …… 54
3.5.1 国外人工湿地污水处理技术应用 …… 54
3.5.2 人工湿地在国内的发展和应用 …… 55
3.5.3 水平潜流人工湿地工程案例 …… 55
3.5.4 垂直潜流人工湿地工程案例 …… 57
3.5.5 复合垂直潜流人工湿地工程案例 …… 57
思考题 …… 58
参考文献 …… 59
第4章 水环境生态工程 …… 61
4.1 水环境类型及污染特征 …… 61
4.1.1 河流及其污染 …… 61
4.1.2 湖泊及其污染 …… 62

4.1.3 地下水及其污染 …… 62
4.2 河流生态工程 …… 63
4.2.1 生态河道构建 …… 63
4.2.2 生态河道护岸 …… 66
4.2.3 河流水体修复技术 …… 68
4.3 湖泊生态工程 …… 69
4.3.1 底泥疏浚与治理 …… 69
4.3.2 湖滨带修复 …… 69
4.3.3 污染湖泊水体治理技术 …… 71
4.4 地下水修复工程 …… 72
4.4.1 硝酸盐反硝化脱氮原理 …… 73
4.4.2 脱氮墙的结构设计 …… 73
4.4.3 反应介质的选择 …… 74
4.4.4 影响硝酸盐去除效果的主要因素 …… 75
4.5 脱氮沟案例 …… 76
4.5.1 脱氮沟设计 …… 76
4.5.2 土壤填料特性 …… 76
4.5.3 脱氮沟对硝酸盐的去除率分析 …… 77
思考题 …… 79
参考文献 …… 79
第5章 流域环境生态工程 …… 81
5.1 流域及其环境问题 …… 81
5.1.1 流域的功能 …… 81
5.1.2 流域的特点 …… 82
5.1.3 流域环境问题 …… 83
5.2 流域环境生态工程设计 …… 84
5.2.1 流域环境生态工程设计的关键要素 …… 84
5.2.2 计算机支持下的协同设计 …… 85
5.3 流域环境生态工程的技术 …… 91
5.3.1 生态基流保障技术 …… 92
5.3.2 闸门调控技术 …… 95
5.3.3 联合调度技术 …… 99
思考题 …… 102
参考文献 …… 103
第6章 固体废物的环境生态工程 …… 104
6.1 概述 …… 104
6.1.1 固体废物的来源与分类 …… 105
6.1.2 固体废物的特征 …… 106
6.1.3 固体废物的污染与处理方法 …… 106
6.2 好氧堆肥 …… 108

6.2.1 好氧堆肥的基本原理 …… 108
6.2.2 堆肥工艺过程及影响因素 …… 109
6.2.3 堆肥的方法 …… 112
6.3 厌氧消化 …… 114
6.3.1 厌氧消化的基本原理 …… 116
6.3.2 厌氧消化运行的影响因素 …… 119
6.3.3 厌氧消化工艺分类 …… 124
6.3.4 厌氧消化系统 …… 128
6.3.5 沼气工程的工艺设计 …… 132
6.3.6 厌氧消化技术 …… 140
思考题 …… 142
参考文献 …… 143
第7章 生物质处理及利用工程 …… 144
7.1 生物质处理及利用概述 …… 144
7.1.1 生物质的定义、特点和分类 …… 144
7.1.2 生物质的化学组成 …… 144
7.1.3 生物质处理及利用的内涵和特点 …… 147
7.2 生物质的化学处理及生物化学处理 …… 147
7.2.1 化学脱胶技术 …… 147
7.2.2 生物脱胶技术 …… 148
7.3 生物质吸附剂应用 …… 149
7.3.1 生物质吸附剂分类 …… 150
7.3.2 纤维素的化学改性 …… 150
7.4 生物质能源化应用 …… 155
7.4.1 生物质能的定义及特点 …… 155
7.4.2 生物质能源化利用的途径 …… 155
7.4.3 我国生物质能的发展概况 …… 169
思考题 …… 169
参考文献 …… 170
第8章 大气环境生态工程 …… 171
8.1 大气污染概述 …… 171
8.1.1 大气组成 …… 171
8.1.2 大气污染 …… 172
8.1.3 大气污染物 …… 172
8.1.4 大气污染物对植物的危害 …… 175
8.2 植物对大气污染的抗性 …… 177
8.2.1 抗性类型 …… 178
8.2.2 抗性等级 …… 178
8.2.3 影响抗性的因素 …… 179
8.3 植物对大气污染的净化 …… 180

8.3.1 大气污染的植物修复过程与机理 …… 180
8.3.2 植物的滞尘效应 …… 181
8.3.3 植物对 SO_2 的净化 …… 181
8.3.4 植物对氟的吸收 …… 182
8.3.5 植物对 NO_2 的净化 …… 183
8.4 城市热岛效应 …… 184
8.4.1 城市热岛效应对植物的影响 …… 185
8.4.2 植物对热岛效应的影响 …… 185
8.5 防污绿化生态工程 …… 185
8.5.1 防污绿化生态工程设计的基本原理与原则 …… 185
8.5.2 防污植物的筛选 …… 186
8.5.3 防污绿化生态工程的植物配置 …… 187
思考题 …… 187
参考文献 …… 188
第9章 环境生态工程综合设计与实验 …… 190
实验1 小型人工湿地系统设计 …… 190
一、设计目的 …… 190
二、设计任务 …… 190
三、设计要求 …… 190
四、思考题 …… 191
实验2 土地渗滤技术处理地表径流 …… 191
一、实验目的 …… 191
二、实验原理 …… 191
三、实验装置 …… 191
四、实验材料 …… 191
五、实验步骤 …… 191
六、计算 …… 192
七、思考题 …… 192
实验3 脱氮床的构建及运行测试 …… 192
一、实验目的 …… 192
二、实验原理 …… 192
三、实验设计 …… 192
四、结果分析 …… 194
五、数据处理 …… 195
六、思考题 …… 195
实验4 纤维素基黄原酸钙盐的制备及其对镉离子的吸附 …… 195
一、实验目的 …… 195
二、实验原理 …… 196
三、试剂 …… 196
四、材料与仪器 …… 196

五、实验步骤 …… 196
六、思考题 …… 197
实验 5 园林植物叶片滞尘量的比较分析 …… 197
一、实验目的 …… 197
二、实验原理 …… 198
三、材料和试剂 …… 198
四、实验步骤 …… 198
五、数据分析 …… 198
六、思考题 …… 199
实验 6 浮水植物凤眼莲对污水的修复 …… 199
一、实验目的 …… 199
二、实验原理 …… 199
三、实验步骤 …… 199
四、结果分析 …… 199
五、思考题 …… 199

第1章 概 论

教学目的： 了解环境生态工程的定义及其在现代环境保护中的作用和地位。

人类生存条件在社会活动和自然活动的作用下不断变化，其中污染物质的产生和转化以生态和环境的变异加以体现。长期以来，人们对产生的生态和环境问题采用简单或综合的方法努力解决，体现出科学技术的不断进步。其中物理方法和化学方法相互渗透，逐渐形成了当今以解决点源污染为主要特征的环境工程；同时，由于自然力的存在，一些轻微的非点源污染悄然消退，这种现象的发生要归功于生态系统的内在循环。然而，近半个世纪以来，特别是进入21世纪以来，人类社会物质文明和精神文明进程加快，人口密度的急剧增加，自然资源的过度消耗，在水、气、土等典型环境介质的各个方面形成了对生态系统的巨大压力。鉴于这种形势，我们须从科学原理出发，充分利用生态系统的循环规律，强化自然自净过程以抑制以面源污染为主要特征的环境恶化，最终净化人类生存环境，使人类社会可持续发展。

1.1 环境生态工程的产生背景及其相关理念

在生态学方面，Odum（1962）最早提出的“生态工程”定义为：“借助生态系统，人类利用自然能源作为辅助能对环境进行控制的过程”。这一定义明确指出，生态工程的基本思想是应用自然的能源控制环境。20世纪80年代末，美国Mitsch等提出的生态工程的概念是：“为了人类社会和自然环境两方面利益而对人类社会和自然环境的设计”。1993年，在为美国国会撰写的文件中，又修改为：“为了人类社会及其自然环境的利益，而对人类社会及其自然环境加以综合的且能持续的生态系统设计”。它包括开发、设计、建立和维持新的生态系统，以期达到诸如污水处理、地面矿渣及废弃物的回收、海岸带保护等目的，同时还包括生态恢复、生态更新、生物控制等目的。在这段时间内，有人提出了生态工艺是“在深入了解生态学基础上，在措施上花最小代价，对环境最少的损伤，对生态系统管理技术的运用，即生态工艺或生态技术是把生态原理付诸实践的重要手段”。这些概念或定义在今天对于利用生态系统功能在一定程度上协调人类社会发展和自然环境保护仍具有现实意义。但上述早期有代表性的生态工程名词对生态工程涉及的工程学内涵却始终没有一个确切和完整的表述。

1984年我国著名的动物学家和生态学家马世骏教授在其《中国的农业生态工程》一书中强调：“生态工程是应用生态系统中物种共生和物质循环再生的原理，结合系统工程的最优化方法，设计的促进分层多级物质的生产工艺系统。生态工程的目的就是在促进自然界良性循环的前提下，充分发挥物质的生产潜力，防止环境污染，达到经济效益和生态效益同步发展。它可以是纵向的层次结构，也可以发展为几个纵向工艺链索横连而成的网状工程系统”。据此，上述理论和概念可以进一步表述为：及时、有效地将人类和动物废物归还土壤，把工业废物分别加以分解或再生，使人类生存环境更加优化，真正实现经济效益和生态效益同步发展。

经过生态学理论和生态工艺或生态技术的多年发展，在应用生态学领域产生了一个分支学科即生态工程学。生态工程学将物理学、化学、生理学、毒理学、数学等自然科学的不同分支学科的基础理论、方法、成就用于解决工学、农学、土壤学、水产学、畜牧学、林学、食品学等方面涉及的生态和环境保护问题。

另外，人们在与环境污染作斗争的过程中逐渐形成了与生态工程学密切相关的环境工程学。环境工程学不仅研究防治环境污染和生态破坏的技术和措施，而且研究受污染环境的修复及自然资源的保护和合理利用。多年来，尽管人们为治理各种环境污染作了很大的努力，但环境问题往往只是局部有所控制，总体上仍未得到根本解决，不少地区的环境质量至今仍在继续恶化。20 世纪 90 年代开始，人们提出："污染控制不能只是单纯地对已产生的环境污染物进行处理处置（即所谓的末端治理），而更应着眼于防止这些污染物的产生，采取污染预防和污染治理相结合的全程控制的新模式（即清洁生产）"。

在环境工程学的发展进程中，人们认识到控制环境污染不仅要采取单项治理技术，还应当采用经济的、法律的和管理的各种手段以及与工程技术相结合的综合防治措施，并应用现代系统科学的方法和计算机技术，对环境问题及其防治措施进行综合分析，以求得整体上的最佳效果或优化方案。在这种背景下，环境规划和环境系统工程的研究工作迅速发展起来，逐渐成为环境工程学的一个新的、重要的分支。

环境工程学的重点是研究防治环境污染和生态破坏的技术和措施，通过工程的手段或措施对动物、植物和微生物进行生存环境的保护。也是出于这种目的，环境工程学突出了人为力量对环境污染的治理，以致许多传统的工程措施在高价位上运行，也有些环境工程的干预结果，使污染物从一种形式转变成另一种形式。在这种形势下，环境工程学面临着新的挑战。

然而，作为生态主体，生物的多样性具有适应和改善环境条件的能力。随着对环境污染物质认识的加深和对自然能源应用方式研究的加强，人们巧妙地应用上述能力使变差的环境恢复到原来的模样，从而产生了环境生态工程学的理念。这种理念在宏观上注重利用自然能源，利用生物在生态环境中将太阳能转化成治理环境问题的动能；在微观上，更加注重化学污染物质的削减和转化，使被污染的环境通过生态主体的修复功能、在最少能耗的基础上得以恢复。

1.2 环境生态工程的学科任务

1.2.1 环境生态工程的定义

环境生态工程（eco-environmental engineering）是从系统思想和能量最低原理出发，按照生态学、环境学和工程学的原理，运用现代科学技术成果、管理手段和专业技术经验组装起来的，以期获得较高的社会、生态、经济综合效益的现代工程体系。建立良好的环境生态工程模式必须考虑如下原则。

① 因地制宜，根据不同地区的自然能源的实际情况来确定本地区环境污染物治理的生态工程模式。

② 由于生态系统是一个开放、非平衡的系统，在本地区环境污染物的生态工程治理中必须扩大系统的物质、能量、信息的输入，加强与外部环境的物质交换，提高环境生态工程的有序化、产出与效率。

③ 在环境生态工程的建设中，必须发挥自然能源，环境技术密集，生物多样性的互补、

协调机制，以达到既符合高产出需要，又能促进生态主体和谐相长的持续发展。

环境生态工程的综合目标是使人工控制的生态系统在修复被污染的环境中具有强大的自然再生产和社会再生产的能力。在社会效益方面要充分满足社会的要求，使社会生活质量满足或优于居民的基本要求；在生态效益方面要实现生态再生，使自然再生产过程中的资源更新速度大于或等于利用速度；在经济效益方面要实现经济再生，使社会经济再生产过程中的生产总收入大于或等于资产的总支出，保证系统扩大再生产的经济实力不断增强。总之，环境生态工程从环境工程学和生态工程学中脱颖而出，从方法原理、处理对象和处理结果等诸多方面发生了深刻变化。

1.2.2　环境生态工程的课程任务

近年来，许多高等院校，特别是综合性大学和高等农林院校在环境工程专业或环境保护专业基础上开设了环境生态工程专业。按照课程体系的设置，环境生态工程课程是该专业一门重要的专业课，从课程体系上讲，由于新近环境与生态融合理念的触发，环境生态工程与传统意义上的环境工程、生态工程产生了许多质的区别（见表1-1）。具体而言，环境工程有明确的处理对象，但受时间和空间的限制居多；生态工程利用了时间和空间拓展优势，但处理对象往往并不明确，且收效缓慢；而环境生态工程吸收了环境工程和生态工程各自的优点，处理对象具体，具有明确的评价体系，且在时间和空间上对污染物的控制具有数量标准。简言之，环境生态工程是一种非传统的、采用生态方法对污染物进行的优化处理，是环境科学技术发展到新阶段所产生的工程体系。

表1-1　“环境生态工程”与“环境工程”、“生态工程”课程基本内容的比较

课程名称	环境工程	生态工程	环境生态工程
基本原理	水处理基本原则与方法 大气污染控制理论 固体废物处置基础理论 噪声控制的基础理论	生态工程学原理 生态工程模型 生态工程设计	环境生态工程的生物学原理 环境生态工程的工程学原理 环境生态工程设计基础
水污染治理	水的物理化学处理技术 水的生物化学处理技术 水处理厂污泥处理技术 水回用与废水最终处置	湿地生态工程 水体生态保护	湿地环境、人工湿地设计、 施工、运行、调试与管理流域、湖泊、 江河水体污染及其生态控制工程 地下水体无机污染物、有机污 染物等原位生态控制工程
大气污染治理与控制	颗粒污染物控制技术 气态污染物控制技术	农林牧复合生态工程 海滩生态工程	大气污染的生态机制 大气污染物生态防治的设计 植物对大气污染的抗性
废弃物处置及资源化	固体废物与城市垃圾 的管理与处理	城市园林生态工程 工业、城镇生态保护技术	有机废弃物、农业固体废物、 沼气的生物工程处理与资源再利用
物理性污染防治	噪声、振动与放射性污染 等其他公害防治与控制	生态屏障工程	环境生态修复工程
其他应用	环境影响与评价	生态信息技术应用	环境生态工程评价、效益分析
总体比较	污染物的传统处理技术	涉及多种生态因素，但处理 技术缺乏明确的系统性	污染物非传统的、生态 的处理技术，要求明确而系统

环境生态工程主要有环境生态工程基本原理、环境生态工程设计基础、湿地环境生态工程、区域和流域环境生态工程、水环境生态工程、固体废物的环境生态工程、生物质处理及

利用工程、大气环境生态工程、环境生态工程综合设计等诸多内容。通过环境生态工程的学习，学生不仅可以系统掌握环境工程的基本知识和基本技能，而且在此基础上可以了解生态学的基本理论并将之应用于解决环境污染问题，获得实际工程设计、调试及运营管理的训练，培养其适应当今社会发展的能力。具体地说，环境生态工程课程的学习可以为学生今后从事如下职业打下专业基础（见表1-2）。

表1-2 环境生态工程的服务行业

职业	职业描述
环境工程师	环境工程师是指对各种与改善公众卫生、环境、天然资源运用、自然保育等有关的建造工程进行构想、设计、管理及监督的专业人员
给水工程师	给排水工程师是指从事城镇给水排水、环境保护、污水处理等工程的施工安装、运行管理、工程监理及中小型工程规划设计等工作的高级技术应用性专门人才
环保技术员	环保技术员是指以防治环境污染、改善生态环境、保护自然资源为目的所进行的技术开发、产品生产、商业流通、资源利用、信息服务、工程承包、自然保护开发等活动的人员
市政工程师	从事市政工程专业的设计、施工、管理的高级技术应用型专门人才。从事的主要工作包括：市政工程施工及施工技术，市政工程施工组织及预算的编制，工程设计等专业技能
环境健康安全工程师（EHS工程师）	EHS是Environment、Health、Safety的缩写，EHS工程师指获得职业资格认证的注册安全工程师
城市规划师	城市规划设计师，是以市政规划、城市建筑、道路交通、园林景观设计、旅游景点开发等为重点工作方向
水土保持工程师	水土保持工程师，简称水保工程师，主要负责水土保持方案的编制、实施和监测的专业人员，是从事水土保持工程项目前期工作、编制水土保持方案，实施水土保持预防监督与行政执法和进行水土保持方向的监理或管理人员
岩土工程师	岩土工程师主要研究岩土构成物质的工程特性。其首先研究从工地采集的岩土样本以及岩土样本中的数据，然后计算出工地上的建筑所需的格构。地基、桩、挡土墙、水坝、隧道等的设计都需要岩土工程师为其提供建议
暖通工程师	暖通工程师的工作职责是制定工程项目中的暖通工程具体施工工程方案，现场指导暖通工程施工过程，并提供技术支持

1.3 环境生态工程的研究进展

1.3.1 国内外环境生态工程概述

环境生态工程概念是在人类面临着难以解决的资源与环境等严重问题的背景下提出的，并在解决这些问题的过程中得到发展。在国外，关于环境生态工程已有较多研究和应用。如1989年在纽约出版、全世界发行的有关“生态工程”的专著中，在12项研究与应用案例内有9项与环境保护及污染物处理与利用有关，特别是污水处理与湖泊、海湾的富营养化防治更为突出。而传统的环境保护工程虽可防治局部环境污染，但它往往容易造成污染转移或再污染。丹麦哥本哈根大学著名生态工程学家Sven Erik Jørgensen教授还指出环境工程存在造价高的问题。而环境生态工程除了关注传统环境工程处理的污染对象外，其实现工程所需能源更多地取自太阳能，设备多利用自然界存在的生物体，包括自然的或人工的生物种群、群落。这样投资较少，运转费用低，同时不仅有环境保护效益，且可生产一些商品，还有一定的经济效益。因此，在国外，无论是在发达国家还是发展中国家，环境生态工程的研究和应用正在迅速发展。

应该说，国际环境生态工程的研究起步较早，发展较快。Odum在生态工程领域一直率先推动生态学理论的实践和应用，他开展了许多主要的生态系统设计试验，如在得克萨斯州PortAransas城，北卡罗来纳州的Morehead城和佛罗里达州的Gainesville城开展的试验，后两个试验包含了利用湿地处理生活污水的内容，这些工作可认为是环境生态工程的开端。美国1992年提出的生产过程中废物产生与排放减量（reduction）、废物回收（recovery）、废弃物再利用（reuse）及再循环（recycle）的环保“4R”策略都是环境生态工程的重要措施。同时，在美国其他地区和世界各地也开展了众多环境生态工程应用和研究。如在美国加利福尼亚州南部河口区从属于不同水文周期的湿地，建立了利用湿生植物香蒲等去除重金属、改善水质并进行复垦的生态工程；在俄亥俄州，应用蒲草为主的湿地生态系统处理煤矿所排含有FeS酸性废水的生态工程（处理后废水铁含量减少了50%～60%）；在伊利湖北部老妇人河河口区建立了应用湿地缓冲与净化湖、河的生态工程，处理陆上流来的地表径流，以防止水体富营养化等。在丹麦格雷姆斯湖（Gtums）建立了防治富营养化的生态工程，去除了进湖污水中90%～98%的磷；在德国，建立了以芦苇为主的湿地处理废水的生态工程（Etnier，1991）。水生植被用于湖泊生态恢复上，其中沉水植物在利用食物链来达到净化水质方面尤为重要。钙离子由沉水植物叶面向水中的分泌可以使富营养化水中的磷以碳酸钙-磷共沉淀的形式被去除（朱端卫等，2012）。环境生态工程并不排斥化学过程的强化作用，被磷污染严重的湖泊在生态修复中也需配合化学物质的适当使用。

作为传统的农业大国，我国环境生态工程的研究虽起步较晚，时间较短，但发展之迅速，范围之广泛，效益之明显，皆使世界注目。在我国长期以来已有很多自发的废物利用、再生、循环的传统经验。如生活污水及粪便用作农田肥料或经适当处理后用来培养食用菌，饲养蚯蚓甚至作为鱼的饵料等。但自觉研究、设计与应用生态工程，以生态学等多学科原理为指导，采用工程工艺处理环境问题则在20世纪50年代才开始。最早是马世骏等在20世纪50年代调控湿地生态系统的结构与功能以防治蝗虫灾害；60年代开始了较大规模的污水养鱼；70年代中科院水生生物研究所等单位对有机磷和有机氮严重污染的鸭儿湖的防治生态工程；80年代初中科院南京地理研究所等单位又从生态系统水平研究实施了凤眼莲为主的污水处理与利用生态工程，不仅治理了一些河道、湖泊和沟渠的有机污染，还增产了大量青绿饲料，推动了养殖业的发展，并且研究了应用凤眼莲富集回收电影胶片厂废水中的银。上海交通大学等单位以崇明岛东风农场为例研究并实施以奶牛场为主的废物分层多级利用生态工程。中科院沈阳应用生态研究所等单位，从20世纪50年代起持续几十年研究污水灌溉生态工程，并不断研究与解决了污灌中存在的问题。华东师范大学引进与筛选了光合细菌，研究揭示了多种光合细菌的生活、繁殖条件及其动态，并试用它处理上海城市居民粪便以及一些工厂有机废水。北京农业大学等自90年代初引进应用EM有效微生物技术对畜禽粪便除臭，生活垃圾、污水的净化利用进行了研究等。近几十年来，我国在环境生态工程的原理、净化机制等基础研究中，从微观到宏观，从分析到综合，均有大量研究，分别得到不同程度地发展，在原理方面有我国的创见和特色。

1.3.2 环境生态工程在我国的发展前景

在我国，“环境”的最确切的概念是马世骏教授于1979年提出的。他说：“环境是在一定空间与时间内，多种成分相互作用的多维结构，在此多种成分中，虽然通常只有一两个成分在当时起着显著作用，但成分之间的相互作用关系则依然存在。因此，任何一个成分所表现的作用，都不同程度地带有其他成分的影响，有些成分的作用，可能是两种成分的合力或相互激发与加强的结果，从而有可能导致事物质量的突破”；“只有依靠多方面的有效的环境管理，方能造成比较健康的环境和科学地利用自然资源”。对历史上人类有意识或无意识的不适当经营造成的生态环境恶化的现状，环境生态工程所提供的自净技术，或环境生态工程所蕴涵的生态建设与生态管理思想为缓解与恢复恶化的环境问题所取得的成就已为这些提供了有力的证明。而运用生态系统的再生原理，在生产过程中实现资源的合理和充分的利用，可使整个生产过程保持较高的生态效率并使环境得到高度洁净。

目前，我国社会正处在一个迅速城市化的发展阶段，它既表现为已有的大城市人口和空间规模的膨胀，也反映在中小城市与新城镇的不断扩大与纷纷崛起。小城镇建设为我国的城市化增添了新的动力，也给城市的发展带来了许多矛盾，如城市人口与商品需求的矛盾、人口与环境的矛盾、人口与能源的矛盾等。因此，环境生态工程必须研究城市环境容量、社会-经济-自然三个系统的循环关系和模拟自然生态系统长期维持链环结构的功能过程，使之在缓解上述矛盾中发挥“有效管理”及“化害为利，化废为宝”的重要作用；研究城市污水的净化、循环、再利用问题，从而缓解水资源紧缺与城市需水之间的矛盾；研究对工业废水余热的利用问题，为城市生活提供短生长季的高档蔬菜、花卉、药材等。

综上所述，许多与生态失衡息息相关的非单纯的环境问题需用环境的、生态的、生物的等多种专业知识综合解决，环境生态工程将适应这一要求，着眼于生态与环境持续、和谐发展理念，整合工程技术，用整体、协调、循环、自生的生态控制理论原理去系统设计、规划和调控生态系统中的环境要素、工艺流程、信息反馈关系及控制机构，在工程设计的标准化、规范化及因地制宜的类型和区域化方面对更多的参数值予以测算，使社会发展在确保生态平衡的基础上获取长期的环境效益和经济效益。

思考题

1. 什么是“环境生态工程”？环境生态工程面临的对象是什么？
2. 试述环境生态工程与环境工程以及生态工程的相互关系。
3. 试述环境生态工程的发展前景。

参考文献

[1] 白晓慧. 生态工程——原理及应用［M］. 北京：高等教育出版社，2008.
[2] 盛连喜，许嘉巍，刘惠清. 实用生态工程学［M］. 北京：高等教育出版社，2005.
[3] 杨京平. 生态工程学导论［M］. 北京：化学工业出版社，2005.
[4] 钦佩，安树青，颜京松. 生态工程学［M］. 第2版. 南京：南京大学出版社，2002.
[5] 约恩森（Jørgenson S E）. 应用生态工程/*Application in Ecological Engineering*［M］. 北京：科学出版社，2011.
[6] Crowther R L. Ecologic Architecture［M］. Butterworth Architecture，Boston，1992.
[7] Doug Aberley. Futures by Design：the Practice of Ecological Planning［M］. Gabriola Island. BC：New Society Publishers，1994.
[8] Kangas P C. Ecological Engineering：Principles and Practice［M］. Boca Raton. F. L. Lewis Publishers，2004.
[9] Marino B D V，Odum H T，. Biosphere 2：Research Past and Present［M］. Elsevier Science，1999.
[10] Mitsch W J & Jørgenson，S. E. Principles of Ecological Engineering［M］. Wiley Interscience，New York，1989.

第2章　环境生态工程基本原理及设计基础

教学目的： 理解环境生态工程的相关理论和设计原则；掌握环境生态工程学的核心原理和设计路线。

重点、难点： 分析相关原理的物理意义及相互关系，明确各种设计的自身特点及其实用范围。

环境生态工程是在生态学原理的指导下，坚持环境友好、资源节约、人口健康型的可持续发展，对生态系统进行设计和建设的生产工艺体系和技术，将环境问题解决于生态系统内，达到生态效益、社会效益、经济效益和景观效益高度的统一。由于环境生态工程涉及生态学、生物学、工程学、环境科学、经济和社会等领域，因此在进行环境生态工程设计和建设时必须遵循下述一些原理。

2.1　环境生态工程的核心原理

2.1.1　整体性原理

2.1.1.1　整体论和还原论

1953年沃森和克里克建立了DNA双螺旋结构模型，生命科学研究开始进入分子生物学时代。分子生物学采取的方法是还原论（reductionism），它的基本模式是：首先将一个复杂的事物依据某种原则分成多个小的组成部分，然后进一步将这些组成部分分成更小的子组成部分，直到能对这些更小的组成部分进行严格而又透彻的分析，然后在对这些组成部分认识的基础上来了解整个系统。

然而，人们日益发现许多生命现象仅仅依靠分析、分解很难得到合理的解释，这种一个基因、一条代谢途径、一个生理现象的研究形式远远不能说明纷繁复杂的生命现象。而生命现象可以采用系统科学的方法，将其作为整体系统来定量研究。其核心思想便是整体论（holism）：系统所有要素各自的变化是整个系统的函数，系统具有各要素所没有的新的性质和行为即新生特性，系统整体性不能机械地表述为要素性质的简单叠加，这是因为要素与要素之间还存在着某种关系。系统的整体性体现了系统功能的整合性，即系统整体功能大于部分功能之和。

整体论和还原论是探索自然的两类不同的途径，也是科学方法论中长期争论的一个问题。还原论主张把高级运动形式还原为低级运动形式，将研究对象不断进行分析，恢复其最原始的状态，化复杂为简单。还原论强调了事物不同层次间的联系，为从低级水平入手探索高级水平的规律奠定了理论基础。这一科学方法对于确定自然界中的支配关系实际是很有用的，例如在环境生态工程中探索轻度富营养化水体里营养盐与初级生产力的关系；某种有毒物质的浓度与某种生物对其耐受性的关系等。但是，如果不考虑所研究对象的特点，简单地用低级运动形式规律代替高级运动形式规律，那就要犯机械论的错误。分子水平的研究有助于揭开具有生命活力的生态系统复杂性的全部奥秘，却不能揭示复杂系统或有机整体的性质和功能。

人类社会生产、生活的快速发展所产生的环境问题不再具有各自独立的特征，已是系统整体性的体现。如大气污染不再是某一个化工产品排放废气所造成的，而是工厂废气烟尘、建设工地、矿山开采的粉尘、石油炼制、城市交通汽车尾气，农作物秸秆焚烧、森林火灾的灰烬等颗粒物及其形成过程中所产生的有毒、有害气体的集合体。环境生态工程目的之一就是要在生态系统内解决综合性的环境问题。因此，环境生态工程的设计和建设首先要遵循系统的整体性原理，在解决环境问题上使人与自然之间的整体效应最佳。

生态系统是一定空间中共同栖居着的所有生物与其环境之间经过不断地进行物质循环和能量流动、信息传递过程而形成的一个统一的、不可分割的有机整体。因此，在利用生态系统解决环境问题时，要以整体观为指导，在系统水平上来研究。虽然这类研究目前比较困难，但却是必要的。整体论是综合了解所设生态系统，解决威胁区域以至全球生态失调环境问题的必要基础。同时，研究系统内各组成成分性质及其与其他成分、污染物之间的相互关系，可以使人们更好地了解系统的整体性质，有利于污染物的适时监测和生态风险评估。

2.1.1.2 社会-经济-自然复合生态系统（social-economic-natural complex ecosystem）

环境问题都直接或间接地与人类活动有关，借助生态工程解决环境问题离不开人类的参与，即环境生态工程既有其自然属性，也具有社会属性、科技属性和经济属性。

人类社会是以人的行为为主导、自然环境为依托的资源流动、文化与物质交融的社会-经济-自然复合生态系统（见图 2-1）。社会、经济、自然这三个子系统之间是相生相克和相辅相成的关系，在研究、规划和管理该系统时要了解每一个子系统内部以及三个子系统之间在时间、空间、数量、结构、秩序方面的生态耦合关系。其中时间关系包括地质演化、地理

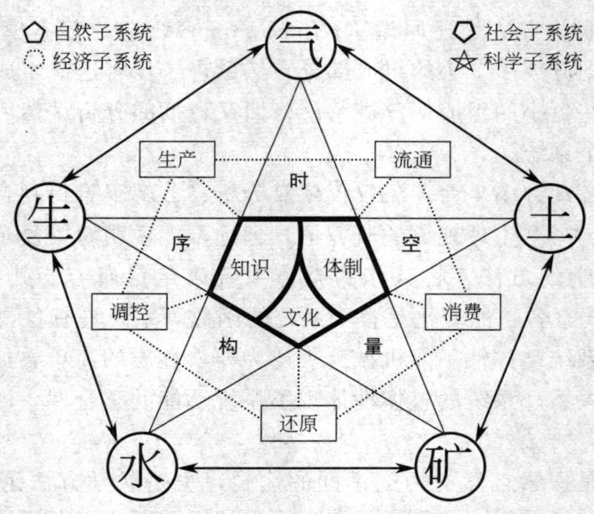

图 2-1 社会-经济-自然复合生态系统示意图（引自王如松，2012）

变迁、生物进化、文化传承、区域建设和经济发展等不同尺度和属性。空间关系包括大的区域、流域直至小街区。数量关系包括规模、速度、密度、容量、足迹、承载力等。结构关系包括人口结构、资源结构、景观结构、产业结构、社会结构等。每个子系统都有自己独特的秩序。秩序关系包括竞争序、共生序、自生序、再生序和进化序等。

根据社会-经济-自然复合生态系统的特征分析，环境问题实质上就是资源流动在时空尺度上的滞留和耗竭，系统耦合在结构关系上的破碎和板结，生态功能在演化过程中的退化和灾变，社会管理在局整关系上的短视和匮缺。人类活动产生的物质总是不断地从有用的东西变成“没用”的东西，再还原到自然生态系统中进入生态循环，任何一个环节受阻都会带来环境问题。

环境生态工程研究与处理的对象是以解决环境问题为主要目的、人工参与的有机整体：社会-经济-自然复合生态系统。该系统中生存的各种生物有机体和其非生物的物理、化学成分主要围绕解决环境问题而相互联系、相互作用、相生相克、互为因果地组成一个网络系统。例如在设计一个解决富营养化的水体生态系统并恢复其生态服务功能时，需注意该水体内的某种营养元素的表现，其化学形态、分布、浓度、动态及变化既受一些物理因素和过程，如沉淀、再悬浮、稀释、扩散的影响；又受一些化学因素和过程，如氧化或还原、化合或分解、络合或解离等的影响；同时还受一些生物因素和过程，如某些生物的吸收或摄食、同化与异化的影响。其中某一种植物的存在、分布、密度、生长、生殖、生产力及对某些化学元素的富集等，要受到所在生态系统中水的深度、温度、透明度、多种营养盐及物质的化学形态、浓度及比例等物理、化学因素和过程的影响；同时也受其与其他生物的互利共生及竞争、排斥等作用的影响，而这些植物反过来也对水的流速、透明度，一些化学元素的化学形态、浓度、动态、分布等产生影响。

环境生态工程是以整体论为指导，充分利用还原论和机械论的优势，在系统的各水平和层次上进行整体调控的处理手段。用发展的眼光，借助生态系统的整体、协同、循环、自生功能，以知识经济和生态系统服务为依托，发展自然、改变环境、适应环境、积累资源、调节关系，将环境污染防治从单因子走向复合污染防治，消除环境问题于系统内，达到资源的有效利用、经济的持续增长、社会的和谐兼容、文化的延续拓展及自然活力的维系。

在研究、设计及建立一个环境生态工程的过程中，必须在整体论指导下统筹兼顾。统一协调与维护当前与长远、局部与整体、开发利用与环境和自然资源之间的和谐关系，以保障生态平衡和生态系统的相对稳定性。避免为了片面追求当前的局部利益，牺牲整体和长远利益，兴利却伴随着废利或增害，防止产生一些不利于持续发展的问题与后果。要做到处理环境问题的整体效果，就需合理调配、组装、协调系统的各个组分，提高整个系统的运行能力。

2.1.2 协调与平衡原理

2.1.2.1 协调原理（harmony principle）

人类活动的产物若未能在生态系统中进行良性循环，就会引起一系列的环境污染问题，导致生态系统功能失调。反之，生态系统若遭到破坏，其对人类活动产物的消纳能力就会降低，进而增加人类的健康风险。

环境生态工程的整体论指导性原理是由系统的有机性，即由系统内部诸因素之间以及系统与环境之间的有机联系来保证的。系统内各个因素在系统中不仅是各自独立的子系统，而且是组成母系统的有机成员，同时系统与环境也处于有机联系之中。系统与其外部环境之间的有机关联，使得系统具有开放的性质。系统的有机关联性不是静态的，而是动态的。实际上，一个生态系统几乎总是处在运动变化之中，而其变化过程常常是很复杂的。在天然或半天然植被中，一个植物群落都是经历了一系列发展演变的结果。从理论上而言，这种演变总是从裸地上的先锋植物开始而最终发展到演替顶极；因此，任何生态系统中的植物群落都将随着时间的推移而从数量和质量上改变着其中的植物种类成分；与此同时，消费水平和土壤条件也都在不断地变化，生态系统中各生物之间发生竞争、协同或合作。在达到某种平衡的生态系统中，种群之间的正、负相互作用就像平衡方程式一样，最后得到平衡。

生态系统的功能主要表现在生物生产、物质循环、能量流动和信息传递四个方面。生态系统的结构是发挥其功能的基础，决定着功能及其大小，直接决定与制约组成各要素间的物质迁移、转换、积累、释放以及能流的方向、方式与强度。生态系统的结构和功能既相互依存，又相互制约、相互转化。

生态系统的结构是组成该系统生物及非生物成分的种类及其数量与密度、空间和时间的分布与搭配、相互间的比例，以及各种不同成分间相互联系、相互作用的内容和方式。不同类型的生态系统，不同时期、不同区域的同类生态系统，其结构可能不同。因此，结构不同的生态系统呈现不同的状态和宏观特性，从而对环境污染物的消纳作用也不同。

一个生态系统的功能则决定一个生态系统的性质、生产力、自净能力、缓冲能力，是该生态系统相对稳定和可持续发展的基础。在一个生态系统中，各层次、各环节间的量及物质和能量的流通量也各有一定的协调比量。环境生态工程中若存在任何超越一个生态系统自我调节能力的外来干扰，都会使该生态系统原有性质及整体功能遭到破坏和改变，使之结构间失调，或功能间失调，或结构与功能间失调，该工程在未解决既定的环境问题时就可能会引发次生生态环境问题。

每种生物都有其适应的环境，且与周围的环境相互协调，这是自然选择的结果。譬如，在我国西北干旱少雨地区建设防护林时，如果是以杨树等乔木树种为主而不是以适宜当地生态条件的灌木和草为主，防护带就会成为灰色长廊，这样设置的生态系统就易缺乏稳定性。

辩证唯物主义的哲学认为外因是变化的条件，内因（内部结构和功能）是变化的根据，外因通过内因才起作用。根据这一原则，利用生态工程处理环境污染问题的很多实践中已取得成功的经验。例如，重金属耐性植物印度芥菜可以用在 Ni 污染土壤的修复。先将污染土壤接种具有溶磷、产吲哚乙酸能力的根际促生菌 *Bacillus subtilis* SJ2101，再种植印度芥菜，可以使该植物拥有更长的根茎和更大的生物量，在这种系统中，印度芥菜体内 Ni 浓度增加 1.5 倍，从而大大提高了其对污染土壤的修复效率。又如在一些受养殖废水污染的水体中，通过种植或养殖一些水生动植物以调控受污水体内部结构，增加或扩大一些有机质及营养盐在该生态系统中迁移、转化、积累和输出的环节、途径和数量，提高该水体自净能力及环境容量，这样不仅净化了水质，改善了生物多样性，且化害为利，增加青饲料及鱼鸭等产品的产量。由此可见，明确维护生态系统结构与功能的协调性是环境生态工程的重要原则。

2.1.2.2 平衡原理（balance principle）

1918 年美国亚利桑那州凯巴布高原上约有 4000 只鹿，尚低于承载量（约 30000 只），但由于当时鹿的天敌如狼、山狗和美洲狮被猎杀，与此相关的食物链断裂，生态系统失衡，导致鹿的数量于 1924—1925 年激增到 10 万只，超出了高原的承载能力，鹿的食物减少，而后在 1940 年自然又降到 1 万只左右。凯巴布高原上鹿的种群动态演替案例说明，生态系统在一定时期内，各组分通过相生相克、转化、补偿、反馈等相互作用，结构与功能相互协调，达到相对平衡，且是一种动态的平衡。

生态平衡就整体而言可分为以下 3 类。

① 结构平衡：生物与生物之间、生物与环境之间、环境各组分之间，保持相对稳定的合理结构，及彼此间的协调比例关系，维护与保障物质的正常循环畅通。

② 功能平衡：由植物、动物、微生物等所组成的生产-分解-转化的代谢过程和生态系统与外部环境、生物圈之间物质交换及循环关系保持正常运行。这种平衡经常处于一定范围的波动，是动态平衡。

③ 收支平衡：生态系统与外部环境进行物质和能量的交换时有趋向输入与输出平衡的趋势，若收支失衡就将引起该生态系统中资源萧条和生态衰竭（ecological exhaustion）或生态停滞（ecological stagnancy）。即使是用于富集污染物的某一生物物种在一个生态系统中的输入量大于输出量，且超越生态系统自我调节的能力时，过度输入的物质和能量将以废物的形式排放到周围环境中，或是以过剩物质的形式积蓄于生态系统中，从而就造成收支失衡，生态系统中原有结构与功能失调，导致环境污染即生态停滞。其指标可以按输入与输出的某些物质的比例来测算，即在一定时期内，某些物质的输入量与输出量的比例大于 1。例如使用凤眼莲治理污染的流动水体时若引入和调控不当就会如图 2-2 所示，凤眼莲数量超过环境的承载能力而使很多水生生物面临死亡，且凤眼莲死后的腐烂残体沉入水底可能形成重金属或营养盐高含量层，导致水体溶解氧下降，厌氧毒物增多，引起生态系统的结构、功能和收支失衡，造成生态灾难。

图 2-2　凤眼莲因控制不当而泛滥成灾

值得注意的是，凤眼莲因其独特的去污能力和生长特性，通常被用作修复污染水体的先锋植物。为防止其泛滥成灾，可以简便地采用某些措施（例如用绳索串起的浮球）限制其生长区域，使其作为天然浮床友好地服务于社会。对任何非外来入侵植物，如近几年引人关注的菹草，如果对其干扰不适当，都有可能引起生态灾难。

协调与平衡原理要求在环境生态工程设计和建设时须考虑生物和环境相适性和协调性，即生物种群数量与环境承载力相匹配，生态系统结构与功能相协调。

2.1.3　自生原理

自我组织（self organization）、自我优化（self optimum）、自我调节（self regulation）、

自我再生（self regeneration）、自我繁殖（self reproduction）、自我设计（self design）是生态系统的自生原理（self resiliency）的体现。自生作用是生态系统与机械系统、环境生态工程与传统环境工程的主要区别之一。生态系统的这种自生作用对维护环境生态工程相对稳定的结构和功能及工程的可持续性具有重要意义。

自然生态系统自我设计的特点使得自然界不断完成或进行着一个又一个的“工程”，如宇宙、地球以及地球生命环境的形成。从生物界来看，树枝上叶子的排列，也可谓是树木利用光能自我设计的精巧之作。有人先用计算机模拟某一树种，对其枝条生长作出最优设计，使其树叶都能获得最大量日光；然后将这最优设计图同这些树木本身相比较，发现两者有惊人的相似，正所谓“树木已经完全懂得如何组织其枝桠和叶子了”。大自然的“沧海桑田”、“百川归海”等工程有许多“上乘之作”，如“桂林山水”、“尼亚加拉大瀑布”在给人类带来了美的享受（见图 2-3）的背后，是自然生态系统自我设计的结果。矿物燃料、各类矿藏等给人类提供了生活必需品和无价之宝；然而也有给人类带来灭顶之灾的，如庞贝的沉没、古楼兰的消逝、甚至可怕的大地震等。很好地认识自然生态系统的自我设计，并巧妙地利用它的自我设计，或顺着自生原理对其补充与完善，是大自然与人类和谐相处的根本保证。

(a)

(b)

图 2-3 桂林山水（a）和尼亚加拉大瀑布（b）

生态系统的自组织或自我设计，是系统不借外力自己形成的、具有充分组织性的有序结构，也即生态系统通过反馈作用，依照最小耗能原理，建立内部结构和生态过程，使之发展和进化的行为，这一理论即为自组织理论。自我优化是具有自组织能力的生态系统，即在发育过程中，自然系统向能耗最小、功率最大、资源分配和反馈作用分配最佳的方向进化的过程。自组织理论在环境生态工程中的作用极其重要，环境生态工程的本质可以说就是生态系统的自组织。在一个环境生态工程的设计与建设中，人类干预仅是提供系统一些组分间匹配的机会，其他过程则由自然通过选择和协同进化来组织系统。建立一个特定结构和功能的生态协调系统以解决特定环境污染问题时，人们在一定时期对自组织过程的干涉或管理必须保证其演替的方向，以便使设计的生态系统和它的结构与功能维持可持续性。

自我调节属于生态系统自组织的稳态机制，在有利的条件和时期加速生态系统的发展，同时在不利时也可得到最大限度的自我保护，使生态系统对环境变化有强的适应能力，维护生态系统的相对稳定性和有序性。

生态系统的自我调节主要表现在以下 3 方面。

（1）同种生物种群间密度的自我调节　种群增长率是随着密度上升逐渐地按比例下降。种群在一个有限空间内增长时，随着种群数量增长及密度增加，对有限空间及其资源和其他生活条件的种内竞争也将增加，从而降低种群的增长率，直到它达到在一个生态系统内环境条件允许的最大种群密度值，即环境容纳量（environmental carrying capacity）时，种群不再增长。当超过环境容纳量时，种群密度将下降。定量描述这种种群动态变化的模型为种群生态学中有名的逻辑斯蒂增长方程（logistic growth equation），即

$$dN/dt = rN \times (K - N)/K \tag{2-1}$$

式中，N 为种群现存个体数量；t 为时间变量；r 是比增长率；K 为环境容纳量（饱和密度）。逻辑斯蒂方程的S形曲线直观体现了种群变化通常分为5个时期：①开始期，种群个体数很少，密度增长缓慢，又称潜伏期；②加速期，随个体数增加，密度增长加快；③转折期，当个体数达到饱和密度一半（$K/2$）时，密度增长最快；④减速期，个体数超过饱和密度一半（$K/2$）后，增长变慢；⑤饱和期，种群个体数达到 K 值而饱和。

应用这一种群动态变化原则，钦佩等（2002）于苏州外城河中培养凤眼莲净化和利用污水时，采取分区分批轮收办法，人为调控种群密度，根据凤眼莲的周转期（turnover time）为7天，将凤眼莲种植区分为7块，每日轮收一块，每块收取一半，使其种群密度保持在 $K/2$ 的状态，7天后，当它增长至环境容纳量时，正好又是该块轮收，再使之恢复到 $K/2$ 的状态，这样促使凤眼莲年亩产量高达60t，比不轮收者高2倍，大大发挥了凤眼莲对污染水体的净化作用。这种基于自生原理的环境生态工程措施被证明是一种污染水体生态修复的有效技术。

（2）异种生物种群之间数量调节　食物链联结的类群或需要相似生态环境的类群之间存在着相生相克作用（allelopathy），如互利共生、他感作用、竞争排斥等，因而在不同种动物与动物之间，植物与植物之间，以及植物、动物和微生物三者之间普遍存在合理的数量比例问题。在荷兰，以此项原理为依据，在富营养湖中放养一些肉食性鱼类，从而摄食并降低了食浮游动物的鱼类和幼鱼，导致浮游藻类的摄食者——浮游动物数量增加，进而抑制了水体中浮游藻类数量，从而控制了水体富营养化（Richter，1986）。这一事例证明了异种生物种群之间数量调节原理在开放的生态系统中实现环境工程的目的，获得了一定的环境效益。

（3）生物与环境之间的相互适应调节　所有生物都有相应的生存环境要求和一定的生态适应性。生物与环境之间的相互适应调节主要体现在生物和环境的相适应性和协调性，生物种群数量与环境负载能力之间的平衡性。

除以上自组织机制外，一切生态系统对任何外来干扰和压力都有一种自我调节、自我修复能力，使这个系统得以延续存在下去。这种机制也可称为系统的内稳态机制，即系统抵抗变化和保持平衡状态的机制。内稳态机制普遍存在于生物个体体内和生态系统中，如植物通过膨压变化，气孔开闭，形成角质层以至落叶来调节水分盈亏等。

2.1.4　循环再生原理

2.1.4.1　物质循环和再生原理（circulation principle）

生态系统中构成生物的各种化学元素，来源于生物生活的环境。在生物圈中，各种化学物质（如 O_2、C、N、S及 H_2O 等），在地球上生物与非生物之间，在土壤岩石圈、水圈、大气圈之间循环运转。各种化学元素滞留在通常称之为“库”（pool）的生物与非生物成分中，元素在库与库之间迁移转化构成生物地球化学大循环。生态系统内的小循环和地球上的生物地球化学大循环，保障了存在于地球上的物质供给，通过迁移转化及循环，使可再生资源取之不尽，用之不竭。从热力学第二定律及耗散结构论来看，物质循环是能流过程中，从有序的能向无序能（熵）的直线变化中的一个旋涡或干扰，将能转变为焓，是阻滞熵变的。

物质运动，周行而不殆，循环不已，将成为未来“低熵社会”的原则。从物质生产和生命再生角度看，则每次物质循环的每个环节都是为物质生产或生命再生提供机会，促进循环就可更多发挥物质生产潜力，给生物提供更多生长繁衍的条件。

由于近代人类活动，如一些矿藏的过度开采利用，加速了土壤岩石圈中某些物质如煤、石油、一些金属和非金属矿藏的迁移和转化，并正改变大气和一些水体中所含物质的浓度与比例，如大气中CO_2逐渐增加，使生物地球化学大循环受到影响，人类的生存环境也受到不同程度的威胁。

环境生态工程处理环境中的污染物，就是采取措施，调整循环运转的各个环节及途径，协调这些环节的输入、转化与输出的物质的量，增加循环运动中不足的物质和协调比量偏小的环节，理顺循环各环节间关系，促使循环之路畅通。在物质循环的范围上缩小到比生物地球化学大循环的范围更小的一些生态系统内或之间，促使循环速度更快，为物质生产和生物再生提供更多机会，变废为宝，化害为利。

2.1.4.2 多层次分级利用原理（multilevel use principle）

循环再生与分层多级利用物质是环境生态工程中系统内耗最省、物质利用最充分、工序组合最佳、最优工艺设计的基础。充分利用空间、时间及副产品、废物、能量等资源，在代谢（生产）过程中，分层多级地将一种成分（环节）的输出物（产品、副产品和废物等）和剩余物设计成另一些后续成分（或环节）代谢（生产）的原料（输入物），它们的输出物（产品、副产品、废物）又是其他一些后续成分（环节）的代谢（生产）原料。许多环节按此方式联结成网络，使物质在系统内流转、循环往复，运行不息。若结构合理，各成分（环节）比量协调合适，使每个成分（环节）所输出之物，正好全部为其他后续成分（环节）所利用，达到废物零排放标准。这种多层分级利用的模式可以同步兼收生态环境效益、经济效益及社会效益。

2.2 环境生态工程的生态学原理

环境生态工程的对象就是不同的生态系统，因而其设计和运行都应遵循生态学的一些基本原理。

2.2.1 层次性原理

生态系统是有层次的，宏观上其层次结构包括横向层次和纵向层次，横向层次有着系统的水平分异特性，是指同一水平上的不同组成部分；纵向层次有着系统的垂直分异特性，是指不同水平上的组成部分。

生态位可以说是生态系统的层次结构在小尺度上的体现。在生态系统中，各种生态因子都具有明显的变化梯度，这种变化梯度中能被某种生物占据利用或适应的部分称为其生态位。比如一片荒山在定植乔木树种以后，树冠中隐蔽的条件和树冠中食叶昆虫等就给鸟类提供了一个适宜的生态位，林冠下的弱光照、高湿度给喜阴生物造成了一个生态位，枯落物堆积又给动物（蚯蚓、蠕虫等）提供了适宜生态位。通常情况下，同种环境中物种的生态位是保守的，生态位的进化相对较小。在特定的生态区域内，自然资源是相对恒定的，如何通过生物种群匹配，利用其生物对环境的影响，使有限资源合理利用，增加转化固定效率，减少资源浪费，是提高人工生态系统效益的关键。如“乔、灌、草”结合，实际就是按照不同植物种群地上地下部分的分层布局，充分利用多层次空间生态位，使有限的光、气、热、水、肥等资源得到合理利用，最大限度地减少资源浪费，增加生物产量和发挥防护效益的有效工程措施。如“果-菇”工程，利用果园中地面弱光照、高湿度、低风速的生态位，接种适宜的“食用菌”种群，加入栽培食用菌的基料（菌糠），由此释放出CO_2及果树所需的养料，它们又给果树提供了适宜生态位。我国太行山低山丘陵地区利用疏林环境，进行了多次围栏养鸡试验，每亩林地养鸡450只，使养鸡饲料用量比对照降低20%～30%；同时，林地昆虫种群密度明显下降，养鸡产生的鸡粪提高了土壤肥力，使植被覆盖度明显增加。

层次结构理论认为，组成客观世界的每个层次都有自己特定的结构和功能，形成自己的特征，都可以作为一个研究对象和单元；对任何一个层次的研究和发现都可以有助于另一个层次的研究与认识，但对任一层次的研究和认识都不能代替对另一个层次的研究和认识。因此层次结构理论为我们对自然界进行综合性研究和人工模拟，提供了有用的指导原则。注意事物的层次性，一件事物在整个层次结构中的位置及其与其他事物的联系，才可能取得对问题的更全面的认识。在环境生态工程设计、调控过程中，通过合理运用生态系统的层次性原理，使各种生物之间巧妙配合，构成一个具有多样化种群的稳定而高效的生态系统，从而充分发挥系统内各物种在处理环境问题中的作用。

2.2.2　生物多样性原理

生物种类繁多且食物链网络纵横交织的复杂生态系统是最稳定的。当外部环境发生变化时，生态系统通过多种自我调控机制，如食物链、生物间相互关系、物种的多样性和耐受性等，实现其自组织功能，使各生物种群密度与群体增长率间尽可能保持一种平衡关系，并最大限度地减轻（或强化）这种变化带来的影响，这也是一个成功的环境生态工程应具有的一大特征。

自然生态系统中，由生产者、消费者、分解者所构成的食物链，是一条能量转化链，物质传递链，也是一条价值增值链。不同的食物链借助一些节点相互交织在一起形成复杂的食物网，也正是这种食物链关系使得生态系统中各物种维持着动态平衡。按照食物链原理，用人工食物链和环节取代自然食物链和环节，或通过加环与相应的生物进行转化而延长食物链的长度，可以大大提高生态系统的效益，也可以使被破坏的环境回归到维持健康的食物链状态，这也是环境生态工程的出发点之一。

提升物种多样性会大大提高生态系统对任何外来干扰和压力的自我调节、自我修复和自我延续的能力。如果一个生态系统的生物种类相对不多，构成要素少，结构比较简单，则会导致该系统本身自我调节、自我修复的功能低而且不稳定，抵御自然灾害的能力弱，系统生产力受自然因素的影响比较大。农田生态系统的生态特征就是一个典型的例子。但是，也正由于此，农田生态系统更容易按人的意志直接加以管理和控制。人类对农田生态系统的改造和调控要比对森林、草原、海洋等自然生态系统来得简易和有效。也就是说，系统的不稳定程度与人为控制的简易程序取得了统一。我们的祖先种植作物时就强调，“种谷必杂五种，以备灾害”，这是生物多样性在农业生产上应用的最早范例。又如，最近十几年胶东半岛和辽东半岛松干蚧活动猖獗，严重时可以引起油松林和赤松林大面积死亡。而在同一地带天然针阔叶混交林中松树却生长旺盛。这是因为在针阔叶混交林中，阔叶树可以为松干蚧的天敌异色瓢虫、蒙古瓢虫、捕虫花蝽等提供补充食物和隐蔽场所，又可隔断害虫的传播，其抗性远远高于纯林。由此可见，物种的多样性对提升环境生态工程处理环境问题的效益和维持生态系统的稳定性至关重要。

每种生物有一个生态需求上的最大量和最小量，即生物对环境因子的耐受性有上限和下限，两量之间的幅度，为该种生物的耐性限度。由于环境因子的相互补偿作用，一个种的耐性限度是变动的，当一个环境因子处于适宜范围时，物种对其他因子的耐性限度将会增大，反之，则会下降。如热带兰在低温时，可以在强光下生长，而在高温环境时，仅能在阴暗的光照下生存，此时，强光具有破坏作用。物种的繁殖阶段是一个敏感期，总体的耐性限度较小。许多海洋动物可以在咸水中生活，但繁殖时必须回到淡水环境。在生物界，一些耐性范围广阔，其分布通常会很广；一些则狭窄，其分布范围相对较窄。在环境生态工程中的生物设计时，通常考虑选择生态适应性宽的生物，从而尽可能提高所设生态系统的自组织功能，以达到生物防治的效果。

2.2.3 限制因子原理

一种生物的生存和繁衍，必须得到其生长和繁殖需要的各种基本物质，在“稳定状态”下，当某种基本物质的可利用量小于或接近所需的临界最小量时，该基本物质便成为限制因子，如光照、水分、温度、二氧化碳、矿质营养等均可成为限制因子。不同的物种及其不同的生活状态对基本物质和环境条件的需求有所不同。在基本物质、环境因子和生物生活状态的变化下，即“不稳定状态下”，限制因子是可以变动的。如在水体富营养化进程中，氮、磷、二氧化碳等因子可以迅速地相互取代而成为限制因子。当然，由于因子之间的相互作用，某些因子的不足，可以由其他因子来部分地代替，或其他因子的充足可以提高生物对限制因子的利用率，从而缓解其限制作用。如在锶丰富的区域，软体动物会利用锶代替一部分钙，作为壳体的组成。

澳大利亚曾开垦过数百万亩荒地种植牧草，其水分、温度及其他自然条件都比较优越，但由于缺乏微量元素钼，使牧草生长不良，结果开垦区成了不毛之地，后来给土壤施用钼肥后，苜蓿生长良好，成为澳大利亚的重要牧场。

同样地，有毒废物的倾泻也是生态系统的一个限制因子。纽约长岛海峡的南大湾为我们提供了一个“鸭与牡蛎”的事例。沿着流入海湾的支流建造了许多大鸭场，鸭粪使大面积的河水变肥，从而使浮游植物密度大大增加。由于海湾中循环率低，营养物质很少流入大海而多半沉积下来。初级生产力的增加，本应带来好处，但事实并非如此。新增加的有机营养物和低的氮磷比例使生产者的类型完全改变；这个海区由硅藻、绿鞭毛藻和腰鞭藻组成的正常的混合浮游植物群落几乎完全被非常小的 *Nannochloris* 属和列丝藻属的绿鞭毛藻所取代。以正常浮游植物为食而常年生长繁盛的著名蓝点牡蛎因不能利用新兴的藻类而逐渐消失，该水域中其他的贝类也被消灭。

限制因子原理应当包括最小因子定律和耐性定律，因为它们是同时对生物起作用的。限制因子是人们掌握生物与环境复杂关系的钥匙。若人们找到了某环境区域消纳污染物的限制因子或导致某环境问题的关键元素，也就意味着找到了环境生态工程的关键性因子。

2.2.4 边缘效应原理

边缘效应即为在两个或两个不同性质的生态系统交互作用处，由于某些生态因子或系统属性的差异而导致系统的种群密度、生产力和生物多样性等发生较大的变化。进行交互作用的相邻生态系统之间的过渡带即为生态交错带。水平方向上的水陆之间、沙漠与绿洲之间、森林与草原之间，垂直方向上的土地与大气之间，经济结构上的城市与农村之间、发达地区与不发达地区之间，都存在生态交错带，这也体现了生态交错带的强度、规模、方式与类型的多样性。

边缘效应通常以强烈的竞争开始，以和谐共生结束。因此，生态交错带通常是一交叉地带或种群竞争的紧张地带，其群落结构复杂，且群落成分多以镶嵌式分布。相邻生态系统之间相互作用的空间、时间及强度决定着生态交错带的特征。

相邻生态系统间的差异性使得生态交错带还起着流通通道的作用，能量、物质（尘埃、雪等）、有机体（花粉、小动物等）沿压力差方向移动，相邻差异越大，这种流动速度越大。借此生态交错带可以缓冲邻近生态系统带来的冲击。

沙漠生态绿洲的扩展就是生态交错带边缘效应原理的一个典型应用。人工构建的环境生态工程的发展可减轻自然生态的压力，维护自然生态又可有效地保护人工生态。因此，环境生态工程设计中也应充分发挥生态交错带的优势，将人工生态与自然生态友好结合，使得二者间的资源利用起到互补增效的作用。

2.2.5　景观生态原理

生态系统是环境生态工程的主体部分，因而环境生态工程的工程学原理与环境因子的调控密切相关。目前的工程设计主流为功能派设计，即主要依客户的要求而建造工程。而环境生态工程则应把当地居民的需求与生态环境统一起来进行考虑，在解决环境问题的同时，又能满足居民的生产、生活等需要。

景观是由相互作用的斑块或生态系统组成的，并以相似的形式重复出现，具有空间分异性和生物多样性效应。景观生态学是研究景观单元的类型组成、空间配置及其与生态学过程相互作用的综合性学科，强调空间格局、生态学过程与尺度之间的相互作用。

美国景观生态学家 Forman 和 Godron 将景观生态学的基本原理总结为下述 7 点：①景观结构与功能原理；②生物多样性原理；③物种流动原理；④养分再分布原理；⑤能量流动原理；⑥景观变化原理；⑦景观稳定性原理。

环境服务、生物生产和文化支持是景观生态系统的三大基础功能。

在环境生态工程的设计和建设过程中，在考虑其生态效益、社会效益、经济效益的同时，也需考虑其景观效益，并借助景观的特征将该工程注入特定的文化内涵，使该工程既解决了环境问题，又体现了生态文明、生态文化的建设，从而达到品味生态的最终目标。

2.3　环境生态工程的工程学原理

通常的工程指按照人们要求，利用不同材料，遵循设计原理与材料特征，而建造的具有一定结构的工艺系统。目前的工程设计主流为功能派设计，即主要依客户的要求而建造工程。而环境生态工程则应把当地居民的需求及其与生态环境统一起来进行考虑，既满足居民的生产、生活等需要，又要与周围环境相吻合。因而环境生态工程原理不是常规的原理，而是工程中的环境因子调控原理。

2.3.1 太阳能充分利用原理

太阳能储量无限，几乎不产生任何污染，且利用技术代价不高。资源的有限性和环保的严格要求使得太阳能成为备受关注的理想的替代能源。

太阳能充分利用原理是指从工程的空间到内部结构充分考虑最大限度使用太阳能。环境生态工程的布局，生物的选择，太阳能建筑材料的使用，取暖、取光等方面都要作出调整。如利用薄膜吸收太阳能的日光温室，透光性和热性能好的“超级窗户”，以及其他天然能或生物质能，各种节能灯、节能材料在处理环境污染物中的应用，既有良好的生态效益，又有相当好的经济效益。目前也有一些节能型建筑在兴起，生态建筑即其中的一个新兴事物，如浙江省建康生态建筑研究所设计的生态住宅，英国也有生态住房建成。

2.3.2 水资源循环利用原理

环境生态工程设计中要求强调水的节约和高效利用，尽可能进行水资源的循环利用。水资源循环利用原理主要体现在水资源优化配置、节约用水、清洁生产、废污水资源化等方面。

通过将丰水期多余的水储蓄到枯水期使用，或利用调水工程将某一区域的水输送到水资源相对匮乏的区域使用，或借助特定技术和管理措施调整使用对象，提高单位水资源消耗的产出，以期达到水资源的高效配置，使水的使用功能在时间、空间和使用对象上达到最大化。

2010年，我国农业用水消耗量约占全国用水总量的73.6%，其灌溉用水有效利用系数仅为0.5，而发达国家为0.7～0.8，说明我国还需大力发展节约用水。在环境生态工程的设计与运行中，采用各种软硬件措施，避免跑、冒、滴、漏水等现象，通过喷灌、滴灌、微灌等技术，充分挖掘节水潜力。

水资源循环利用原理中的清洁生产、废污水资源化强调减少取用新水，降低废污水排放，其有效途径就是循环用水、重复用水，提高水资源的利用率。我国目前工业用水的平均重复利用率与世界先进水平（90%～95%）相比差距较大，废污水处理率与美国、瑞士、荷兰等发达国家（90%）相比差距也较显著。因此，在环境生态工程的设计与运行中，既要达到净化污水的目的，又要注重合理的用水结构，减少水足迹，保障水资源可持续开发利用的低消耗性和高效率性。

2.3.3 绿色工艺原理

绿色工艺是在兼顾环境影响和资源消耗的基础上，制定出的最优工艺，即无污染工艺、清洁生产。该工艺能确保加工的质量，极低的加工成本，极小的加工时间，并使得对环境的影响极小，资源的利用率极高。绿色工艺是对生产全过程和产品整个生命周期进行全过程的主动控制。人们在设计和建设环境生态工程的整个过程中均需考虑绿色工艺原理，也只有如此，才能从根本上解决环境污染的问题。

绿色工艺具体体现在如下三个方面。

一是技术先进性。技术先进性是工程运转的前提。选择无污染的工艺设备，从技术上保证安全、可靠、经济地实现工程的各项功能和性能。

二是绿色特性。绿色特性包括节约资源和能源、生态环境保护、劳动者保护三个方面，强调选择无毒、低毒、少污染的能源和原料，包括常规能源的清洁利用、可再生能源的利用、新能源的开发和利用以及各种节能技术的开发和应用，并减少能源的浪费，避免这些浪费的能源可能转化为振动、噪声、热辐射以及电磁波等，体现资源最佳利用原则、能量消耗最少原则、“零污染”原则以及“零损害”原则。

三是经济性。绿色工艺突出环境效益的同时，也强调经济效益和社会效益，要求成本低。经济性也是环境生态工程必须考虑的因素之一。一个环境生态工程措施若不具备社会可接受的价格，就不可能被接纳，更不可能走向市场。

绿色工艺的实施更加体现了环境生态工程的绿色特性，提高了其可持续发展能力和市场竞争能力，达到了环境效益、经济效益、社会效益多赢的目的。

2.3.4　生物有效配置原理

即充分利用生态学原理，发挥生物在工程中的众多功能，将污染物消纳于系统内，进而优化生产和生活环境。

生物设计是环境生态工程设计的核心。如何针对特定的环境问题，充分发挥不同生物在生态系统及生态工程中的作用就成为环境生态工程成功与否的关键所在。为了减少农药、化肥、除草剂等对农村面源污染的贡献，生产无公害粮食和水产品，运用生态系统共生互利原理发展的稻田养鱼生态工程就是一个典型的例子。在稻田养鱼生态模式中，将鱼、稻、微生物优化配置在一起，互相促进，达到稻鱼增产增收，既促进了稻田生产生态系统的良性循环，又提高了稻田的综合效益。

2.4　环境生态工程的经济学原理

2.4.1　生态经济平衡原理

生态经济平衡是指生态系统及其物质、能量供给与经济系统对这些物质、能量需求之间的协调状态，是生态平衡与经济平衡的协调统一。

在生态经济平衡中，一方面，生态平衡是第一性的，经济平衡是第二性的，即经济平衡从属于生态平衡。从发展时序上讲，生态系统先于经济系统存在，经济系统是从生态系统中孕育产生的。另一方面，生态平衡是经济平衡的自然基础，经济平衡反过来影响生态平衡的实现。经济平衡并非消极和被动地去适应生态平衡，而是人类主动利用科学技术和经济的宏观调控去保护、改善或者重建生态平衡。人类经济愈发展，其对生态系统的主体作用愈强大，相应要求承受经济主体的生态基础愈加稳固和愈加具有耐受能力。环境生态工程所涉及的生态系统的可持续发展不仅要靠其自身的调节，而且更重要的还要靠经济力量的促进。

生态平衡和经济平衡同时也存在矛盾，主要表现为人类需求的无限性和资源供给的有限性的矛盾。在解决环境问题的同时，环境生态工程的设计和运行还应注意因地制宜地发挥当地自然资源和社会经济资源的优势，使其所涉及的生态经济系统的结构得到进一步优化，功能得到进一步提高。

2.4.2　生态经济价值原理

生态系统服务是人类从生态系统中所获得的各种惠益。与人类活动直接相关的服务类型有供给服务、调节服务和文化服务。生态系统的服务功能和利用状况说明生态资源是有价值的。生态资源价值问题，是目前亟待解决的生态经济理论问题。从普通经济学的劳动价值理论或商品价值理论的观点出发，没有经过人类劳动加工的自然生物资源（物种、种群、群落），其所具有的使用价值或效益是没有价值的。自然生态系统（如森林）的涵养水源、调节气候、保护天敌、保持水土等生态效益的表现，既不是使用价值，也不表现为价值。如果不从理论上解决自然资源及环境质量的价值问题，实际生产中不把资源成本和环境代价这些潜在的价值表现出来，不恰当地对人为活动的功利性进行评价，人们就不可能改变对大自然恩赐的无偿耗费，滥用、破坏自然资源的现象就不会杜绝，自然的无情报复就难以避免。

欧阳志云等人根据水生态系统提供服务特点，将水的生态系统服务功能划分为具有直接使用价值的产品和具有间接使用价值的支持系统功能两大类，建立了由生活及工农业供水、水力发电、内陆航运、水产品生产、休闲娱乐 5 个直接使用价值指标和调蓄洪水、河流输沙、蓄积水分、保持土壤、净化水质、固定碳、维持生物多样性 7 个间接使用价值指标构成的陆地水生态系统评价指标体系。以 2000 年为评价基准年份，对全国陆地水生态系统生态经济价值的评价结果表明，陆地地表水生态系统 2000 年的直接使用价值为 4263.91×10^{8} 元，间接使用价值为 5546.92×10^{8} 元，总价值相当于 2000 年我国国内生产总值的 10.97%，这也显示了水资源利用的生态效益和经济效益最优化的重要性。因此，如何合理利用可更新资源和不可更新资源，在有限的自然资源基础上，既获得最佳的经济效益，又不断提高环境质量成为了环境生态工程中必须思考的问题。

人类对太阳能、水力能、风能、地热能等可更新资源的利用一般不会影响其可更新过程。然而森林、草原、鱼群、野生动植物、土壤等自然资源的更新过程与生物学过程有关，其更新速度很容易受到人类开发利用过程的影响。人类对这类资源的过度利用会损害该类资源的更新能力，甚至导致这类资源的枯竭。因此，要合理利用这些可更新资源，重点是保护其自我更新能力和创造条件加速其更新，使自然资源取之不尽，用之不竭，并保持最大收获量。

可更新资源保护的核心是把资源开发利用的速度控制在资源更新能力允许的范围之内，以便实现对资源的永续利用。人类也可以主动地采取措施保护和增强资源的更新能力。如为了保护和增强森林资源的再生能力，可采取封山育林、加强抚育、培育速生丰产树种，进行残林更新和营造新林等方法。

对不可更新资源，如金属矿物、非金属矿物、化石能源以及化肥、农药、机具、燃油等生产资料，必须从物质循环的生态学角度出发，掌握各种矿物的自然循环规律。可采用物质的再循环和回收利用、资源替代、提高资源利用率等对环境和自然循环过程干扰最小的方式对不可更新资源进行开发利用。在提高资源利用率方面，既要利用边际效益原理使有限的资源发挥最大的增产作用，同时也要加强资源利用技术的改进。例如，能源不能像铁、磷等矿物资源那样被反复循环利用，但通过改进能量利用技术，其利用效率就能大大提高。

2.4.3 生态经济效益原理

生态经济效益是评价各种生态经济活动和工程项目的客观尺度，对任何一项环境生态工程项目都需要进行近期和长期的生态经济效益的比较、分析与论证，在解决环境问题的同时，以取得最佳生态经济效果，促进社会经济发展。

生态经济效益是生态效益和经济效益的综合与统一，生态经济效益的好坏可以用作衡量环境生态工程优劣的尺度。生态经济效益指标体系可分为结构指标、功能指标和效益指标三大类。其结构指标包括生态、技术、经济等结构指标，功能指标包括物质和能量流动状况指标和价值增值等指标，效益指标包括生态效益、经济效益、社会效益三大指标。

生态效益可以用价值形态的指标来度量，如市场价值、机会成本、资产价值等。森林可更新氧气，将人工制造氧气的成本作为其“机会价格”，就可估算森林的生态效益的价值。

以解决环境问题为前提，如果所有经济资源的投入符合生态系统反馈机制的需求，经济资源与生态资源的组合也有利于形成有序的生态经济系统结构的良好循环，环境生态工程所涉及的生态系统的生产力就可得到最大限度的发挥。

2.5 环境生态工程设计基础

环境生态工程的设计和实施要按照环境生态工程的原理，特别是整体、协调、自生、循环的原理，以生态系统自组织、自我调节功能为基础，在人类辅助能的帮助下，充分利用自然生态系统功能来完成这一过程：即“道法自然”，按照物质在自然界迁移、转化、流动与循环的规律，积极地调控其食物链。

环境生态工程设计的综合特性主要体现在食物链、生命周期和价值链三个方面。如在废水处理中，通过延长或减少食物链的环节为污染物和许多其他成分及其所在系统，提供匹配机会与接合点，连接在物流中已断了联系的或本不联系的亚系统，疏通物流、能流及信息流的通路，调节及维护各亚系统的收支平衡。同时，借助生命周期评价方法评估废物排放对环境的影响，从而寻求改善环境影响的机会以及如何利用这种机会。根据环境生态工程实施的自然条件、经济条件和社会条件，优化组合各种技术，使之相互联系，形成一个有机系统，做到对物质多层次、多目标的分级利用，充分挖掘该环境生态工程的经济特性，延长其价值链，谋求达到生态、经济和社会效益同步的效果。因此，环境生态工程设计既要重视系统的自我组织和自我调节，更要重视人为的干预与调控，使其可持续发展。

2.5.1 环境生态工程设计原则

2.5.1.1 因地因类制宜原则

因地制宜原则（design principle based on local environment）是紧紧围绕当地的自然、社会和经济条件进行环境生态工程设计的基本原则。生物的有效配置是环境生态工程设计的核心，而生物的分布、生存、生活和繁育均受到其自然环境条件和当地土著生物的制约。环境生态工程同时也是对环境过程进行人为的设计、组装和运行管理，参与设计的所有人员的素质和意识至关重要。设计过程中，必须依据当地的自然条件、管理水平和社会需求，提出适宜的环境生态工程类型。

环境生态工程作为其生态型的经济活动，在发展中国家和经济不发达的地区，其经济效益的高低在很大程度上决定着它的命运。因此，环境生态工程设计初期，在考虑高效处理环境问题的同时，必须结合当地的经济条件对其相关价值链进行调查和对比分析，以确定该工程的目标产品和辅助产品类型。例如，我国应用鲢鳙摄食浮游植物的鱼类，可将水中的藻类转化为鱼饵，增加水体中营养盐的输出，促进营养物的输入输出平衡，达到了防止水体富营养化的生态效益，而饲养的鲢鳙捕捞后销售，达到了水环境优化和一定的经济效益，是环境生态工程成功的范例。但这种经验在美国并不合适，虽然其自然条件也适于养殖鲢鳙，可这类淡水鱼在美国没有需求，不能进入流通环节。因此，这类鱼不能成为商品，在客观上美国就不可能用其来促进水体中营养盐的输入输出平衡。又如，应用湿地中芦苇作为过渡带，转化地表径流入湖的污水，其收割后可作为造纸、编织等原料。因此，径流中营养盐经芦苇转化再输出有利于促进水体中营养盐的收支平衡，同时由于收割芦苇调整了芦苇的密度，其生长率、生产量及净化能力得到进一步提高。在欧美一些国家，虽然也有将芦苇用于净化入湖地表径流的污染，但由于这些国家一般不用芦苇造纸，生长地的芦苇往往是自生自灭，不予收割，这样可能造成二次污染，最终使得芦苇的生产率、生产量及净化能力降低。

环境生态工程着眼于社会-经济-自然生态系统的整体效率及效益与功能，优化组合各环节，以生态建设促进产业发展，将生态环境保护融于产业工程及有关生产之中。由于各地的自然条件、污染物的种类和数量、经济状况、市场需求及社会条件各不相同，环境生态工程的设计需要根据本地区的自然、经济、社会等条件，因地因类制宜优化组合以充分合理地利用资源，变废为宝，以经济效益解决环境问题，达到人与自然高度和谐，财富、人与生态系统的健康以及文明的辩证统一。

2.5.1.2 生态学原则

环境生态工程的设计主要是根据生态学的整体、协调、自生及循环再生等理论及原则，按预期的环保目标，多方面人为干预，因地因类制宜地调整生态系统结构和功能，联结原本无直接联系的不同成分和生态系统形成互利共生网络，分层多级利用物质、能量、空间、时间，以达到生态、经济和社会的综合效益，不只是单项效益。因此，一项成功的环境生态工程离不开下述生态学原则的指导。

（1）适当输入辅助能的原则（principle of suitable input of subsidiary energy） 无论环境生态工程，还是生态工程，主要能源均是太阳能。而在技术利用和设计手段上适当地输入辅助能，建立辅助能流路线，可以人为改变生态系统的网络结构，增加反馈机会，提高生态系统主要能流途径的效率，同时，也可以获得多种经济产品，使环境生态工程不断增值。

（2）再生循环及商品生产原则（recycle and merchandise production principle） 发达国家生态工程以环境保护为主，一般不注重生产商品或可利用的原料，即使生产一些，也非绝对必要的。我国环境生态工程的目标是同步取得生态环境、经济和社会三方面效益，通过再生循环从根本上解决环境污染问题，而且依靠再生与循环尽量高产、低耗、优质、高效地生产适销对路的商品或可利用的原料，化废为利，且参照市场状况，废物转化后的一些物质适销对路或能为另一生产环节所用，输出的途径有保证和畅通。只有这样，才能实现和体现环境生态工程的自净、无废弃物产生，以实现可持续发展。

（3）生物多样性原则（biodiversity principle） 一项环境生态工程首先必须解决特定的环境问题。因此，在环境生态工程的运行初期，生物多样性往往较低。为了保证所涉及生态系统的稳定性和抗逆性，保护和增加生物种类，注意保存与不断增加生物多样性和食物链网的复杂性对该工程的成功与否至关重要。

（4）环境的时间节律与生物的机能节律原则 环境因子与生物的机能都不是一成不变的，其变化规律十分明显，对环境因子而言，这种变化方式被称之为环境因子的时间节律，生物的机能变化称之为生物的机能节律或称为“律动”。

很多生物的生命活动显示出24h循环一次的现象，称之为日周期。比如，大森林中一些昆虫日间活动，食虫鸟也大多在日间活动，一些肉食性鹰、鹞也在白天活动与采食；一些鼠类、蚊虫、蛾类则在夜间活动，一些以这些小动物为食的猫头鹰、蝙蝠也在夜间活动，显示了日周期现象。一些植物除了光合作用以外，其叶子的变化和开花的时间日周期也是十分明显的。

在环境生态工程中，对种群的选择与匹配应合理地利用不同生物的机能节律，并与当地环境节律合理配合，就可以做到环境资源的合理利用。北方干旱半干旱地区春季干旱少雨，造林成活率极低，如果采取一些技术手段使造林绿化避开这一严酷的时间阶段，改在雨季进行，就可以使成活率成倍提高。如太行山造林绿化生态工程采取了塑料袋集约化育苗，雨季造林，树苗成活率就可显著提高到85%以上。

(5) 生物种群选择原则(chosen principle of biological population)　环境生态工程是一个目的性极强的工程项目。生物种群选择的原则一般有两条：①根据工程建设的主要目的来选择。所选择的生物种群都要服从这一主要目的。同时，在保证主要目的的原则下应尽量考虑其他对人类有益的作用，也就是常讲的“多功能”。即在同样可以达到主要目的的种群抉择中，要尽量选择兼有其他功能的种群。②根据工程所处自然环境特征来选择。选定适生种群，这就是常说的“因地制宜”，这两条原则并不是主从关系，而是处于同等重要的地位。有些地带以前者居先，像一些生态较好的地区。有些则以后者居先，像一些环境脆弱、恶劣地域。太行山白果树生态工程试验区在进行立体林业工程的生物种群选择上，根据当地干旱贫瘠、降雨集中的情况，确立以水土涵养为主，尽量增加林地覆盖率为主要目的，兼顾中短期经济效益，以做到在改善生态环境的同时改善当地山区人民的生活条件。为此，人们选定了火炬树(兼具美化效益)和兼顾经济效益的果树石榴、山桃、山杏、毛樱桃和中药材山茱萸为主要种群，而排除了在当地经济性状不良的刺槐和没有成林希望的侧柏、油松。

(6) 种群匹配原则(population matching principle)　种群过分简单，是农田、人工林等人工生态系统稳定性差的关键原因。目前，复合群体的应用已为很多人所接受并显示出良好的结果。因此，当一项环境生态工程的主要种群选定后，如何匹配次要种群本身就成为一门技术。可以根据生物共生互生、生态位等原理，选择匹配次要种群，也可以根据中医药学说中“君、臣、辅、佐、使”的相互关系，建造起复合群体，形成互惠共存的群落，这是环境生态工程效益高低、结构是否稳定的关键。四川黄连农场匹配的白马桑；海南橡胶园中选定的茶树；太行山白果树试验区选定的多种豆科牧草；有些果园中加入的食用菌，都显示了很高的经济效益和生态效益。

目前，在生物种间关系研究中，一些种间关系机理还不清楚，这项工作也很难一次到位。然而，随着社会发展的需求，人工生物群落中种间关系机理有可能作为一个专门学科来进行研究，这将对种群匹配工程产生重大的影响。目前状况下除了借鉴天然生态系统的组合，“向大自然学习”外，种群匹配主要采用广泛试验方法选定。

(7) 人工压缩演替周期原则(principle of artificial shortening successional period)　生态系统形成和演替是一个很长的过程。比如从裸露岩石演替到多层次森林群落阶段可达百万年，即使从草本群落阶段开始，也需要几个世纪。环境生态工程是人为干扰下形成的一个新的生态系统，可以模拟自然生态系统形成演替规律，人工压缩更替周期的方法。如在某一环境生态工程项目中，可以根据环境资源现状，以抗性较强的先锋树种或抗旱灌木、牧草代替高密度乔木为主的林分而建成第一期工程，利用生物对环境的改良作用，提高当地的生态位。然后再进行第二期生态修复工程。现在许多地方不死不活的“少老树”，砍又不敢砍，生长又处于停滞状态，这种局面完全是由于不考虑环境资源，盲目营造造成的。假如，一开始用旱生的拧条、胡枝子、沙棘、沙打旺等豆科植物进行第一期工程，它不但具有抗风沙的作用，同时又改良了环境，增加了土壤肥力，在此基础上再引入乔木树种形成疏林结构，最终形成一个乔、灌、草结合，用养互补的高效工程是完全可能的。这种做法虽然较许多工程慢了一些，但总体上是稳妥而高效的，是对自然演替的促进和“压缩”。

（8）种群置换原则（principle of population alternatives） 自然生态系统的生物种群是野生自然种群，这些复合群体的群落组成是经过长期的种间竞争逐渐达到和谐与平衡的。环境生态工程是要针对特定的环境问题建造高效的人工复合生态系统。在种群选择上就要本着以人工选择的组分代替自然种群，以结构的人工合理调控代替种间种内竞争，从而减少耗损。比如，以豆科作物、豆科牧草或中草药植物代替地被物，以经济灌木或小乔木组成下木，以食用菌代替腐生性低等生物等，人工控制株行距，减少竞争，这样建成的生态系统就会既具有自然生态系统的物种多样性又可提高系统的经济效益。这种利用习性相同的生物之间的选择与置换来建造新的生态系统的方法，将随着环境生态工程科学的发展逐步完善与成熟。

（9）经济效益原则（economic benefit principle） 在发达国家，生态工程的价值，往往是自然环境保护和自然景观的美化，很少与直接经济效益挂钩。遵循经济效益原则，我国发展环境生态工程既应能净化与保护环境，同时还应能产出一些商品，如农、牧、水产、林、副业及工业等商品而获得一些利润和经济效益，这样既有利于环境生态工程被当地居民接受，也有利于该工程的逐步完善和可持续发展。

2.5.1.3 人工合理调控与技术集成，促进生态系统恢复原则

环境生态工程的调控包括生物调控、系统结构调控、输入与输出调控等，由自然调控和社会调控交互联结而成。环境生态工程设计应以生态系统的共同发展为主旨，既需考虑系统的自然环境，还要考虑各种社会因素，包括当地居民的生活、生产、就业、文化与福利等，体现人工调控和多种技术在生态系统的恢复或污染物消纳中的功能，建设与生物和与人类社会最吻合的环境系统，使其健康持续发展。

2.5.1.4 环境生态工程创新原则

地球生态系统是经过几十亿年演化而成的复杂的生态系统，其生物与生物之间，生物因素与非生物因素之间，非生物因素与非生物因素之间，有着相互联系、相互制约的微妙关系，它们纵横联系、丝丝相通，是一张看似清晰，实际上很难理清的生命之网。当前，人类对这张生命之网的认识和研究还不到位，有些规律还没有被发现。生物设计是环境生态工程设计的核心，系统的生命活性和因地、因类制宜的优化组合赋予环境生态工程设计具有不断地创新性的特性，使得任何一个成熟的环境生态工程设计无法完全被照搬到另一个环境系统中。因此，必须坚持创新研究，是环境生态工程的重要原则。

2.5.2 环境生态工程设计路线

环境生态工程设计程序如同马世骏总结的生态工程设计框图（见图 2-4），主要包含了拟定目标、背景调查、模型分析与模拟、工程可行性评价等几个主要部分。

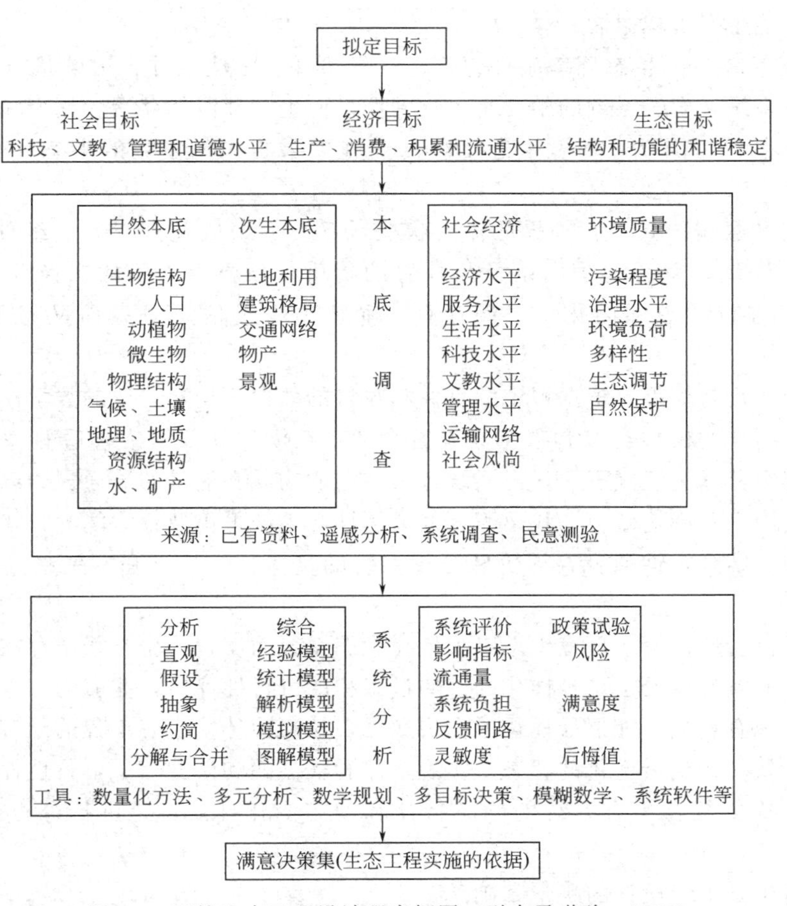

图 2-4　环境生态工程设计程序框图（引自马世骏，1984）

（1）拟定目标　环境生态工程的对象是自然-社会-经济复合生态系统，是由相互促进而又相互制约的 3 个系统组成。因此，任何环境生态工程设计必须强调复合生态系统的整体协调的目标，即自然生态系统是否合理，经济系统是否有利，社会系统是否有效。同时，根据当地的条件，强化某个系统的目标。环境生态工程的目标就是，将人类社会发展中突出的环境问题通过自然-社会-经济复合生态系统的整体协调来加以合理解决。

（2）背景调查　环境生态工程合理设计的前提是进行充分的背景调查，全面掌握设计区域的资源条件、社会经济条件和环境条件及其与环境问题的关系，才有可能制定出切合可行的具体措施。

① 自然资源条件　自然资源包括生物资源、土地资源、矿产资源、水资源等。生态工程是一个系统的体系，需要各种资源的支撑。在具体的区域不可能存在完备的资源体系，在环境生态工程设计时，在全面了解资源分布的基础上，须对资源的现状和发展趋势进行预测，最大限度地利用现有资源，适当引进外来资源，构建起环境生态工程的基础条件。

② 社会经济条件　社会经济条件包括：市场状况、劳动力及其知识水平、经济实力等。环境生态工程是多产品、多途径的具有网络结构的工程，在将单个生产技术组装的过程中，具有较大的灵活性。因此，可以根据当地市场、经济实力和劳动力水平，甚至管理层的知识

水平，进行环境生态工程组装。

③ 生态环境条件　生态环境条件包括：气候条件、土壤条件、污染状况等。生态工程的基础是生态系统，生态系统的中心是生物种群，而生物种群的存活、繁衍和生长均受到生态环境条件的制约。因此，环境生态工程的实施效果与人们掌握的生态环境条件有密切关系。

调查资料和数据要具有：外界的输入状况，系统的组成及其状态，组分之间的物质、能量和信息的流动，系统的输出以及与外界的货币、物质等因子的交换等。然后，从庞杂的数据中，进行抽象和简化，去伪存真，筛选出少量信息量大而又易于操作的关键因子。

(3) 模型分析与模拟　根据拟定的目标和收集的数据，构建合适的数学模型。通过模型的运算，评价所选的模型类型和数据集是否合适；在模型和数据集合适的基础上，通过运算，找出关键组分和关键因子，找出系统各组分间的物质和能量的流通规律以及流通率变化对系统的潜在压力和影响效应，找出组分的灵敏性和系统平衡及稳定能力，找出反馈作用的强度和效应等。结合定性研究，评价和分析系统的整体行为特征和发展趋势，并进行综合评价。

(4) 工程可行性评价　环境生态工程依托生态系统而实现，生态系统存在多样性，因而环境生态工程的实现途径也是多样化的。通过工程的可行性评价，能够为决策和管理部门提供特定目标和现有环境条件下最优化的实现途径，从而使环境生态工程的经济效益、生态效益和社会效益共同达到最优化的状态，实现自然和社会的和谐共存。可行性评价操作时，生态系统模型可提供复合生态系统的静态特征和动态变化性质，是进行分析或决策的重要手段。

(5) 环境生态工程设计的科学基础

① 多学科性　打破学科界限，将自然科学、工学和社会科学紧密结合起来。环境生态工程学家应该既是自然科学专家，又是熟悉社会科学和工学的多面手。或者能将熟悉自然科学的专家、工学专家和社会科学的专家有机、有效地组织起来，进行系统研究。

② 多目标性　摒弃传统的单目标、单向的思维方式，进行多目标、多层次和多属性的分析研究和决策。

③ 整合性　针对复合生态系统内存在大量的不确定因素，取得完整数据的艰巨性，大规模、长周期的特点，必须突破传统的定性数学和统计数学的束缚，采用宏观与微观相结合，定性与模糊相结合的手段，开展研究。

④ 整体性　要着眼于系统和亚系统的综合特征，而非系统组分间的细节分析；重在探索系统的整体结构、功能的行为，而非其数量的绝对变化。

2.5.3 设计技术路线

环境生态工程的理论体系是建立在生态工程系统上的，故在设计理念上如同生态工程。生态工程设计技术路线，就是以社会-经济-自然复合系统为对象，应用多学科领域的基础理论，多技术相互交叉与融合，通过人工生态系统食物链网的设计与构建，促进系统内物质循环利用和系统自我调节，达到资源化、产业化、社会化的综合目标（见图 2-5）。

前人进行生态工程设计时通常会综合考虑下述 4 个方面。

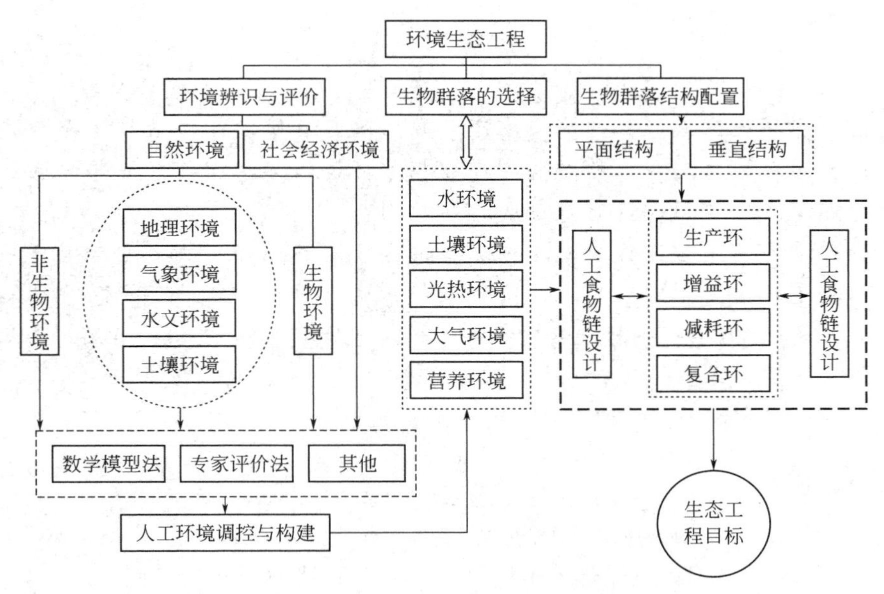

图 2-5　环境生态工程设计与构建的技术路线（引自范志平，2006）

（1）以整体生态过程为核心　生态系统的协调是系统的稳态和整体功能的保障，结构和功能的失调将破坏系统原有的性质和整体功能。依据人工生态系统的自然条件、经济条件、社会条件，结合系统的共生、再生、自生功能，利用系统的资源结构、环境结构、网络结构，因地制宜评价、设计、规划和调控其物流、能流、信息流、资金流及人力流，调整系统结构功能，从而增强系统自组织和自调节的能力。

（2）融合多学科技术　虽然生态工程的最终目标是实现系统的自我维持，但它是一个在人类主导下建立的生态系统，在建立初期系统的维持主要还是依靠人为操作。建立生态工程时，应该综合运用包括农业、林业、牧业、渔业、工商业等多个领域的多种技术，减少社会经济成本，并尽快实现工程系统的自我维持。

（3）实现结构和功能统一　生态工程是通过增加食物链不同环节，如生产环、增益环、减耗环、复合环等，将系统内各个组分及其功能相互联系耦合起来，使不同生物或不工艺流程有机组合形成食物链网式结构，促进资源共享、分层多级综合利用。另外，生态工程将生产、消费、回收、再生、环境保护及能力建设结合为一个整体，在系统内部形成完备的生命周期的功能组合，实现资源在系统内的吸收、转化、利用。更重要的是，生态工程将不同生态系统耦合起来，构成生态复合体，结合不同产业的有机组合，构成产业生态系统，实现社会-经济-自然复合生态系统的良性循环。

（4）将环境保护与生产消费有机结合　生态工程的设计与构建，可以将资源保护与合理开发利用结合起来，形成生产的规模化、商业化。同时生态工程能够将生产过程与废物的回收、处理、再生、循环、再利用有机结合起来，形成生态产业，实现能源消耗降低、物质消耗减少及废物排放减量、综合效益提高的多重目标。

环境生态工程设计中，始终需要以解决特定的环境问题为目标，围绕重建生态系统这一核心进行，改进或重建系统的结构，完善系统功能，实现生态系统结构和功能的统一，最终建立具有完备生态功能的工程体系。

思考题

1. 如何应用环境生态工程的主要生态学原理改善或修复受污染的环境?
2. 如何应用环境生态工程的经济学原理指导环境污染治理与经济的协调发展?
3. 进行环境生态工程设计时应遵循哪些原则?
4. 进行环境生态工程设计时,生态环境调查主要应该针对哪些环境要素?各个要素的调查参数主要有哪些?
5. 何为环境生态工程设计技术路线?为什么说生态系统是环境生态工程的核心组成?

参考文献

[1] 白晓慧.生态工程——原理及应用[M].北京:高等教育出版社,2008.
[2] 盛连喜,许嘉巍,刘惠清.实用生态工程学[M].北京:高等教育出版社,2005.
[3] 李季,许艇.生态工程[M].北京:化学工业出版社,2008.
[4] 马世骏,李松华.中国的农业生态工程.北京:科学出版社,1984.
[5] 马世骏,王如松.社会-经济-自然复合生态系统[J].生态学报,1984,3(1):1-4.
[6] [美]麦克哈格(Mcharg,IanL)著.设计结合自然.芮经纬译.北京:中国建筑工业出版社,1992.
[7] 钦佩,安树青,颜京松.生态工程学[M].第2版.南京:南京大学出版社,2002.
[8] [日]山本良一.战略环境经营:生态设计——范例100.王天民等译.北京:化学工业出版社,2003.
[9] 王如松,欧阳志云.社会-经济-自然复合生态系统与可持续发展[J].中国科学院院刊,2012,27(3):337-345.
[10] 杨京平.生态工程学导论[M].北京:化学工业出版社,2005.
[11] 周曦,李湛东.生态设计新论:对生态设计的反思和再认识[M].南京:东南大学出版社,2003.
[12] 傅伯杰,于丹丹.生态系统服务权衡与集成方法.资源科学 2016,38(1):1-9.
[13] 范志平,曾德慧,余新晓.生态工程理论基础与构建技术.北京:化学工业出版社,2006.
[14] 云正明,刘金钢.生态工程.北京:气象出版社,1998.
[15] Crowther,R. L. Ecologic Architecture. Butterworth Architecture,Boston,1992.
[16] Doug Aberley. Futures by Design:the Practice of Ecological Planning. Gabriola Island. BC:New Society Publishers,1994.
[17] Dorney,L. C. The Professional Practice of Environmental Management. New York:Springer-Verlag,1987.
[18] Kangas,P. C. Ecological Engineering:Principles and Practice. Boca Raton. F. L. Lewis Publishers,2004.
[19] Marino,B. D. V. &Odum,H. T. ,ed. . Biosphere 2:Research Past and Present. Elsevier Science,1999.
[20] Mitsch,W. J. &Jørgenson,S. E. Ecological Engineering:An Introduction to Eco-technology. Wiley Interscience,New York,1989.
[21] Mitsch,W. J. &Jørgenson,S. E. Principles of Ecological Engineering. Wiley Interscience,New York,1989.
[22] Stitt,F A. ed. . Ecological design handbook:Sustainable Strategies for Architecture,Landscape Architecture. New York:McGran-Hill,1999.
[23] Van der Ryn,S. & Cowan,S. 1996. Ecological Design. Washington DC:Island Press,1996.

第 3 章　湿地环境生态工程

教学目的： 理解湿地污染物的生物去除机理；掌握人工湿地的主要类型和设计参数的计算方法；明确人工湿地施工中应考虑的因素。

重点、难点： 本章重点是人工湿地的设计和计算；难点是人工湿地工艺参数的合理选择。

3.1 湿地环境

湿地具有保持水源、净化水质、蓄洪防旱、调节气候和维护生物多样性等重要生态功能。健康的湿地生态系统，是生态安全的重要组成部分和社会经济可持续发展的重要基础。保护湿地，对于维护生态平衡，改善生态状况，促进人与自然和谐，实现社会经济可持续发展，具有重要意义。

3.1.1 湿地概念与类型

湿地是由湿生生物和浸水环境构成的独特的自然综合体。一般认为，湿地受深水系统和陆地系统的共同影响，是地表长期或季节性积水的景观类型。复杂的地理条件形成了多种类型的湿地。虽然不同类型的湿地具有不同的特征，但它们具有一些共性特征，即所有湿地都有长期、季节性浅层积水或者土壤饱和水；常常具有独特的土壤条件，长期处于厌氧环境或者厌氧与好氧交替的环境，有机物质积累并且分解缓慢；具有多种适应淹水或土壤水饱和条件的动物和植物，缺乏不耐水淹的植物。

由于湿地类型的多样性、分布的广泛性、面积的差异性、淹水条件的易变性，以及湿地边界的不确定性，对湿地进行科学定义比较困难。1971 年，在 IUCN 的主持下，在伊朗的拉姆萨尔（Ramsar）会议上通过了《关于特别是作为水禽栖息地的国际重要湿地公约》(Conventional Wetlands of International Importance Especially as Waterfowl Habitat)，简称《湿地公约》。该公约于 1975 年 12 月 21 日正式生效。归纳起来，《湿地公约》中对湿地的定义是：不论其为天然或人工、长久或暂时性的沼泽地、泥炭地或水域地带，静止或流动的淡水、半咸水、咸水水体，包括低潮时水深不超过 6m 的水域；同时，还包括邻接湿地的河湖沿岸、沿海区域以及位于湿地范围内的岛屿或低潮时水深不超过 6m 的海水水体。

湿地具有多种分类系统，其中，《湿地公约》中的湿地类型分类系统，是 1990 年 6 月在瑞士蒙特勒召开的第四届缔约国大会建议通过并经缔约方大会决议修订，要求成员国和执行局统一使用的分类系统。这个分类方法首先按照湿地的海、陆以及人类活动作用形式的不同，将湿地划分为海岸咸水湿地、内陆淡水湿地和人工湿地三大类。按照地貌类型和湿地作用过程将湿地划分为海域、海陆、潟（泻）湖、湖泊、沼泽和各种人工湿地类型。

3.1.2 湿地生态系统功能

湿地生态系统功能是湿地生态系统中发生的各种物理、化学和生物过程及其外在表征。湿地生态系统功能一般可以划分为三大类，即水文功能、生物地球化学功能和生态功能。

3.1.2.1 湿地水文功能

湿地水文功能是指湿地在蓄水、调节径流、均化洪水、减缓水流风浪侵蚀、补给或排出地下水及沉积物截留等方面的作用。湿地一般都位于地表水和地下水区，是上游水源的汇聚地，具有分配和均化河川径流的作用，是流域水文循环的重要环节。湿地水文影响湿地生物地球化学循环，控制和维持湿地生态系统的结构和功能，影响土壤盐分、土壤微生物活性、营养元素的有效性等，进而调节湿地中动植物物种组成、丰富度、初级生产量和有机质积累等方面。湿地位于陆地与水体之间，因而湿地对水量及其运动方式的改变特别敏感。如果自然和人类活动造成水分数量和质量变化，这些变化就会反映在湿地生态系统的结构和功能上，进而使径流的调节作用和维持生态系统的作用退化，对区域环境产生不利影响。

(1) 蓄水、调节径流和均化洪水功能　湿地是地表水流的汇与源，而被称为陆地上的“天然蓄水库”，在调节径流、防止旱涝灾害方面具有重要意义。凡是和河流、湖泊相连通的湿地一般都具有调蓄洪水的作用，包括蓄积洪水、减缓洪水流速、削减洪峰、延长水流时间等，如我国长江中下游地区与长江相连的湖泊湿地都有不同程度调蓄洪水的作用。

湿地调蓄洪水能力的大小与湿地属性（面积、位置、湿地类型等）有关。湿地面积越大，蓄积洪水与减缓流速的能力也越大。湿地的位置也决定湿地的调蓄洪水功能，如鄱阳湖和洞庭湖都与长江相连，由于所处位置不同，洞庭湖调蓄洪水的作用更重要（见表 3-1），其原因在于洞庭湖地处长江河段南岸，华中重镇武汉的上游。另外，湿地的植被类型也对调蓄洪水功能有影响。湿地通过固结底质、消耗波浪及水流的能量来缓解侵蚀，达到保护水利工程的目的。湿地调蓄洪水的功能主要取决于湿地的植被类型、植被覆盖范围（如带宽）以及被保护对象的坡度、土质和水位差等。

表 3-1　东洞庭湖各类湿地的最大调蓄能力

湿地类型	高程范围/m	调蓄能力/$\times 10^3 m^3$	百分比/%
沙泥滩	21～24	60.10	54.1
草滩	24～26	38.80	34.6
芦苇	>26	12.26	11.3
合计		111.16	100

(2) 沉积物截留功能　湿地的过滤作用是指湿地独特的吸附、降解和排除水中污染物、悬浮物、营养物等作用，主要包括复杂界面的过滤过程和生存于其间的多样的生物群落与其环境间的相互作用过程，包括物理、化学作用和生物作用。物理作用主要是湿地的过滤、沉积和吸附作用；化学作用主要是对降水中的重金属转化作用。生物作用包括两类：一类是微生物作用，如细菌对污染物的降解作用；另一类是大型植物作用，水生植物在湿地去除污染过程中起着十分重要的作用，植物不仅可以通过其呈网络状的根系直接吸收污水中的 NH_4^+、NO_3^- 和 PO_4^{3-}，更重要的是，水生植物可通过生命活动改变根系周围的微环境，从而影响污染物的转化过程和去除的速度。营养物质在湿地土壤中的降解和转化主要靠微生

物来完成。由于水生植物的生长，其根系的分泌物及好氧环境为好氧细菌的生长创造了条件。湿地土壤中生长着大量好氧、厌氧及兼性微生物，它们可以将水中有机物分解。

3.1.2.2　湿地的生物地球化学功能

（1）湿地的养分输入　湿地的物质输入是通过与其他生态系统的物理、生物和水文途径作用进行的。湿地的物质或元素输入通常以水文输入为主，裸露岩石风化的输入是一些湿地很重要的物理输入。生物输入包括植物、微生物等对碳的光合吸收、氮的固定。此外，鸟类等动物的搬运也是一种物理性输入。

流域内降水到达地表时，或渗入土壤中或通过蒸发返回大气中或形成地表径流，进入湿地径流中的化学物质含量会受以下因素影响。①地下水的影响。河流、溪流的化学特征依赖于其与地下构造关联程度的大小以及地下构造中的矿物类型等。②气候。气候通过降水与蒸发之间的平衡来影响地表水水质。③地理影响。输入河流、溪流湿地中的溶解物和悬浮物量的多少也决定于流域面积的大小、地形坡度、土质和地势变化；上游的湿地也会影响流入下游湿地的水质。④人为影响。污水和农田排水等能强烈改变湿地水体的化学组成。城市废水、煤矿疏干（用人工排水措施降低有关含水层的水位，使某个采矿中的地下水部分或全部被排除）、高速公路建筑和江河渠道化等对地下水水质会产生显著影响。

（2）养分迁移与输出

① 氮的转化　氮素经常是湿地最主要的限制性养分。湿地土壤中氮的转化包含几个微生物过程，有些过程会降低植物所需养分的有效性。尽管氮在有机土壤中能以有机形式存在，但是在诸多淹水湿地的土壤中，矿化氮主要以 NH_4^+ 的形式存在，还原区之上的氧化层对一些转化过程也非常关键。因此，这些转化过程可能包括含氮有机物质的矿化、氨向上输送、硝化、硝酸盐向下输送和反硝化等。湿地中氮固定和氨挥发是两个重要过程。氨化作用是指在有机物质降解时有机氮降解为氨氮的生物转化过程。

② 碳的转化　在湿地土壤的还原环境中，尽管在好氧条件下进行的有机物生物降解受到抑制，但是一些厌氧反应过程仍能够降解有机物。有机物发酵可形成各种低分子量的有机酸以及乙醇和 CO_2：

$$C_6H_{12}O_6 \longrightarrow 2CH_3CH(OH)COOH\text{(乳酸)}$$

$$\text{或 } C_6H_{12}O_6 \longrightarrow 2CH_3CH_2OH + 2CO_2$$

在微生物的厌氧呼吸过程中，只有当有机物自身作为最终电子受体时发酵才能进行。在湿地土壤中此过程可由兼性或专性厌氧细菌来完成。尽管对湿地中的发酵过程研究较少，但一般认为发酵过程可为生存于淹水土壤沉积物中的厌氧细菌提供底质。

③ 磷的转化　磷被作为一种主要的限制性养分。在湿地土壤中具有以无机和有机形式存在的溶解态和不溶态。磷的无机形式主要是正磷酸盐，包括 PO_4^{3-}、HPO_4^{2-}、$H_2PO_4^-$ 等离子，哪种离子占优势取决于 pH 值的大小。在生物学意义上，有效正磷酸盐在分析测量时被称为可溶的活性磷。不溶的有机磷、无机磷一般是生物无效的，除非被转化为可溶的无机形式。尽管磷不像氮、铁、锰那样随电位的改变而直接发生转化，但它可在土壤和沉积物中与已转化的几种元素相结合而受到间接影响。

在以下几种情况下，磷被转化为植物和微生物难以利用的无效磷：a. 在氧化条件下，不溶的磷酸盐与 Fe^{3+}、Ca^{2+} 和 Al^{3+} 一并沉淀；b. 磷被黏土颗粒、有机泥炭、Fe^{3+} 与 Al^{3+} 的氢氧化物和氧化物所吸附，其中，Fe^{3+} 和 Al^{3+} 的氢氧化物和氧化物对磷酸盐的吸附都是一种专性吸附；c. 磷与有机质相结合进入生物体。

(3) 养分库功能　湿地处于大气系统、陆地系统与水体系统的界面，具有物质“源”、“汇”、“转换器”及“调节器”的功能。如果某种物质或其某一特定形式输入大于输出的话，湿地就被看成是“汇”。如果某一湿地向下游或相邻的生态系统输出更多的物质时，且若无此湿地便不会有此输出，则湿地就被看成是“源”。如果物质经过湿地可能发生形态变化但并不改变输入、输出总量，湿地就被认为是“转换器”。

① 湿地生态系统作为 CO_2“源”与“汇”的功能　湿地的物理、化学条件使其具有碳汇的功能，天然湿地环境下，土壤温度低，湿度大，微生物活动弱，土壤呼吸释放 CO_2 速率低，湿地是碳循环的汇。据估计，储藏在不同类型湿地内的碳约占地球陆地碳总量的15%。由于湿地生态系统地表经常性积水，土壤通气性差，地温低且变幅小，造成好氧细菌数量降低，而厌氧细菌较好地生长。植物残体分解缓慢，形成有机物的不断积累。泥炭是沼泽湿地的产物，是 CO_2 的汇。湿地经过排水后，改变了土壤的物理性状，地温升高，通气性得到改善，提高了植物残体的分解速率，而在湿地生态系统有机残体的分解过程中产生大量的 CO_2 气体，向大气中排放。此时，湿地生态系统又表现为 CO_2 的源。因此，湿地的碳循环对全球气候变化有着重要意义。

② 甲烷在湿地生态系统中的生成和排放　湿地是大气中甲烷的主要自然来源，估计全世界每年有 1.10×10^4 g 甲烷是来自天然湿地中的厌氧分解，天然湿地每年向大气中排放的甲烷占全球甲烷排放总量的15%～30%。在厌氧条件下，甲烷通过产甲烷菌的作用而产生；而在氧化条件下，甲烷通过甲烷氧化菌的作用被氧化成二氧化碳。在湿地中，甲烷产生和再氧化受温度、酸碱度、氧化还原电位和淹水深度的影响，并与植物生长密切相关。植物生长一方面是有机物的来源，另一方面，植物通气组织是土壤中甲烷进入大气，以及大气中氧气进入土壤的主要通道。湿地在全球分布面积的变化，特别是湿地排水开垦和世界水稻种植面积的增加可能与大气中甲烷的增加有关，估计在未来的几十年中由此产生的甲烷排放量将以每年1%的速度增加。

③ 氧化亚氮（N_2O）在湿地生态系统中的生成和排放　N_2O 是仅次于 CO_2 和 CH_4 的温室气体。大气中 N_2O 的95%来源于生态系统氮循环中的硝化和反硝化过程。高温、湿润、高碳氮含量的土壤是 N_2O 产生的最佳环境。随土壤水分含量的增加，N_2O 产生的速率出现高峰，但土壤含水量达到饱和以后，N_2O 释放率会显著下降。N_2O 的排放源主要是土壤，其中农业土壤每年的释放量约 3×10^6 t，自然土壤为 6×10^6 t。由于土壤性质和覆盖状况等因素的差异，土壤排放 N_2O 的通量在时间和空间上变化很大。目前，对 N_2O 的测定工作大部分是在森林（特别是热带森林）和各种农田上，而对于天然湿地研究较少。

3.1.2.3 湿地生态功能

湿地的生态功能主要指湿地在建立生态系统可持续性和食物链维持力等方面发挥的作用。具体地说，主要包括：维持食物链、重要物种栖息地（鸟类栖息地和鱼类的产卵和索饵场，高度丰富的物种多样性，重要的物种基因库）、区域生态环境变化的缓冲场区等。

(1) 维持食物链　在湿地生态系统中，物质和能量通过绿色植物的光合作用进入植物体内，然后沿食物链从绿色植物转移到昆虫、小型鱼虾等食草动物，再进入水禽、两栖、哺乳类等食肉动物，最后，包括产生的有机物部分被微生物分解进入再循环，部分积累起来。而能量由于各营养级的呼吸作用及最后的分解作用，大部分转化为热量散失。由于湿地生态系统特殊的水、光、热等条件，其初级生产力高，能量积累快。研究表明，每年每平方米湿地平均生产9g蛋白质，是陆地生态系统的3.5倍，有的湿地植物生产量比小麦的平均生产量高8倍。世界上著名的湄公河湿地1981年创造了9000万美元的价值，同时提供了2000万人口所需蛋白质的50%～70%。

（2）重要物种栖息地　由于湿地一般发育在陆地系统和水体系统的交界处，一方面湿地具有水生系统的某些性质，如藻类、底栖无脊椎动物、游泳生物、厌氧基质和水的运动；另一方面，湿地有维管束植物，其结构与陆地系统植物类似，常常形成湿地中丰富的生物多样性。由于湿地具有的巨大食物链及其所支撑的丰富的生物多样性，为众多的野生动植物提供独特的生境。

① 鸟类栖息地　湿地中的物种仅次于森林。特别是几乎所有的鸟类都喜欢湿地植物，水禽更是将湿地作为其主要的活动场所，其中有的是珍贵或者有经济价值的动物。我国黑龙江、乌苏里江和松花江汇流、冲积而成的三江平原湿地对候鸟迁徙具有十分重要的意义，该区域处于候鸟南部迁徙的咽喉地带，沿中国东南海岸迁移的鸟类，无论是直接飞越渤海进入辽东半岛继续北飞，还是由我国台湾途经日本诸岛、朝鲜半岛向北飞往西伯利亚，都把三江平原地区的湿地作为重要的停歇地。

② 高度丰富的物种多样性　生物多样性通常被认为有3个水平，即遗传多样性、物种多样性和生态系统多样性。湿地生物多样性是所有湿地生物种类、种内遗传变异和它们的生存环境的总称，包括所有不同种类的动物、植物和微生物及其所拥有的基因，以及它们与环境所组成的生态系统。由于我国湿地类型多样、面积大、生境独特，决定了其具有丰富的生物多样性（见表3-2）。

表3-2　中国和中国湿地物种已知数统计　单位：种

类群名称	中国湿地已知数	中国已知数	百分比/%
哺乳动物	65	499	13.0
水禽	300	1186	26.1
爬行类	50	376	13.0
两栖类	45	275	16.4
鱼类	1040	2840	36.6
高等植物	1380	30000	2.8
被子植物	1200	25000	2.6
裸子植物	7	200	5.0
蕨类植物	34	2600	0.5
苔藓植物	140	2200	7.5

③ 重要的物种基因库　湿地生态环境复杂，适于各类生物，如甲壳类、鱼、两栖类、爬行类、兽类及植物在这里繁衍，当然也特别适于珍稀鸟类的栖息。从科研的角度来看，所有类型湿地都具有很高的价值，因为它们为各种各样的生命提供了生存场所，成为巨大的物种基因库。而且湿地动物和植物之间存在着复杂的联系，这无疑为科研提供了重要条件。

（3）区域生态环境变化的缓冲场区　湿地是重要的水源，它通过热量和水汽交换，使其上空或周围附近地带空气的温度下降，湿度增加，降低地温。湿地的冷湿效应具有一定的空间影响范围，形成局部冷湿场。湿地丧失会对区域环境带来明显影响。从20世纪50年代开始，我国三江平原湿地明显受到人类活动干扰，20世纪60年代和80年代尤为明显。三江平原的开荒，基本上是开垦天然的草甸湿地、沼泽化草甸湿地和沼泽湿地，使湿地面积由1949年的$5.34\times10^6 hm^2$减少到1996年的$9.47\times10^5 hm^2$。三江平原湿地面积的缩小和区域气温升高具有明显的相关性。

3.2 人工湿地对污染物处理的强化功能

人工湿地（constructed wetland）是指人工构筑的水池或沟槽，底面铺设防渗漏隔水层，充填一定深度的基质层，种植水生植物，利用基质、植物、微生物的物理、化学、生物三重协同作用使污水得到净化的工程设施。人工湿地是一种人工强化的污水处理生态工程技术，它可以充分利用湿地中生长和生活的各种生物（例如微生物、植物等）将污水中的氮、磷、有机污染物加以净化。

人工湿地污水处理技术的发展最早可以追溯到20世纪初，1901年在美国专利局登记了第一个有关专利。1903年英国在约克郡Earby州建立了世界上第一个用于污水处理的人工湿地，且该人工湿地连续运行到1992年。关于人工湿地机理的研究则始于20世纪50年代。1959年，德国Kaethe Seidel博士进行了湿地植物处理污水的研究，研究证明许多特殊植物种，如藨草能够去除废水中的苯酚、病原菌和其他污染物。此外，生长在废水中的植物为了适应环境变化展现了极为显著的生理和形态上的变化，这有助于增强它们的净化功能。1977年，德国学者Kickuth提出了根区理论：由于植物根系的输氧作用使得根系周围形成一个好氧区域，同时由于好氧生物膜对氧的利用而使距离根系较远的区域呈缺氧状态，更远的区域呈现厌氧状态，使硝化、反硝化得以实现。人工湿地的填料和植物根系的存在也为多种微生物提供附着载体，形成去除污染物的“微环境”。

污染物在湿地水环境中的迁移转化主要包括如下过程。

① 输入、输出过程。根据设计，可以人为地控制人工湿地的水力负荷，以达到出水水质要求。

② 形态过程。受纳环境的pH值决定着输入水中的有机酸或碱的解离平衡，决定了它们的分子与离子存在形态；疏水有机化合物吸附在悬浮物上，随悬浮物质的迁移而影响其归趋。

③ 溶解、水力推流平移、挥发、沉淀过程。首先在溶解作用方面，污染物的溶解度范围可能影响污染物在迁移转化中的行为；水力推流平移作用使溶解的或被悬浮物吸附的污染物进入或排出特定的水生系统；在挥发作用方面，小分子有机污染物，如甲醇、乙醇、挥发酸等容易从水体进入大气，从而降低在水中的浓度；吸附了污染物的悬浮固体通过沉积作用及底部沉积物解吸作用可以改变水中污染物的浓度。

④ 转化过程。包括生物降解、光解、水解、氧化还原等。生物降解作用：湿地水体中的微生物通过代谢作用降解有机污染物并改变它们的毒性；光解作用：有机污染物通过光化学反应影响它们的毒性；化合物的水解作用：有机污染物通过水解常产生较小的简单有机产物，从而便于微生物利用而被降解；氧化还原作用：是生物催化作用下有机污染物产生的氧化还原反应。

⑤ 生物累积过程。包括生物浓缩作用和生物放大作用。

人工湿地对各污染物的去除机理如表3-3所示。

表3-3 人工湿地的去污机理

去污机理	污染物种类					
	SS	BOD_5	COD_{Cr}	N	P	重金属离子	病原微生物
物理沉降	▲	◎	◎	◎	◎	◎	◎
基质过滤	▲	●	○	○	▲	○	▲
介质吸附	●	○	○	○	▲	○	○
共沉淀	○	○	○	○	▲	▲	○
化学吸附	○	○	●	○	◎	▲	○
化学分解	○	◎	▲	○	○	○	▲
微生物降解	▲	▲	▲	▲	▲	○	○
植物代谢	○	●	○	◎	◎	○	●
植物吸收	○	○	●	●	●	●	○
自然死亡	○	○	○	○	○	○	▲
逸散大气	○	○	○	◎	○	○	○

注：▲为最主要作用；●为主要作用；◎为次要作用；○为作用很小或无作用。

3.2.1 悬浮物的去除机理

污水中不溶性的BOD_5及SS主要依靠人工湿地填料的吸附、过滤及其自身的沉淀作用予以去除。资料表明：废水中不溶性的BOD_5可在人工湿地进水的5m以内得到快速去除，SS则可在进水的10m以内去除90%。SS的去除主要依靠湿地中植物的根系及根系周围的生物膜的吸附作用以及湿地中微生物的分解代谢作用。

污水中的SS在人工湿地系统中的去除，可通过多种途径，且湿地系统对悬浮固体的去除效果一般都比较好。由于湿地中水的流动缓慢、水深较浅，加之填料和植物茎秆的阻挡作用，SS在进水口几米内能有效地被去除。研究表明：几乎所有的固体物在系统最初到20%面积处就能得到去除，在进水的10m以内SS去除率可达90%。

在人工湿地中水流流速相对较低，同时又具有大的接触表面，提高了湿地系统通过吸附作用去除SS的效率。人工湿地对悬浮物的吸附去除一方面是由于填料的截留吸附作用；另一方面是由于生长在根系和填料表面的生物膜的吸附作用，还可通过生物膜中的各种微生物对有机物的分解、代谢吸收作用进行。悬浮固体物质含有较多的胶体颗粒，这些胶体状的SS主要是依靠微生物的作用、填料渗滤及离子交换作用去除的。SS的去除还包括其自身的沉淀。但总的来说，SS的去除主要是依靠在湿地系统中的物理沉降和过滤来完成的。

植物对人工湿地去除悬浮固体物质也有一定的影响。在非正常的高负荷情况下，有植物系统比无植物系统对总悬浮物的去除明显，其去除率相当于无植物系统的两倍。显然，植物的根部和落叶等捕获着大量沉积物并阻止了其再悬浮，使系统的过滤效果更好，但在冬天，去除效果有细微下降。植物根部的生物环境增加了总悬浮物的过滤效果，并通过微生物的降解作用更好地使悬浮物中的有机部分得到去除。

值得注意的是，如果有难降解固体物质的积累，则会导致系统入水末端附近水头损失的增加，系统流速降低，局部出现堵塞现象。此时，可以采用停床休作和轮作等方法来缓解上述现象的发生。湿地中悬浮固体的载入速率对湿地的孔隙堵塞情况影响十分大，为了找到湿地过滤作用正常运行时的最大悬浮物载入速率，研究者进行了一系列的研究。Darby等人发现，在

1m深的三层砂子基质过滤层中，当SS进入湿地系统的速率达到1.0g/（m^2·d）时，SS的去除率开始下降。当人工湿地在处理悬浮物含量较高的污水、尤其是含大量工业废水的城市污水时，为了保证湿地正常运行，必须在湿地之前设置预处理设施，尽量去除污水中的悬浮物和漂浮物以减少湿地中的沉积，防止堵塞。常见的预处理设施有格栅、沉砂池、曝气池、沉淀池、厌氧沉淀塘等。

3.2.2 有机物的去除机理

人工湿地对有机物有较强的处理能力，这是湿地的显著特点之一。有机物的去除是由于湿地植物的吸收利用、土壤吸附及湿地内填料上微生物膜联合作用的结果。污水中的有机物分为不溶性有机物颗粒和可溶性有机物两部分。

不溶性有机物在湿地系统中通过静置、沉淀、过滤，可以很快从废水中截流下来，被微生物加以利用，其原理与前面的悬浮物相似。可溶性有机物的去除速度较慢，它在好氧、缺氧和厌氧区的去除途径各不相同。土壤中的氧气主要是通过植物的传输获得，在根系区附近属于好氧区域，大部分有机物通过同化作用，合成为新的原生质，表现为微生物的增殖；另有一部分有机物作为电子供体，通过胞内酶在好氧条件下完成生化反应，经过微生物的异化作用，降解为CO_2、H_2O、NH_3等，放出能量。在远离根系的缺氧区域，缺氧微生物通过生物膜对有机物的吸附及微生物的代谢把好氧条件下难降解的有机物降解，来满足自身代谢的要求，使污、废水中的难降解有机物降解去除。而在离根系区更远的厌氧区域，由于没有溶解氧条件，发生的是厌氧消化过程，兼性细菌和厌氧细菌通过发酵作用降解有机物，使部分有机物经过一级代谢和二级代谢分解为CH_4、CO_2、H_2S等，提供能量供微生物增殖用。所有增殖的微生物可以通过对填料的定期更换或者对湿地植物的收割而将新生有机体从湿地系统中除去。因此，可以看出，微生物的作用是人工湿地废水中有机污染物降解的主要机制。另外，有研究表明COD和BOD的去除与各种微生物数量都有明显的相关性。

有机物的去除不仅与微生物的作用密切关系，植物的作用也是不可忽视的。植物主要通过以下三种途径去除有机污染物。

（1）植物直接吸收有机污染物　植物通过根系吸收水溶液中或基质孔隙中的有机物，而这些有机物的相当部分被植物转化或保存在生物量里。如水葱可降低BOD、COD；茨藻、黑藻可净化有机物；席藻除烷烃率≥30%。

（2）植物根系释放分泌物和酶　美国佐治亚州Athens的EPA实验室从淡水的沉积物中鉴定出五种酶：脱卤酶、硝酸还原酶、过氧化物酶、漆酶和腈水解酶，这些酶均来自植物。研究表明植物根系释放的基质磷酸酶的活性与复合垂直流人工湿地对污水中COD的去除率有显著的相关性。

（3）植物和根际微生物的联合作用　这种作用形成小环境，这些微生态小环境具有典型的活性污泥或活性生物膜的功能，对有机物有很强的吸收、分解、富集能力。

在植物的根、茎上好氧微生物占优势，而在湿地植物的根系区则既有好氧微生物也有兼性厌氧微生物。在植物生长期，不同的进水方式的有机物去除率均高于无植物湿地，说明植物在人工湿地的净化机制中具有重要作用。

基质的过滤作用对污水的有机物去除，主要是在有机物浓度很低的情况下，其过滤效果较好，但在有机物浓度很高的情况下，这种过滤作用十分有限，对有机物的去除效果会显著降低。

人工湿地中有机污染物降解机理的影响因素除上面提到的生物因素（植物、微生物及酶）以外，还有化学因素（如溶解性有机质、氧化还原条件、溶解氧等）及工程因素（水流特性、填料孔隙度、停留时间、水力负荷和水位等）等，这些因素之间存在复杂的耦合关系。目前，工程方面的运行参数对湿地系统处理效果的影响研究还不够深入，各运行参数与污水净化效果之间的耦合关系认识尚不充分。

3.2.3　氮的去除机理

污水中有机氮被异养菌转化为氨氮后，在自养硝化菌的作用下，转化为亚硝态氮和硝态氮，在缺氧或厌氧条件下，亚硝态氮和硝态氮通过反硝化菌作用生成氮气或氧化亚氮以及通过植物根系的吸收作用从系统中除去。污水中的无机氮，作为植物生长过程中不可缺少的营养元素，直接被湿地中的植物吸收，用于植物蛋白等有机氮的合成，最后通过植物的收割而将其从污水和湿地中去除。由于湿地中的氧分布状态是以根系为中心，不同距离处形成好氧-缺氧-厌氧状态，相当于在湿地中存在许多 A^2/O（Anaerobic-Anoxic-Oxic）处理反应器，从而使硝化和反硝化作用在湿地中同时发生，大大提高了脱氮能力。

湿地系统中氮转化途径主要包括氨化、同化、硝化和反硝化、植物吸收作用。

有机氮在处理过程中首先被异养微生物转化为 NH_3-N，而后在硝化菌的作用下被转化为无机的 NO_2-N 和 NO_3-N，再通过反硝化，以及植物根系的吸收作用最终去除。

人工湿地去除 NH_3-N 的机理：通过硝化反应先将其氧化成 NO_3-N，再通过反硝化反应将其还原成 N_2 或者 N_2O 而从水中逸出。

硝化反应在好氧环境下由自养型好氧微生物完成，它包括 3 个步骤：第 1 步由亚硝酸菌将 NH_3-N 转化为 NO_2-N；第 2 步则由硝酸菌将和 NO_2-N 进一步氧化为 NO_3-N；第 3 步由反硝化菌在无氧而有 NO_3-N 存在的条件下，利用 NO_3-N 中的氧进行呼吸，氧化分解有机物，将 NO_3-N 还原为 N_2、N_2O。

3.2.4　磷的去除机理

人工湿地对磷的去除是基质吸附与沉淀、植物吸收和微生物同化 3 条途径共同作用的结果，而磷最终从系统中去除依赖于湿地植物的收割和饱和基质的更换。

① 无机磷也是植物必需的营养元素，废水中无机磷可被植物吸收利用组成卵磷脂、核酸及 ATP 等，然后通过植物的收割而移去。

② 基质不仅对磷具有吸附作用，而且含 Ca 和 Fe 的基质可通过 Ca、Fe 与 PO_4^{3-} 反应而沉淀。大多情况下，磷的去除途径主要是基质的沉淀和吸附作用。在没有种植植物的表面流矿物土壤床湿地系统中，可溶性活性磷的去除接近 100%，可见可溶性活性磷的去除主要靠矿物土壤的作用。

③ 微生物对磷的去除包括对磷的正常同化和对磷的过量积累。由于人工湿地系统中植物光合作用光反应、暗反应交替进行，同时根毛输氧也交替出现，以及系统内部不同区域对氧消耗量存在差异，从而导致系统中好氧和厌氧情况交替出现，使磷的过量释放和过量积累得以顺利完成。

人工湿地除磷的主要原理是通过湿地中的填料、植物和微生物的协同作用来完成。

利用人工湿地填料的固磷作用可以达到除磷目的。具有除磷功能的填料颗粒一般是一些多孔或比表面积大的固体物质，其固磷作用主要包括化学沉淀、吸附作用等。化学沉淀受离子的溶度积控制，可分为钙、镁或铁、铝控制的两种转化系统。可溶性磷酸盐与这些金属离子发生反应，形成可逆性和溶解性均很小的钙、镁磷酸盐或铁、铝磷酸盐。吸附作用主要包括固体表面的物理吸附以及离子交换形式的化学吸附，由填料的表面性质决定，受填料的表面积和活性基团控制。一般认为磷酸根离子主要通过配位体交换而被吸附停留在填料和土壤的表面。以上反应的产物最终吸附或沉降在填料内，从而使填料内磷的含量急剧升高，几年之后即可达到进水浓度的10～10000倍以上。因此，当填料达到饱和之后，必须更换人工湿地的填料来保证人工湿地持续的除磷效果。

常用于除磷的湿地填料有天然吸附材料及废渣。许多天然无定形物质（如高岭土、膨润土和天然沸石等）及工业炉渣（如高炉炉渣和电厂灰）对水中磷酸根离子具有一定的吸附作用。这些材料的磷吸附容量与材料中Ca、Mg、Al和Fe等金属元素氧化物含量成正相关，所以金属氧化物是对磷吸附的主要活性点。无定形非晶态物含量、pH值、材料的比表面积和孔隙率也对吸附容量起重要作用。天然吸附材料及废渣以其价廉易得而被广泛应用于污水的人工湿地系统，但这些物质对磷的吸附容量不高。若对它们进行改性，利用对磷有很强吸附能力的材料与天然吸附材料或废渣复合，这样制成的人工填料可具有更大的吸附容量。

填料中的聚磷菌在好氧条件下可以过量吸收污水中的溶解性磷酸盐，将其以聚磷的形式积聚在体内（好氧吸磷），然后通过定期更换湿地填料将其从系统中除去。另外，聚磷在厌氧状态下可被聚磷菌分解（厌氧释磷），形成的无机磷可被植物吸收。

无机磷是植物生长所必需的营养物质，而污水中的无机磷大部分以正磷酸盐形式（植物对磷的直接吸收形式）存在，可以在湿地系统中种植一些对磷吸收能力很强的植物来实现除磷目的。例如，风车草对磷的吸收性能就很高，在人工湿地中可加以应用。植物吸收水体和填料中的一部分磷，可将其同化成ATP（三磷酸腺苷）、DNA、RNA等有机成分，最后通过对植物的收割从系统中除去。

3.2.5 重金属离子的去除机理

人工湿地与重金属相互作用，并以不同方式有效地去除重金属，其过程主要体现在：在基质、微生物和植物三者的协调作用下，利用物理、化学和生物方法，通过过滤、吸附、离子交换、微生物分解和植物吸收来实现对重金属的处理。

重金属离子在人工湿地系统中可以通过植物的富集和微生物的转化来降低其毒性。

植物通过根部可以直接吸收水溶性重金属。重金属在土壤中向植物根部的迁移途径有两种：一种是质流作用，即植物吸收水分时，重金属随土壤溶液流动到根部；另一种是扩散作用，即根表面吸收离子后，根系周围土壤溶液离子浓度降低，引起离子向根部扩散。到达植物根系表面的重金属离子被植物吸收、浓缩，其生理过程包括两种方式：细胞壁质外空间对重金属的吸收；重金属透过细胞质膜进入植物细胞。

有些微生物对重金属具有很强的亲和性，其不仅能富集许多重金属，还能够改变重金属存在的氧化还原形态。如某些细菌对As（Ⅴ）、Hg（Ⅱ）和Se（Ⅳ）等形态的重金属有还原作用，而另一些细菌对As（Ⅲ）等形态的重金属有氧化作用。金属价态的变化必然导致其化合物稳定性的改变，当有毒金属离子被富集贮存在微生物细胞的不同部位或被结合到胞外基质后，通过其代谢，这些离子可形成沉淀，或被轻度螯合在可溶或不溶性的生物多聚物上，最终达到从污水中去除的目的。

3.2.6 病原微生物的去除机理

水体中的病原微生物主要来源于人畜粪便、生活污水，从种类上可划分为细菌、病毒和原生动物三大类。病原微生物繁衍状况与其周围环境关系密切。当环境适宜时，病原微生物能进行正常的新陈代谢而生长繁殖；若环境条件变化，病原微生物的代谢和其他性状可发生变异；若环境条件改变剧烈，病原微生物生长可受到抑制或导致死亡。

在人工湿地系统中，病原微生物可因沉淀、紫外线照射、化学分解、自然死亡和浮游生物的捕食等而被除去。影响基质吸附、过滤等去除病原微生物过程的主要因素包括基质的粒径大小和表面性质等。基质粒径越小，对病原微生物的去除效果越好。比表面积大的基质能提供更多的吸附点位，对病原微生物的吸附效果更好。基质和病原微生物之间的吸附受静电引力和范德华力的作用。当基质表面电荷与病原微生物所带电荷相反时，更利于基质对病原微生物的吸附去除。日光照射是天然的杀菌法，对大多数病原微生物均有杀灭作用，日光直射杀菌效果尤佳，其主要的作用因素为紫外线。

3.3 人工湿地的设计与施工

3.3.1 基本概念

按照污水流动方式，分为表面流人工湿地（surface flow constructed wetland）、水平潜流人工湿地（horizontal subsurface flow constructed wetland）、垂直潜流人工湿地（vertical subsurface flow constructed wetland）和潮汐流人工湿地（tidal flow constructed wet land）。

表面流人工湿地是指污水在基质层表面以上，从池体进水端水平流向出水端的人工湿地（见图 3-1）。典型的表面流人工湿地系统是由水池或槽沟组成，并设有地下隔水层以防止污水的地下渗漏。污水在人工湿地的基质表层流动，水位较浅，一般为 0.1～0.6m。与后面介绍的潜流系统相比，其优点在于投资省、操作简便、运行费用低；缺点是负荷低，去污能力有限。氧主要来自于水体表面扩散、植物根系的传输，后者作用较小。这种湿地系统运行受自然气候条件影响较大，夏季易滋生蚊蝇，并有臭味。

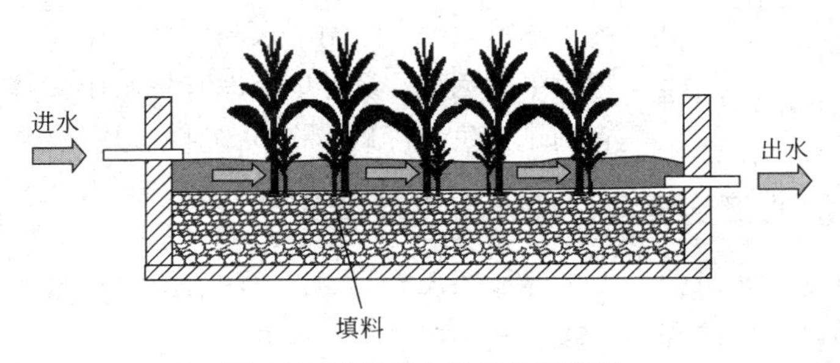

图 3-1 表面流人工湿地示意图

潜流人工湿地（subsurface flow constructed wetland）系统中，污水在湿地床表面下流动，一方面可以充分利用填料表面生长的生物膜、丰富的植物根系及表层土和填料截留等作用，以提高处理效果和处理能力；另一方面，由于水流在地表下流动，故保温性好，处理效果受气温影响小，卫生条件较好，是目前国际上研究和应用较多的一种湿地处理系统，但这种系统的投资要比表面流人工湿地系统高。

水平潜流人工湿地是指污水在基质层表面以下，从池体进水端水平流向出水端的人工湿地［见图 3-2（a）］。与自由表面流人工湿地相比，水平潜流人工湿地的水力负荷高，对 BOD、COD、SS、重金属等污染物的去除效果好，且很少有恶臭和滋生蚊蝇现象，但其脱氮除磷效果不及垂直潜流人工湿地。

垂直潜流人工湿地是指污水垂直通过池体中基质层的人工湿地［见图 3-2（b）］。污水从湿地表面垂向流过填料床的底部或从底部垂直向上流进表面，床体处于不饱和状态，氧可通过大气扩散和植物传输进入人工湿地。垂直潜流人工湿地的硝化能力高于水平潜流人工湿地，用于处理含氨氮（NH_3-N）浓度较高的污水更具优势。

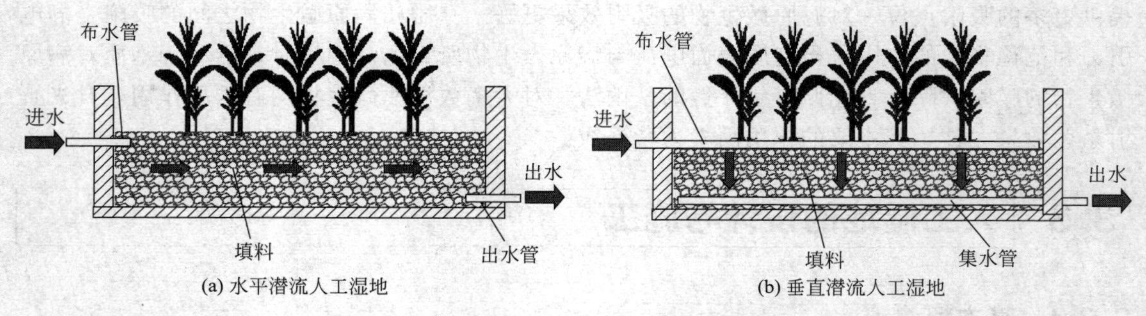

图 3-2　水平潜流人工湿地和垂直潜流人工湿地示意图

潮汐流人工湿地系统是由英国伯明翰大学的研究人员提出的，他们利用芦苇床进行了该试验。在这种湿地系统中，床体交替地被充满水和排干。在向床内充水的过程中空气被挤出，床的基底材料逐渐被淹没。当床体完全被水所饱和以后，水就全部被排出。在排水过程中新鲜的空气被带入床内。伯明翰大学的研究成果表明当水被排出芦苇床，有机污染物留在基质内时是氧消耗量最大的时刻。因此，在排水过程中进入的新鲜空气可以看做是去除污染物的氧源。通过这种交替的进水和空气运动，氧的传输速率和消耗量大大提高，极大地提高了芦苇床的处理效果。但是，潮汐流湿地运行一段时间后，床体可能会被大量的生物所堵塞，限制了水和空气在床体内的流动，降低了处理效果。因此，设计中考虑有备用床交替运行，以便利用闲置期进行生物降解。图 3-3 所示为潮汐流人工湿地示意图。

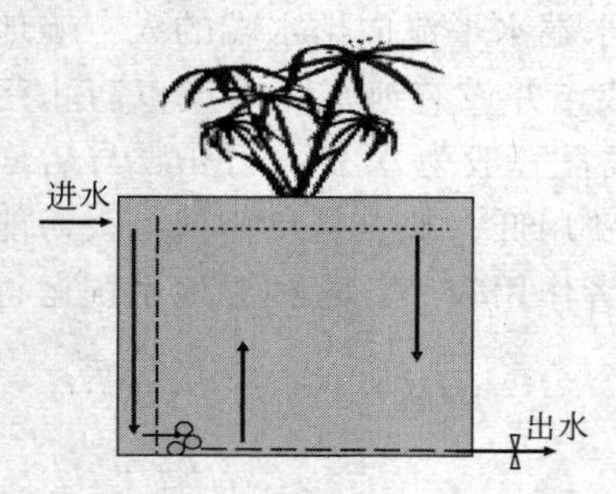

图 3-3　潮汐流人工湿地示意图

3.3.2　人工湿地的工艺组合、设计程序及其参数

（1）人工湿地的进水方式　人工湿地进水方式的工艺组合有多种形式，其中常用的有推流式、回流式、阶梯进水式和综合式四种，如图 3-4 所示。

回流式可稀释进水的有机物和悬浮物浓度，增加水中的溶解氧，并减少处理出水中可能出现的臭味问题。出水回流还可促进床内的硝化和反硝化脱氮作用，采用低扬程水泵，通过水力喷射或跌水等方式进行充氧。阶梯进水式可避免处理床前部堵塞，使植物长势均匀，有利于床体后部的硝化脱氮作用；综合式则一方面设置了出水回流，另一方面又将进水分布至填料床的中部，以减轻填料床前端的负荷。

（2）人工湿地的工艺组合　人工湿地的工艺组合包括多种类型，它们可以是两个相同或

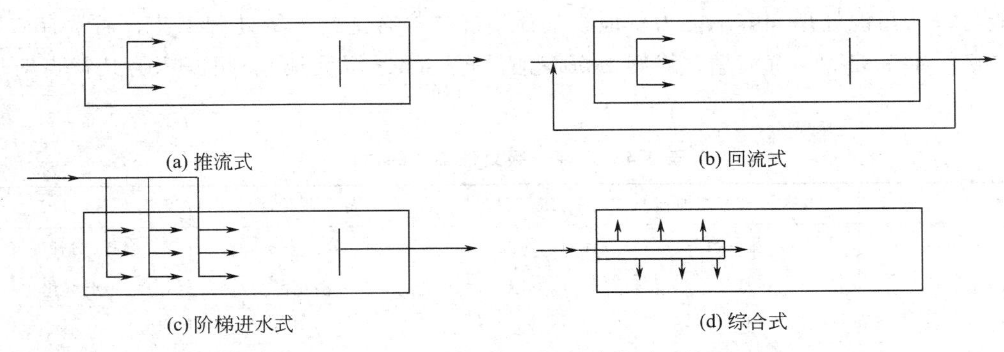

图 3-4　人工湿地的进水方式

者不同的单级系统组成，甚至是三个单级系统组成的，但大部分仍是以两级系统为主。主要包括如下几种类型：水平流＋垂直流复合系统、垂直流＋水平流复合系统、垂直流与水平流一体化复合系统、垂直流＋表面流复合系统、复合垂直流（下行流＋上行流）系统、两级逆向垂直流（上行流＋下行流）系统、复合垂直下行流系统、复合垂直上行流系统、复合水平潜流系统和复合潮汐流系统等十几种复合系统。

（3）人工湿地的设计程序　人工湿地的应用首先通过分析污水特征、区域环境、出水水质要求，选择人工湿地的类型后进行相关设计。由于人工湿地的运行状况与其所在地区密切相关，因此在设计人工湿地时要对所在区域的土地利用情况、气温、降水、地质、水文和动植物生态因素等方面进行分析，这对于保证人工湿地良好运行是非常重要的前期工作。人工湿地的设计应主要包括面积设计、集配水系统设计、填料的选择设计、植物种的选择、防渗设计、通气设计、一级处理系统设计。床体的面积设计是指通过水力负荷、有机污染负荷等参数确定床体的表面积、截面积等。集配水系统设计包括出水构筑物设计和集配水管道设计。人工湿地的设计程序如图 3-5 所示。

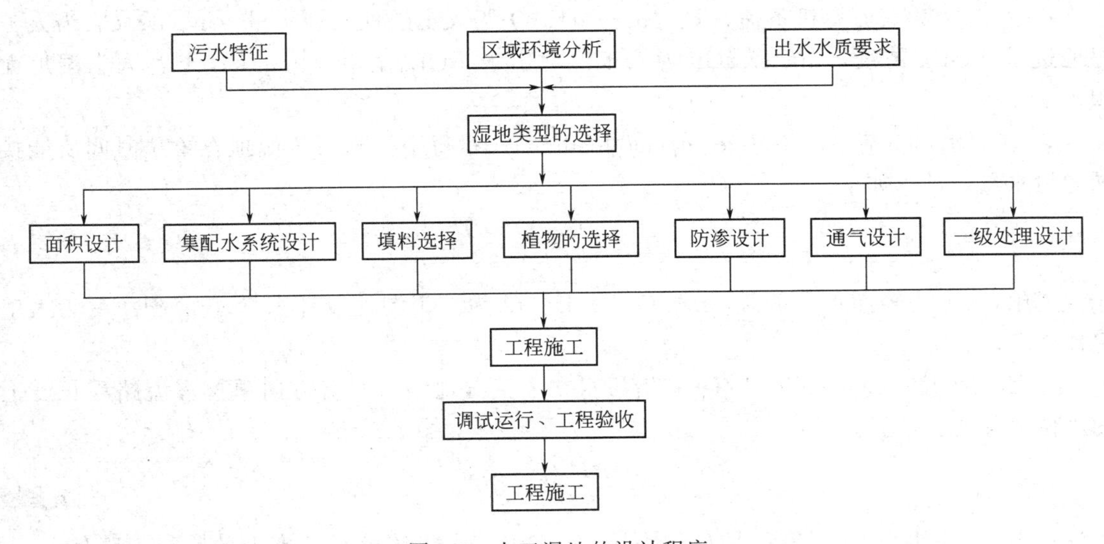

图 3-5　人工湿地的设计程序

采用人工湿地进行生活污水的生物处理时，一级处理系统的设计应保证出水中的悬浮物含量不大于 100mg/L，并需考虑：①去除悬浮物、漂浮物以及降解有机物的能力；②水量平衡能力；③污泥处理和容纳能力。应视具体情况选择合适的一级处理工艺，通常有如下工艺：多格污水沉淀池、沉淀塘、埃姆协沉淀池（Emscher 沉淀池）、粗滤床。其特点对比见表 3-4。

表 3-4 几种一级处理工艺的对比

项目	多格污水沉淀池	沉淀塘	埃姆协沉淀池	粗滤床
应用	分流系统	合流/分流系统	分流系统	合流/分流系统
污泥处理	无	消化区	消化区	土壤化
缓冲能力	中	高	小	小
净化能力	中	中	中	高
运行稳定性	中	中	中	高
维护费用	少	中	小	小

（4）人工湿地运行的重要设计参数

① 水力停留时间（hydraulic retention time） 指污水在人工湿地内的平均驻留时间。潜流人工湿地的水力停留时间计算如下：

$$t=\frac{V\times\varepsilon}{Q} \tag{3-1}$$

式中，t 为水力停留时间，d；V 为人工湿地基质在自然状态下的体积，包括基质实体及其开口、闭口孔隙，m^3；ε 为孔隙率，%；Q 为人工湿地设计水量，m^3/d。

② 表面有机负荷（organic surface loading） 指每平方米人工湿地在单位时间去除的五日生化需氧量。计算如下：

$$q_{os}=\frac{Q\times(C_0-C_1)\times10^{-3}}{A} \tag{3-2}$$

式中，q_{os} 为表面有机负荷，$kg/(m^2 \cdot d)$；Q 为人工湿地设计水量，m^3/d；C_0 为人工湿地进水 BOD_5 浓度，mg/L；C_1 为人工湿地出水 BOD_5 浓度，mg/L；A 为人工湿地面积，m^2。

③ 表面水力负荷（hydraulic surface loading） 指每平方米人工湿地在单位时间所能接纳的污水量。计算如下：

$$q_{hs}=\frac{Q}{A} \tag{3-3}$$

式中，q_{hs} 为表面水力负荷，$m^3/(m^2 \cdot d)$；Q 为人工湿地设计水量，m^3/d；A 为人工湿地面积，m^2。

④ 水力坡度（hydraulic slope） 指污水在人工湿地内沿水流方向单位渗流路程长度上的水位下降值。计算如下：

$$i=\frac{\Delta H}{L}\times100\% \tag{3-4}$$

式中，i 为水力坡度，%；ΔH 为污水在人工湿地内渗流路程长度上的水位下降值，m；L 为污水在人工湿地内渗流路程的水平距离，m。

当工程接纳城镇生活污水时，其设计水质可参照《室外排水设计规范》（GB 50014）中的有关规定；接纳与生活污水性质相近的其他污水时，其设计水质可通过调查确定。当工程接纳城镇污水处理厂出水时，其设计水质应按《城镇污水处理厂污染物排放标准》（GB 18918—2002）中的规定取值。

人工湿地系统进水水质应满足表3-5的规定。

表3-5 人工湿地系统进水水质要求 单位：mg/L

人工湿地类型	BOD_5	COD_{Cr}	SS	NH_3-N	TP
表面流人工湿地	≤50	≤125	≤100	≤10	≤3
水平潜流人工湿地	≤80	≤200	≤60	≤25	≤5
垂直潜流人工湿地	≤80	≤200	≤80	≤25	≤5

按照《人工湿地污水处理工程技术规范》（HJ 2005—2010），人工湿地建设规模应综合考虑服务区域范围内的污水产生量、分布情况、发展规划以及变化趋势等因素，并以近期为主，远期可按建设规模的分类原则确定。建设规模按以下规则分类：①小型人工湿地污水处理工程的日处理能力＜3000m^3/d；②中型人工湿地污水处理工程的日处理能力3000～10000m^3/d；③大型人工湿地污水处理工程的日处理能力≥10000m^3/d。

人工湿地系统污染物去除效率可参照表3-6中数据取值。

表3-6 人工湿地系统污染物去除效率 单位：%

人工湿地类型	BOD_5	COD_{Cr}	SS	NH_3-N	TP
表面流人工湿地	40～70	50～60	50～60	20～50	35～70
水平潜流人工湿地	45～85	55～75	50～80	40～70	70～80
垂直潜流人工湿地	50～90	60～80	50～80	50～75	60～80

人工湿地工程项目主要包括污水处理构（建）筑物与设备、辅助工程和配套设施等。污水处理构（建）筑物与设备包括预处理、人工湿地、后处理、污泥处理、恶臭处理等系统。辅助工程包括厂区道路、围墙、绿化、电气系统、给排水、消防、暖通与空调、建筑与结构等工程。配套设施包括办公室、休息室、浴室、食堂、卫生间等生活设施。人工湿地系统可由一个或多个人工湿地单元组成，人工湿地单元包括配水装置、集水装置、基质、防渗层、水生植物及通气装置等。

场址选择应符合当地总体发展规划和环保规划要求，以及综合考虑交通、土地权属、土地利用现状、发展扩建、再生水回用等因素。应考虑自然背景条件，包括土地面积、地形、气象、水文以及动植物生态因素等，并进行工程地质、水文地质等方面的勘察。人工湿地构建时宜选择自然坡度为0～3%的洼地或塘，以及未利用的土地，建成后应不受洪水、潮水或内涝的威胁，且不影响行洪安全。

人工湿地总平面布置应充分利用自然环境的有利条件，按建（构）筑物使用功能和流程要求，结合地形、气候、地质条件，便于施工、维护和管理等因素，合理安排，紧凑布置。厂区的高程布置应充分利用原有地形，符合排水通畅、降低能耗、平衡土方的要求；多单元湿地系统高程设计应尽量结合自然坡度，采用重力流形式，需提升时，宜一次提升。应综合考虑人工湿地系统的轮廓、不同类型人工湿地单元的搭配、水生植物的配置、景观设施营建等因素，使工程达到相应的景观效果。

按工程接纳的污水类型，人工湿地的基本工艺流程如图3-6所示。

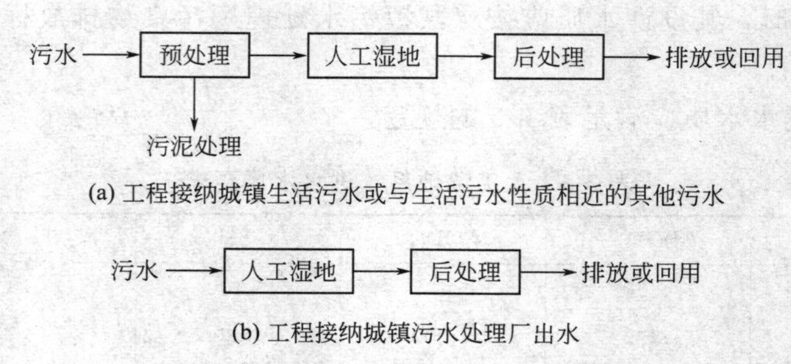

(a) 工程接纳城镇生活污水或与生活污水性质相近的其他污水

(b) 工程接纳城镇污水处理厂出水

图 3-6 人工湿地工程的基本工艺流程

预处理的程度和方式应综合考虑污水水质、人工湿地类型及出水水质要求等因素，可选择格栅、沉砂、初沉、均质等一级处理工艺，物化强化法、AB 法前段、水解酸化、浮动生物床等一级强化处理工艺，以及 SBR、氧化沟、A/O、生物接触氧化等二级处理工艺。污水的 BOD_5/COD_{Cr} 小于 0.3 时，宜采用水解酸化处理工艺。污水的 SS 含量大于 100mg/L 时，宜设沉淀池。污水中含油量大于 50mg/L 时，宜设除油设备。污水的 DO 小于 1.0mg/L 时，宜设曝气装置。

人工湿地的主要设计参数，宜根据试验资料确定。无试验资料时，可采用经验数据或按表 3-7 的数据取值。

表 3-7 人工湿地的主要设计参数

人工湿地类型	BOD_5 负荷 /[kg/(hm^2·d)]	水力负荷 /[m^3/(m^2·d)]	水力停留时间/d
表面流人工湿地	15～50	＜0.1	4～8
水平潜流人工湿地	80～120	＜0.5	1～3
垂直潜流人工湿地	80～120	＜1.0(建议值：北方 0.2～0.5；南方 0.4～0.8)	1～3

潜流人工湿地几何尺寸设计，应符合下列要求：①水平潜流人工湿地单元的面积宜小于 $800m^2$，垂直潜流人工湿地单元的面积宜小于 $1500m^2$；②潜流人工湿地单元的长宽比宜控制在 3∶1 以下；③规则的潜流人工湿地单元的长度宜为 20～50m，对于不规则潜流人工湿地单元，应考虑均匀布水和集水的问题；④潜流人工湿地水深宜为 0.4～1.6m；⑤潜流人工湿地的水力坡度宜为 0.5%～1%。

表面流人工湿地几何尺寸设计，应符合下列要求：①表面流人工湿地单元的长宽比宜控制在 3∶1～5∶1，当区域受限，长宽比＞10∶1 时，需要计算死水曲线；②表面流人工湿地的水深宜为 0.3～0.5m；③表面流人工湿地的水力坡度宜小于 0.5%。

3.3.3 面积设计

水平潜流人工湿地的面积设计应满足下列要求：当占地面积不受限制时，生活污水或具有类似性质的污水经过一级处理后，可直接采用水平潜流人工湿地进行处理。湿地的表面积设计必须考虑最大污染负荷和水力负荷，可按人口当量表面积、COD_{Cr} 负荷、水力负荷进行计算，应取三种设计计算结果中的最大值。人口当量表面积是指人工湿地服务范围内单位人口所需的湿地表面积。

占地面积不受限制的水平潜流人工湿地的主要设计参数宜符合表3-8的规定，出水COD_{Cr}应满足现行国家标准《城镇污水处理厂污染物排放标准》（GB 18918—2002）中二级及以上标准的水平潜流人工湿地的主要设计参数值。

表3-8 占地面积不受限制的水平潜流湿地的主要设计参数

参数类型	取值
人口当量表面积A_{pe}	≥5m²/人
单床最小表面积	≥20m²
COD_{Cr}表面负荷	≤16 g/(m²·d)
最大日流量时的水力负荷	≤40 mm/d或者≤40 L/(m²·d)

当占地面积受限制，生活污水或具有类似性质的污水经过一级处理后，需再经过强化预处理，才可采用水平潜流人工湿地进行处理。湿地的表面积设计必须考虑最大污染负荷和水力负荷，可按COD_{Cr}负荷、水力负荷进行计算，应取两种设计计算结果中的最大值。占地面积受限制的水平潜流人工湿地的主要设计参数宜符合表3-9的规定，出水COD_{Cr}应满足现行国家标准《城镇污水处理厂污染物排放标准》（GB 18918—2002）中二级及以上标准的水平潜流人工湿地的主要设计参数值。

表3-9 占地面积受限制的水平潜流人工湿地的主要设计参数

参数类型	取　值
单床最小表面积	≥20m²
COD_{Cr}表面负荷	≥16g/(m²·d)
最大日流量时的水力负荷	≤100～300mm/d或者≤100～300 L/(m²·d)

当采用水平潜流人工湿地对污水处理厂的二级出水或具有类似性质的污水进行深度处理时，不需要对污水进行预处理，污水可直接进入人工湿地。COD_{Cr}表面负荷和水力负荷不应超过表3-8的规定值。湿地的表面积设计可按人口当量表面积、COD_{Cr}负荷、水力负荷进行计算，应取三种设计计算结果中的最大值。

水平潜流人工湿地进水区需要的断面面积（A）按式（3-5）计算：

$$A=\frac{2Q_d \cdot L}{K_y \cdot \Delta H} \tag{3-5}$$

式中，ΔH为进水水位与出水水位之差，m；L为水平潜流人工湿地沿流向的有效长度，m；K_y为人工湿地运行时的填料渗透系数，m/d；Q_d为日平均污水流量，m³/d。

垂直潜流人工湿地的主要设计参数宜符合表3-10的规定，表面积设计必须考虑最大污染负荷和水力负荷，可按人口当量表面积、COD_{Cr}负荷、水力负荷进行计算，出水COD_{Cr}应达到现行国家标准《城镇污水处理厂污染物排放标准》（GB 18918—2002）中二级及以上标准。

表3-10 垂直潜流人工湿地的主要设计参数

参数类型	单位	生物处理	深度处理
人口当量表面积	m²/人	≥4	
总表面的COD_{Cr}表面负荷	g/(m²·d)	≤20	

续表

参数类型	单位	生物处理	深度处理
加水表面的 COD_{Cr} 的表面负荷	g/(m²·d)	≤27	
旱季平均日污水量时的水力表面负荷	L/(m²·d)	≤80(<12 ℃) ≤80(≥12 ℃)	≤80(<12 ℃) ≤120(≥12 ℃)
两次加水之间的渗透时间	h	≥6(<12 ℃) ≥6(≥12 ℃)	≥6(<12 ℃) ≥3(≥12 ℃)
表面容积负荷	L/(m²·min)	≥6	
加水高度	L/m²	≥20	

如果可利用土地比较富裕、占地面积不受限制，生活污水（或者是具有类似性质的污水）经过一级处理后，可直接采用垂直潜流人工湿地进行处理。设计参数建议值参考表 3-10 中的生物处理部分。湿地的表面积设计可以按照人口当量表面积、COD_{Cr} 负荷、水力负荷进行计算，取三种设计计算结果中的最大值。

如果可利用土地较少、占地面积受限制，生活污水（或者是具有类似性质的污水）经过一级处理后，需要再经过强化预处理，才能采用垂直潜流人工湿地进行处理。设计参数建议值参考表 3-10 中的深度处理部分。湿地的表面积设计可以按照人口当量表面积、COD_{Cr} 负荷、水力负荷进行计算，取三种设计计算结果中的最大值。表 3-10 列出的设计参数建议值，除了可以满足 COD_{Cr} 的去除率之外，湿地系统对进水中的氮、磷等营养物也有部分去除效果。

如果配水管道单个出水口的配水面积小于 $1m^2$ 时，垂直潜流人工湿地的人口当量表面积可以选择为 $0.5m^2$/人。对于采用间歇式加水的垂直潜流人工湿地，最小污水表面容积负荷应该超过湿地受水面的渗透能力，一般需大于等于 6 L/(m²·min)。每次间歇之间最小加水高度应大于 $20L/m^2$ 以便使湿地表面能够充分润湿。

3.3.4 填料与防渗设计

填料既可为湿地植物提供支持载体，也可为微生物的生长提供稳定的附着表面，并且还可以通过一些物理、化学途径（如吸附、吸收、过滤、络合反应和离子交换等）净化污水中的氮、磷等营养物质。所以选择填料时，首先需要注意填料能否为植物和微生物提供良好的生长环境，既能保证植物根系正常向下生长、使植物良好繁殖，又能为微生物提供栖息地。

基质的选择应根据基质的机械强度、比表面积、稳定性、孔隙率及表面粗糙度等因素确定。基质选择应本着就近取材的原则，并且所选基质应达到设计要求的粒径范围。对出水的氮、磷浓度有较高要求时，提倡使用功能性基质，提高氮、磷处理效率。潜流人工湿地基质层的初始孔隙率宜控制在 35%～40%。潜流人工湿地基质层的厚度应大于植物根系所能达到的最深处。

实验室中测定的清洁填料渗透系数比人工湿地实际运行中的渗透系数（K_y）大 10 倍左右。因此，在设计计算中应选择反映实际运行条件的 K_y。通常要求人工湿地运行状况下填料的 K_y 为 10^{-4}～10^{-3}m/s，同时还要避免板结现象的发生，可采用的填料为砂质或者砂-砾石材料。工程使用中还要注意以下事项：填料颗粒粒径应均匀，应选择确定的颗粒粒径混合和稳定的粒径级配分布曲线；对于颗粒级配相同的填料颗粒，其 K_y 还会在很大程度上受到颗粒形状和颗粒堆积方式的影响。施工完成后，填料孔隙率应该保持在35%～40%。

填料的不均匀系数应该满足下式要求：

$$U=\frac{d_{60}}{d_{10}}<5 \tag{3-6}$$

式中，U 为填料的不均匀系数；d_{60} 为小于该粒径的土含量占总土质量的60%的粒径，mm；d_{10} 为小于该粒径的土含量占总土质量的10%的粒径，mm。

填料的渗透系数可以根据颗粒级配通过经验公式进行计算：

$$K_y=\frac{(d_{10})^2}{100} \tag{3-7}$$

式中，K_y 为人工湿地实际运行中的渗透系数，m/s。

人工湿地建设时，应在底部和侧面进行防渗处理，底部不得低于最高地下水位。当原有土层渗透系数大于 10^{-8}m/s时，应构建防渗层，敷设或者加入一些防渗材料以降低原有土层的渗透性，可选用下列材料。

① 塑料薄膜：薄膜厚度宜大于1.0mm，两边衬垫土工布，以降低植物根系和紫外线对薄膜的影响。宜优选PE薄膜，敷设时应按有关规定进行。

② 水泥或合成材料隔板：应按建筑施工要求进行建造。

③ 黏土：如原有土壤含砂量较高、黏土含量较低、透水性好，应敷设2层黏土防渗层，每层厚度宜为30cm；如原有土壤含砂量较低、黏土含量较高、透水性较差，可敷设一层黏土防渗层，厚度宜大于30cm。亦可将黏土与膨润土相混合制成混合材料，敷设60cm厚的防渗层，以改善原有土层的防渗能力。

渗透系数小于 10^{-8}m/s且厚度大于60cm的土壤可直接作为人工湿地的防渗层，可不需采用其他措施进行防渗处理。工程建设中，应对湿地底部和边坡60cm厚度的土壤进行渗透性测定。

对防渗有严格要求的场所，渗透系数必须小于或等于 10^{-8}m/s，对于其他地区可以根据实际情况适当降低要求。建造人工湿地时，防渗层必须足够结实，并保证足够的厚度以防止植物根的接触或穿透。在选择具体防渗方法和材料前，应对土壤渗透系数进行实验室分析，并且在防渗层完成以后，应进行渗透试验，特别是在连接管处。

塑料薄膜类防渗材料主要包括：聚乙烯（PE）、聚氯乙烯（PVC）、高密度聚乙烯（HDPE）、聚丙烯（PP）等，通常采用1mm以上厚的聚乙烯（PE）。对于小型湿地系统，膜类材料可以预制；但对于大型湿地系统，这些材料需要现场黏合、黏结和锚定，连接处厚度应大于膜类的防渗层，通常采用土层覆盖方法。

无论采用何种防渗材料，都必须保证防渗层底层的平整。

3.3.5 集配水与通气的设计

人工湿地单元宜采用穿孔管、配（集）水管、配（集）水堰等装置来实现集配水的均匀。

在寒冷地区，集、配水及进、出水管的设置应考虑防冻措施。人工湿地出水可采用沟排、管排、井排等方式，并设溢流堰、可调管道及闸门等具有水位调节功能的设施。人工湿地出水量较大且跌落较高时，应设置消能设施。人工湿地出水应设置排空设施。

进行人工湿地集配水系统设计时需注意以下几点。

① 人工湿地的集配水系统应保证配水、集水的均匀性，宜采用穿孔管、配（集）水管、配（集）水堰等方式来实现集配水的均匀。

② 进出水构筑物的设计应便于建造和维护，出水设计应保证池中水位可调，且应在出水处设置放空管。水平潜流人工湿地在系统接纳最大设计流量时，湿地进水端不得出现壅水现象和表面流现象。

③ 人工湿地的集配水系统应该保证集配水的均匀性，这样才能减少短流现象和堵塞现象的发生，从而充分发挥湿地床的净化功能。由于植物的生长具有季节性，温度、降雨径流对人工湿地的处理效果会造成影响，所以出水设计应保证池中水位可调，且应在出水处设置放空管以便于池体的维修。

进水区设置的槽或堰体结构通常用可锁的盖子盖封以防止构筑物受到损坏，操作者可开启盖子检查内部运行状况。进水区可设多根进水支管，以便实现多池轮换运行或同时运行。穿孔管的布管密度应均匀，长度应与湿地宽度大致相等。管孔应均匀布于管上，并且必须足够大以防止被固体颗粒堵塞。管孔的尺寸和间距决定于污水的流量和进出水的水力条件，最大孔间距为湿地宽度的10%。穿孔管可以通过三通连接到总管，一般需配备增压泵。

配水管线可设在表面也可设在内部。配水管线设在内部有助于防止藻类滋生和堵塞现象，但不易调节和维护，适用于气候寒冷地区；配水管线设在表面便于调节和维护，适用于冬季气候较温暖的地区。多数湿地系统普遍采用聚氯乙烯管（PVC管）或高强度的聚丙烯管（PP管），具体的尺寸应根据实际需要设计。

水平潜流人工湿地的集水系统需要保证整个宽度方向上集水的均匀性，并应具有水位调节功能，进而将水流短路降低至最低程度，避免出现死区。集水系统通常使用穿孔管或溢流堰。为防止集水管堵塞，在集水管前放置的填料不宜采用易碎材料，可选用大块卵石放置在集水管周围。此外，集水管上应开大小均匀的孔，以利于出水。水位调节装置可以使用链子锚挂的弹性软管或者可上下转动的出水管。出水管的管径应避免过小，以防止堵塞。

垂直潜流人工湿地进水管通常采用穿孔配水管。配水管上部可覆盖砾石层，但也可以采用明管配水，即配水管在填料上层。管线的布置应能保证均匀配水。一般需配备增压泵。垂直潜流人工湿地的通气设计可采用通气管，通气管的设置应满足下列要求：①通气管可同湿地底部的排水管相连接；②通气管和排水管道管径宜相同。

设置通气管的目的是向系统内部充氧并保证池内气体的排出，防止由于发生厌氧反应产生臭味。另外，维护时可用水进行反冲洗，防止堵塞。通气管通常设在填料层的底部，与湿地底部的排水管相连接，可以使得氧气通达湿地底部，通过水管环形穿孔，向湿地内部扩散，同时局部区域厌氧反应产生的沼气和硫化氢等气体能够向外界及时散逸。当设置承托层时，通气管置于承托层的上方。通气管顶部可以加伞盖，以防止树叶等杂物进入管内，从而可以避免堵塞现象的发生。

3.3.6 湿地植物的选择

污水中的污染物主要依靠附着生长在根区表面及附近填料表面上的微生物去除。选择根系比较发达、根系较长的水生（或湿生）植物，能显著扩展人工湿地净化污水的空间，提高其净化污水的能力。人工湿地选择的植物应对当地的气候条件、土壤条件和周围的动植物环境有很好的适应能力，否则难以达到理想的处理效果，一般优先选用本土植物。不同植物的耐污能力和去污效果不同，湿地系统应根据不同的污水性质选择不同的湿地植物，如果选择不当，可能导致植物死亡或去污效果较差。由于湿地处理系统是全年连续运行，所以要求湿地植物即使在恶劣的环境下也能基本正常生存，而那些对自然条件适应性较差或不能适应的植物都将直接影响去污效果。另外，植物易滋生病虫害，抗病虫害能力直接关系到植物自身的生长与生存，也直接影响其在湿地处理系统中的净化效果，所以湿地植物要具有抗冻、抗病虫害能力。不同植物种类存在相生相克现象，因此需要注意种间搭配以避免相克效应。建造人工湿地时应考虑一定的经济价值和景观效果，可以实现多种经营、经济上可持续发展的生态工程管理模式，对于湿地产物的资源化利用具有重要的意义。

人工湿地植物种的选择宜满足下列要求：①根系发达；②适合当地环境，优先选择本土植物；③耐污能力强、去污效果好；④具有抗冻、抗病虫害能力；⑤有一定的经济价值；⑥容易管理；⑦有一定的美化景观效果。

人工湿地植物的种植宜符合下列要求。

① 植物宜在每年春季种植。

② 植物种植初期的适宜密度可根据植物种类调整。如种植芦苇时，水平潜流型和垂直潜流人工湿地的种植密度宜为4～6株/m^2。

③ 植物种植时，应搭建操作架或铺设踏板，严禁直接踩踏人工湿地。

④ 植物种植时，应保持介质湿润；植物生长初期，应保持池内一定水深，逐渐增大污水负荷使其驯化。

⑤ 不宜选用苗龄过小的植株。

人工湿地出水直接排入河流、湖泊时，应谨慎选择“凤眼莲”等外来入侵物种。人工湿地可选择一种或多种植物作为优势种搭配栽种，增加植物的多样性并具有景观效果。根据经验，芦苇是使用最广泛和净化效果最好，以根茎繁殖为主的人工湿地植物，多生长在浅水中，适应低湿气候。在北方考虑到越冬问题，适宜选择多年生的芦苇、香蒲、菖蒲、水葱等植物。潜流人工湿地可选择芦苇、蒲草、荸荠、莲、水芹、水葱、茭白、香蒲、千屈菜、菖蒲、水麦冬、风车草、灯芯草等挺水植物。表面流人工湿地可选择菖蒲、灯芯草等挺水植物；凤眼莲、浮萍、睡莲等浮水植物；菹草、伊乐藻、金鱼藻、黑藻等沉水植物。

植物的种植时间建议为春季3、4月份。但由于我国区域跨度大，应该根据当地实际情况选择适宜的种植时间。如果在非适宜时间种植植物，可以采用移栽的方式。人工湿地常用挺水植物，其生长、繁殖速度较快，在植物种植初期，种植密度不宜过高。此外，在植物种植初期，旱生杂草容易与湿生植物竞争（特别是水平潜流人工湿地），因此可以采取淹没方法培养植物，待植物生长到足以与旱生杂草竞争时再降低水位。但是植物不能长期处于淹没状态，需要间歇供氧以维持人工湿地的溶解氧含量。在植物生长初期，植物幼苗需要一定的营养物质，但未经驯化的植物不宜在高负荷污水中生长，否则易于死亡。因此，在植物驯化中应逐渐增大污水负荷。

人工湿地植物的栽种移植包括根幼苗移植、种子繁殖、收割植物的移植以及盆栽移植等。人工湿地植物种植的时间宜为春季。植物种植密度可根据植物种类与工程的要求调整，挺水植物的种植密度宜为9～25株/m^2，浮水植物和沉水植物的种植密度均宜为3～9株/m^2。

用于垂直潜流人工湿地的植物宜种植在渗透系数较高的基质上。用于水平潜流人工湿地的植物应种植在土壤上，其土壤应优先采用当地的表层种植土，如当地原土不适宜人工湿地植物生长时，则需进行置换。种植土壤的质地宜为松软黏土～壤土，土壤厚度宜为 20～40cm，渗透系数宜为 0.025～0.35cm/h。

3.3.7 施工

施工前期准备的主要任务是清除和平整场地。清除工程应包括运走场地内的垃圾、树木以及其他障碍物等。

潜流人工湿地周边护坡宜采用夯实的土工构建，坡度宜为 2∶1～4∶1。在夯实过程中，应考虑土壤的湿度，不得在阴雨天施工。围堰建成后，应进行表面防护，如种植护坝植被。

基质铺设过程中应从选料、洗料、堆放、撒料四个方面加以控制。基质应进行级配、清洁，保证填筑材料的含泥（砂）量和填料粉末含量小于设计要求值。人工湿地防渗材料采用聚乙烯膜时，应由专业人员用专业设备进行焊接，焊接结束后，需进行渗透试验。

3.4 人工湿地运行与管理

3.4.1 运行调试

为了保证人工湿地系统能够长期稳定运行，必须注意系统的维护。在运行初始阶段，处理系统污水负荷须满足设计要求。短期超负荷运行不会导致系统发生运行故障。如果长期超负荷运行，必须对处理系统进行扩建。地下渗透水会增加污水处理系统水量，从而影响处理效果。所以需要尽量减少地下水渗透进入处理系统。同样，应避免小区雨水进入处理系统。应对雨水与污水进行分流，如有可能，雨水应该考虑就地收集和综合利用。

生活污水必须经过初沉池之后，才能进入人工湿地。不允许其他污水进入人工湿地系统，如农用污水、工业污水、游泳池溢水等。在清洗管道过程中，不能使用化学清洁剂和处理剂，一旦大量使用灭菌剂会导致系统失灵。难处理的物质包括涂料、有机溶剂、石油、脂肪等会影响处理效果，应尽量防止其进入处理系统。在处理系统开始运行以后，沉淀池必须定期检查，以防出水口堵塞。

每两个月要将沉淀污泥用移动式污水泵抽出，残留污泥可保留在池底大约 10cm 厚。考虑到污水流向，清理方向应从沉淀池小格开始依次到大格。也可以根据污泥液位高度确定清理时间，采用此方法需要配置污泥液位测定装置。液位测定既可以使用专门的液位测定仪（如超声波测定仪、光电测定仪等），也可以使用简易的污泥液位测定仪进行测定。布水管必须每年清洗一次。布水管盖开启后，用污水泵提水冲洗。如果需要，排水管也可以通过通气管冲洗。

湿地植物一般生长很快，若干年后会形成非常稳定强大的植物种群。冬季，地面部分会枯萎，覆盖在滤床上，春季又重新生长发芽。运行初期，保证水的充足供给是十分重要的。如果湿地植物因各种原因受到损失，需要进行补种。通常，每 4～5 年可进行一次芦苇刈割，刈割须在春季发芽之前完成。刈割的目的不仅是为了更方便地检查维护布水管，而且可以移去芦苇所吸收的部分养分，所以主要是刈割太过丛密的芦苇。人工或机械刈割时，不得破坏砂层表面，建议工作人员进入滤床时使用木板垫底。刈割的芦苇可以进行堆肥处理或制作合成木质材料，以实现资源化利用。

在最初的两三年中，必须清除滤床中的一些杂草，以防其危及湿地植物幼苗的生长。湿地植物一般选择强势种群，一旦生长壮大，就无需再除杂草。除杂草时，不得使用化学除草剂，不得破坏砂层表面。应尽量避免人员踏入滤床，以免破坏砂层和水生植物。为杜绝人员入内，建议修建绿化栅栏。即使水生植物刚栽植不久，砂层内的微生物菌群已经能自动降解污水中有机污染物。所以处理系统在建成后，即可满负荷运行。

一般污水加入不是连续性的，而是通过污水泵间歇性的一天3～4次输水。污水泵是由水位浮标控制，当沉淀池水位很低时，污水泵会停止工作，故不会发生空吸事故。可以采用两块滤床每周轮流处理污水方式，这样总有一块滤床处于休息状态，以恢复其净化能力。通过出水阀门关启控制滤床轮换。出水阀门关闭时，对应的污水泵也应该及时关闭。

通常可通过二期工程提高污水处理负荷。如果二期工程尚未建设，则通向二期工程的管道阀门应关闭。当二期工程扩建时，两个污水泵同时运行，一阀一泵配合使用。滤床正常运行时，污水净化处理后通过排水管流向出水窨井达标排放，这样能够保证最佳的处理效果。另外，在出水井内安装90°弯头管道，借此根据滤床水位调节出水高度。冬天滤床表面常形成一层薄冰，但这不会影响处理设施正常运行。滤床内微生物的生化活动和定期污水输入会防止滤床冻结。配水管输送完污水后，水会自然淌尽，这样也能避免在配水管道内结冰。

3.4.2 特殊控制

大、中型人工湿地污水处理工程的主要处理工艺单元应采用自动控制系统；小型人工湿地污水处理工程的主要处理工艺单元，可根据实际需要，采用自动控制系统。采用成套设备时，设备本身控制宜与系统控制结合。

自控控制系统可采用可编程序逻辑控制器（PLC）控制，实时监控运转情况，具备连锁、保护、报警等功能，可设集中和现场两种操作方式。

关键工艺控制参数，如预处理系统的流量、DO、SS、COD_{Cr} 等检测数据宜参与后续工艺控制。

3.4.3 系统监测

为了及时发现可能存在的故障及其他可能出现的问题，必须由专门管理人员对整个设施的运行状况定期进行检查。

首先，必须每天对设施总的运行状况进行检查。

每周都需检查设备运行，包括植物、砂层表面、沉淀池、污水泵和窨井口等。

① 达标排放口水质必须无色、无味（偶尔水呈淡黄色或有土壤气味属正常现象）；

② 污水必须迅速渗入砂层，没有滞留在砂层表面；

③ 沉淀池和窨井内水位是否正常；

④ 沉淀完成的污水必须不含可视固体废物。

此外，每月必检项为：布水管布水是否均匀；观察水流并倾听水流声是否稳定。每年必须检查：任何部位是否有损坏，如若有损坏都应立即修补。

为了检查整个系统是否能够正常运行，定期对水质进行采样检查是非常必要的。建议每年要对水质至少进行4次检查测试，检查越频繁，越有利于避免故障或是在发生故障时及时作出反应。分析的参数应包括化学需氧量（COD_{Cr}）、悬浮物（SS）、氨氮（NH_4^+-N）、总磷（TP）及pH值等，检测对象应包括预处理进口部位水流，预处理出口部位水流，以及垂直潜流人工湿地系统出口部位的水流，预处理出口部位的悬浮物浓度尤为重要。

3.4.4 故障处理

3.4.4.1 人工湿地的堵塞问题

填料堵塞是在砂滤处理饮用水、污水及地下水时常见的现象。人工湿地实际上也相当于一个过滤器，也会出现填料堵塞问题。湿地形成基质堵塞是固体物沉淀和过滤及生物过程的结果。当基质堵塞或发生持续淹水时，净化效率将显著下降。在考虑基质堵塞问题时应该看到，一方面，堵塞降低了水力传导率，这是不利因素；但另一方面，又是一个良好的生物过滤器，提高了系统对某些污染物的处理效果。

水平潜流人工湿地堵塞后会形成表面流，从而使水力停留时间缩短。其主要原因是，堵塞后，一部分污水不能进入填料层，而直接经湿地表面流出，因此，减少了实际水力停留时间。而对于复合垂直流湿地，出于其特殊的水流路径，污水必须先向下流经下行流池，然后才能向上经上行流池流出，堵塞后的填料渗透系数下降，水流渗透速度减缓，污水流线由于回混等原因延长。因此，实际处理时间不减小，反而会延长。

堵塞造成系统水流不畅、实际处理时间延长，极易造成下行流池表面严重滞水。积水层的存在，阻碍了空气中的氧气进入基质层，造成系统的好氧微生物活性降低。因此，堵塞后，系统对有机物的去除率下降。湿地在实际运行过程中，由于植物根系的延伸、固体物沉积、生物膜的形成等原因，使液流在整个介质中呈不均匀流态；加之，液流本身扩散作用的存在，造成每个单元流经的停留时间不等，床体内极易形成沟流，沟流使下渗入床体内的污水得不到充分处理，从而造成出水水质的恶化。由于堵塞导致填料表面积水，使蚊蝇等更容易滋生，从而恶化卫生条件。

3.4.4.2 基质堵塞过程

据相关文献报道，基质发生堵塞使过滤速度下降的过程经历三个不同的阶段：第一阶段过滤速度呈迅速下降态势；第二阶段为平衡状态，滤速以初始滤速10%的速度缓慢下降，此阶段直至过滤器持续淹水并转为厌氧状态为止；随即进入第三阶段，即间歇的堵塞直至持续的堵塞发生阶段。将湿地持续运行中基质最终的滤速定义为长期可接受速度（long term acceptance rate，LTAR），该情况下，LTAR是一确定值，当系统采取运行与停歇休整（恢复期）交替的运行方式时，第二阶段的过滤速度尤其重要，湿地停歇期应从第三阶段的初期开始。

3.4.4.3 影响基质堵塞的因素

① 基质粒径：基质粒径的大小及分布决定了空隙的大小及水力传导率，是影响基质堵塞的主要因素，在第一、三阶段，基质粒径将对滤速造成直接的影响。一些研究者报道了使用粗粒径材料可使系统在发生淹水前接受更高的水力负荷，在不设恢复期的垂直潜流人工湿地系统，LTAR十分重要。基质粒径对系统的恢复期也十分重要，粗粒径砂中氧气浓度比细砂更易回复到初值。

② 有机负荷：尽管有机负荷作为基质堵塞的主要影响因素已被人们广泛接受，但具体的研究结果却存在着差异。有研究认为，总有机物浓度比水力负荷更为重要，也就是说，在相同有机物总量和总需氧量情况下，拥有高水力负荷与低有机物浓度的床系统和低水力负荷与高有机物浓度的系统相比，后者更易发生堵塞。由于一些相对低负荷的系统未出现堵塞，

因而在中欧地区的气候条件下得出，防止发生堵塞所对应的最高负荷（以 COD 计）为 25g/（m^2·d），如果系统采用间歇运行方式则负荷可以适当高些。

③ 悬浮物：除了上述因素外，悬浮物负荷也是影响堵塞的重要因素之一，尤其是不能生物降解的悬浮物。这类物质在湿地长期连续运行中最容易发生堵塞，其中大多数是无机物，可通过测定挥发性固体物而得到其量。

④ 温度：温度对湿地堵塞的影响比较复杂，温度高时可促进生物的生命活动，提高其生长率，这样，一方面导致填充在空隙间的有机物加速分解，另一方面空隙又被填入更多的生物量，究竟哪方面起主导作用目前还存在争议。此外，较高温度会引起水流动的缓滞性降低，从而提高基质间的水力传导。

⑤ 污水投配状况：关于污水投配方式对堵塞的影响存在着不同的看法，污水是连续投配还是间歇投配，对基质堵塞的第一、二阶段有重要影响。有研究认为，夏季恢复期以 10 天为宜，而冬季则为 20 天。为了确保恢复期，可将湿地的总面积进行适当划分，至少应划分为两块，最好为四部分，在恢复床体时，可以只停用床上层 20cm。

⑥ 植物和微生物：湿地中累积的有机物总量一般要超过进水所带入的有机物总量。一方面，在含营养物质丰富的湿地系统中，微生物大量繁殖所形成的颗粒状有机物是系统中有机物累积总量的一部分；另一方面，植物地上部分衰落时的残留物、根系及根系分泌物都有助于系统中有机物累积量的增加。由于废水中营养物质的连续供应，系统内生物量的产生也是造成堵塞的一个因素。微生物可能将少量分解缓慢和难分解的化合物稍作转变就直接转化成稳定的腐殖质成分，而生物量的体积对系统堵塞的影响要比其干重大。为了维持湿地的功能，生物量的产生速度和矿化速度必须达到一个平衡状态。

3.4.4.4　堵塞的解决方法

① 水解酸化预处理：当潜流人工湿地用于处理含较多不易降解的 SS 成分时，堵塞容易发生。故可通过废水的前处理，减少进水中难降解的 SS，以防止或减缓堵塞的发生。人工湿地系统适合于中、低浓度有机废水的处理与综合利用，特别适宜城市污水二级处理出水的深度处理，对较高浓度有机废水需强化预处理工艺。而一般常用的预处理单元为格栅-沉砂-沉淀，也可采取一级强化处理措施作预处理。为了有效控制人工湿地的堵塞问题，部分采用厌氧水解酸化作为预处理单元，实践证明效果显著。这样做，一方面可去除和截流悬浮固体，避免床体堵塞；另一方面可达到降解有机污染物，提高污水的可生化性，减轻湿地系统处理负荷，实现出水水质稳定和优良的效果。水解池对水质和水温变化的适应能力较强，故在实际运行中即使温度变化对去除率也影响不大。

② 间歇运行：长时间连续进水会使系统的基质一直处于还原状态，从而造成胞外聚合物的积累，导致逐渐堵塞，厌氧条件也会加速系统的堵塞。因此，人工湿地间歇运行和适当的湿地干化期，对于避免系统堵塞也是必要的。人工湿地若采取间歇进水（即落干和投配交替运行）则会使基质得到“休息”，保证基质一定的好氧状态，避免胞外聚合物的过度积累，防止基质堵塞。一般情况下，胞外多糖可以在 23～50 天的干化过程中完全被降解，间歇时间越长，基质处理能力恢复得越好，其渗透速率也越大。但是，间歇时间也不能无限延长，应同时考虑处理效率和处理负荷。间歇投配方式在人工湿地实践中得到了重视和应用。

③ 曝气运行：由于厌氧状态是导致基质中胞外聚合物积累的重要原因，因此，对污水进行曝气充氧可以起到一定的预防基质堵塞的作用。一般情况下，在基质中渗透扩散的污水的 DO 值约为 0～1.0mg/L，这明显偏低，而低 DO 值污水的长时间渗透，会使好氧微生物

的分解活性受到影响。污水中的溶解氧浓度和基质整体 E_h 值呈正相关关系，即污水中溶解氧的浓度高时，局部基质的 E_h 值也会高，土壤微生物新陈代谢活性就高，由此产生的有机质中间代谢产物量就低，基质的堵塞情况可以得到一定程度的缓解。

④ 选择合适的填料粒径及级配：粒径较大的基质可以有效地防止堵塞的发生，但过大的粒径会缩短水力停留时间，进而影响净化效果。因此，需在保证净化效果和防止堵塞两者之间选择一个最佳平衡点。对于有多层填料的垂直潜流人工湿地，除填料粒径外，不同粒径填料配比的选择也十分重要。

⑤ 更换湿地表层填料：湿地中积累的有机物主要集中在表层，而堵塞也主要发生在湿地表层 0～15cm 处，其中，复合垂直潜流人工湿地中有机质含量随着深度增加呈逐渐减少的趋势。在堵塞发生之前，上层基质的最小含水量呈指数增长，并最终达到完全饱和状态；而下层基质的最大含水量呈下降趋势，这是由于上层基质中水的渗透速率不够所造成的，即基质的堵塞主要发生在上层。更换湿地表层填料的方法可以有效地恢复人工湿地的功能，缺点是对大规模的湿地而言工程量较大。

3.4.5 冬季管理

在冬季，微生物降解能力由于低温会下降。因此，人工湿地设计需要充分考虑该不利因素。另外，冬季枯萎的芦苇覆盖在人工湿地上，能起到一定的保温作用。

人工湿地在低温环境运行时，可采用以下措施。

① 做好人工湿地的保温措施，保证水温不低于 4℃。

② 定期进行人工湿地的冻土深度测试，掌握人工湿地系统的运行状况。

③ 强化预处理，减轻人工湿地系统的污染负荷。

3.5 人工湿地生态工程实例

3.5.1 国外人工湿地污水处理技术应用

截至 2006 年，欧洲建有一万多座人工湿地，北美有近两万座人工湿地，亚洲、大洋洲、拉丁美洲也有越来越多的人工湿地建成和投入运行。这些人工湿地的规模可大可小，最小的仅为一家一户排放污水的处理，面积约 $40m^2$，大的占地数十亩至上千亩，可处理万人以上村镇的生活污水。

据统计，北美 2/3 的湿地是表面流湿地，其中一半是自然湿地，其余为表面流人工湿地，系统水深范围一般为 30～40cm。在欧洲应用较多的则是潜流人工湿地，特别是在一些东欧国家潜流人工湿地应用较广。人工湿地系统种植有芦苇、菖蒲、香蒲等湿地植物，为了保证潜流，绝大多数系统采用砾石作为填料。欧洲对近 1000 人口当量的乡村级社区倾向于用人工湿地系统进行污水的二级处理，北美则倾向于对人口较多的地区进行深度处理，在澳大利亚和南非，则用于处理各类污水。

美国东部的 400 多个污水排放点是通过人工湿地处理后再进入地下水、河口、河流和湖泊的。在密歇根、威斯康星、佛罗里达等地区，通过人工湿地处理了大量的城市和工业污水、城市雨水、农业径流水、酸性矿坑水、固体废物填埋场的渗滤液等，其目的是维持上述水资源 100% 再利用。如美国佛罗里达州奥兰多地区的一个人工湿地，连续 8 年净化该地区回收的污水。

目前全世界从事人工湿地的研究者和技术人员，不仅需对不同类型的人工湿地进行更加深入的研究以改良和优化工程设计参数，还需对人工湿地系统的长期运行能力和管理问题进行研究。

3.5.2 人工湿地在国内的发展和应用

国内的人工湿地研究起步较晚，直到“七五”期间才开始做较大规模的试验，取得了人工湿地工艺特征、技术要点和工程参数等方面的研究成果。人工湿地与常规的污水处理系统相比，投资较少、运行和维护费用低，因此，在我国受到了重视。目前，人工湿地技术已在污水处理、河水和湖泊水净化、景观水体的水质保持方面得到了应用，并且由南向北应用区域也在不断扩大。另外，随着城市人口的不断增加，在提高城市用水重复利用率方面，人工湿地污水处理技术无疑是一个很好的选择。

从20世纪80年代末开始，先后在天津、北京、深圳、成都和上海建设了人工湿地污水处理工程，并对污水处理的规律及机理进行了比较系统的研究。我国首例人工湿地污水处理系统于1987年在天津建成，其占地6hm^2、处理规模为1400m^3/d。该项目是试验性工程，由11个试验单元构成，研究人员对水力负荷、有机负荷、停留时间及季节、污染物净化效率进行了探索，结果表明出水水质优于二级处理标准，有较高且稳定的脱氮除磷效果，季节性差异较小。

进入21世纪以来，我国在人工湿地污水处理技术，及其在工程应用方面都取得了较大的进展，目前全国已有数十座城市开展了人工湿地的研究，并有上百座人工湿地投入运行。污水处理量从10～100m^3/d的小规模到110000m^3/d的大规模，应用于处理生活污水、市政污水、景观河湖水、工业污水、采矿污水等。这些人工湿地运行以来，产生了良好的经济效益和社会效益，为我国的环境保护作出了贡献，也推动了环境生态工程在理论与实践上的发展。

上海市采用的不同规模垂直潜流人工湿地技术在农村地区的生活污水处理过程中发挥了很好的作用。上海市农村已应用垂直潜流人工湿地技术建成或在建污水（景观水）处理项目9处，主要分布在崇明县、浦东新区、奉贤区、南汇区和青浦区。其中，2004年建成的崇明森林旅游园区污水处理工程，采用“生物化学强化絮凝＋序批式垂直潜流人工湿地”处理技术，设计规模为3000m^3/d，湿地面积5040m^2。该工程建成投产后，湿地水力负荷达到设计负荷的96％，出水水质良好。同时，收割后的湿地植株秸秆，可与污水预处理产生的污泥进行混合堆肥，肥料回用于森林地块，从而实现废弃物的资源化利用。

2003年年底建设运行的沈阳满堂河生态污水处理厂，其污水处理量为20000m^3/d，工程采用“浮动生物床预处理＋水平潜流人工湿地”的组合工艺，大幅度降低了污染物含量，处理后的水质达到了再生水回用景观水体的水质要求。

相比于水平潜流和垂直潜流人工湿地，表面流人工湿地虽有投资省、运行费用低、操作简便等优点，但其也存在负荷低、去污能力有限等缺点，且表面流人工湿地的运行受自然气候条件影响较大，夏季易滋生蚊蝇，产生臭味而影响湿地周围的环境。因此，在我国单一的表面流人工湿地实际工程应用较少，大多是与水平潜流或垂直潜流混合应用。

3.5.3 水平潜流人工湿地工程案例

武汉市桃花岛区域地表径流采用了水平潜流人工湿地系统。桃花岛示范区位于汉阳区，属典型的城市新建区，主要包括7个社区和几个分散的老居民区，还有学校、机关；该辖区年降雨量1150～1450mm，3～8月是主要雨期，降水量年内分配极不均匀；汇水面积1.33km^2，透水性较好的地面面积不足辖区的30%，地下管网多为雨污合流，卫生状况一般。处理径流量1260～2100m^3，进水水质COD_{Cr}≤120mg/L，TP≤2mg/L，TN≤25mg/L，SS≤100mg/L，设计处理量700～1200m^3/d；设计初期暴雨径流水质见表3-11。

表3-11 城市地表初期径流水质

水质指标	COD_{Cr}	TP	TN	SS
质量浓度/(mg/L)	200	2.0	25.0	600

水力负荷≤25cm/d，COD_{Cr}负荷≤0.02kg/(m^2·d)，调试期按设计水力负荷满负荷运行约700m^3/(5000m^2·d)。每天进水约12h，布水12～16h。选用芦苇、香蒲和美人蕉作为湿地植物（见图3-7）。

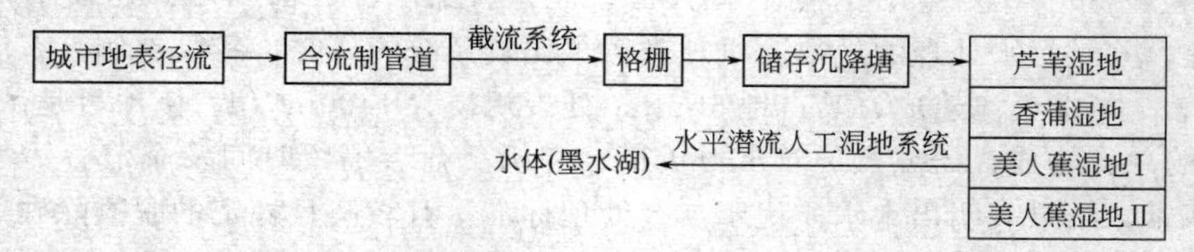

图3-7 武汉市桃花岛区域地表径流处理工艺流程

湿地系统内建成起调试运行半年多，系统逐渐稳定，出水水质良好。调试包括雨期径流混合污水调试和无雨期城市污水与湖水混合污水调试。结果见表3-12和表3-13。

表3-12 雨污混合污水调试运行效果

水质指标	雨污混合污水浓度/(mg/L)	塘出水浓度/(mg/L)	塘去除率/%	湿地出水浓度/(mg/L)	湿地去除率/%	总去除率/%
COD_{Cr}	161.0±28.4	98.5±14.6	37.3～40.8	35.8±3.5	60.7～64.8	75.4～79.1
TP	2.65±0.27	1.75±0.20	31.4～35.9	0.45±0.06	73.4～75.6	81.8～84.3
TN	23.21±2.04	13.80±1.66	38.1～42.3	7.49±1.27	43.2～48.4	64.9～69.8
SS	531.2±56.2	81.1±12.6	84.2～85.8	30.0±5.9	60.3～66.4	93.8～94.7

表3-13 湖水污水混合调试运行效果

水质指标	湖水污水混合浓度/(mg/L)	塘出水浓度/(mg/L)	塘去除率/%	湿地出水浓度/(mg/L)	湿地去除率/%	总去除率/%
COD_{Cr}	108.9±12.8	83.6±7.4	19.9～25.1	31.5±3.7	61.3～63.8	71.1～73.5
TP	2.09±0.25	1.59±0.14	20.8～26.2	0.40±0.06	73.8～76.2	79.2～82.4
TN	28.69±2.3	20.39±1.82	27.8～30.4	11.66±0.91	41.4～44.0	58.9～60.0
SS	120.7±12.3	77.8±6.6	33.8～37.7	22.8±2.8	69.7～72.1	80.4～81.9

污染负荷（以COD计）约0.01kg/(m^2·d)，出水达到污水综合排放标准的一级标准。无雨期系统对生活污水和湖水的混合污水的有效处理，既维护了生态系统处理功能和生态功能长效，又削减了污染物排放总量、减轻了城市污水处理厂的负荷。储存沉降塘系统内浮游生物能同化吸收部分可直接利用的有机物和营养物污染负荷，防止湿地堵塞的发生。每天直接抽取湖水12h，水力负荷14cm/d，出水水位每3d下降10cm，到出水水位30cm时运行

3d，放空 1d，再重新抬高出水水位至最高点，如此循环。

3.5.4　垂直潜流人工湿地工程案例

江苏省常州市通江花园人工湿地生活污水处理系统项目为中德合作项目，采用以垂直潜流人工湿地为核心的生态净化技术（见图 3-8），设计寿命为 15 年。项目开始建设时间为 2006 年 2 月，系统开始运行时间为 2006 年 7 月。

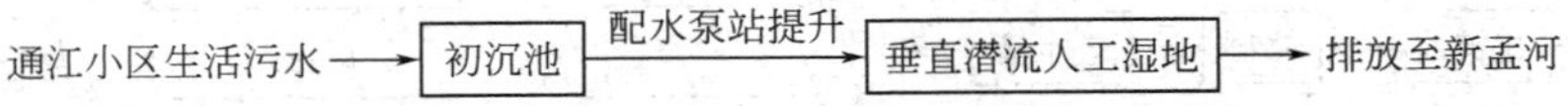

通江小区生活污水 → 初沉池 →（配水泵站提升）→ 垂直潜流人工湿地 → 排放至新孟河

图 3-8　通江花园垂直潜流人工湿地工艺流程图

处理单元分为三个部分：①垂直潜流人工湿地；②污泥生态干化滤床；③三格初沉池及配水泵站。生活污水经小区分流至下水管网收集，在三格初沉池沉淀，然后通过污水泵提升，由管道配水喷流系统均匀分布到人工湿地床表面，污水借助重力下渗，经过湿地滤床砂层基质内无数微处理单元处理后，在底部砾石排水层汇集，由环穿孔排水管导流排放。初沉池污泥定期泵入污泥生态干化滤床进行沉积处置，成熟后可资源化利用。

该垂直潜流人工湿地系统的主要设计参数：①最大水力负荷 95mm/d；②最大 COD 负荷 30g/(m^2·d)；③最大 SS 负荷 8g/(m^2·d)。根据进水、出水水样的分析结果，出水水质能够满足《城镇污水处理厂污染物排放标准》(GB 18918—2002) 一级 B 标准。表 3-14 是该人工湿地运行初期出水水质结果。表 3-15 是通江花园人工湿地工程经济指标总表。

表 3-14　通江花园人工湿地运行初期出水水质

指标	COD_{Cr}	SS	NH_3-N	TP
进水水质/(mg/L)	456	86.5	73.3	7.26
出水水质/(mg/L)	27.2	13	3.5	0.89
去除效率/%	94	85	93	88
一级 B 排放标准 (GB 18918—2002)/(mg/L)	60	20	15	1

表 3-15　通江花园人工湿地工程经济指标总表

工程总投资	建设费用总计	土地补偿	年总成本费	运行费用	单位处理水运行成本
86.54 万元	61.94 万元	24.6 万元	8.21 万元	1.09 万元	0.21 元/t

3.5.5　复合垂直潜流人工湿地工程案例

深圳观澜湖高尔夫球会区域地表径流采用了复合垂直潜流人工湿地系统。该区域位于深圳市龙岗区观澜镇，其高尔夫球会是目前中国乃至亚洲规模最大、设施最齐全的高尔夫度假胜地，是亚洲唯一一家同时被美国 PGA（职业高尔夫球协会）和欧洲 PGA 认可，并入选“世界最优秀高尔夫俱乐部”的球会。该球会职工宿舍位于球场园区内。由于地处偏远，楼栋独立，宿舍内的生活污水没有纳入市政污水收集管网，而是就近排入了附近的观澜湖。由于没有经过任何处理，对湖水造成污染，使得湖水水质日趋恶化。经多方考察论证，决定采取人工湿地工艺处理职工宿舍生活污水，一方面可减少污水排放对球场内景观用水的污染，另一方面使水资源得到再利用，出水用于浇灌花圃。

此系统于2000年3月开始建造，同年8月完工并投入使用。该工程处理的对象是生活污水，其可生化性较强，采用湿地处理比较合适，但生活污水中大颗粒污染物较多，应先经化粪池和格栅预处理，然后进入湿地系统，具体工艺流程如图3-9所示。该人工湿地处理系统建造面积为1200m^2，处理规模为300t/d，分为平行二组，每组两个串联单元；湿地植物为芦荻、再力花、纸莎草、水葱、美人蕉等。

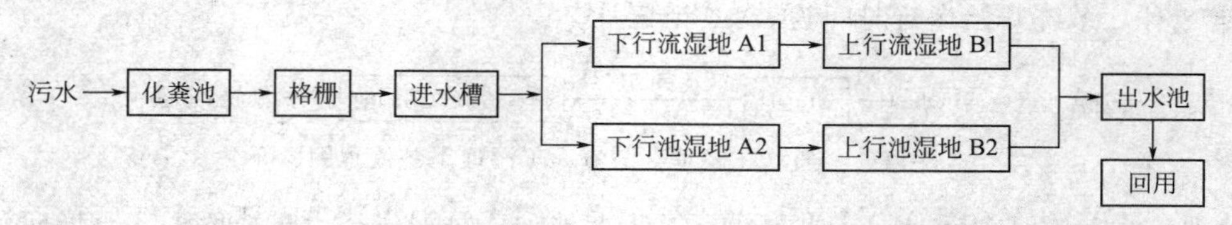

图3-9 深圳市观澜湖高尔夫球场人工湿地工程工艺流程图

集体宿舍生活污水经过化粪池后直接进入人工湿地处理系统，出水水质明显改善，溶解氧大大增加，出水池中很快有鱼出现。对进出水水质进行采样分析，污染物的去除率为72.1%～99.9%，监测结果见表3-16。出水水质能达到景观用水水质标准，系统的运行费用只涉及人工管理费，为0.078元/吨污水。

表3-16 人工湿地系统直接处理生活污水水质净化效果

指标	DO	DOD_{Mn}	BOD_5	TN	NH_3-N	TP	IP	粪大肠杆菌/(个体数/L)
进水	0.08	34.6	81.0	96.0	29.2	20.3	1.69	≥2.4×10^7
出水	2.88	3.6	5.0	13.3	5.09	0.225	0.219	2.4×10^4
去除率/%		89.6	93.8	86.1	82.6	98.9	87.0	≥99.9

思考题

1. 简述湿地的定义和功能。人工湿地对氮、磷污染物去除的主要机理是什么？

2. 人工湿地植物种的选择应满足哪些要求？结合本章内容，叙述人工湿地有哪些优点，适用于处理哪些类型的水。

3. 简述影响人工湿地堵塞的主要因素。

4. 查阅近年来人工湿地工程实例的资料，绘制工艺流程图，并写出其工程规模、设计参数、运行费用等工程的简介。

5. 设计一块湿地把BOD从60mg/L削减至出水浓度年平均值为15mg/L，月平均值20mg/L。流量为稳定量3786m^3/d，请确定表面流湿地面积的大小是多少？

6. 确定一块水平潜流人工湿地处理100户社区污水的面积大小，每户有一个化粪池。假定需要收集所有的污水，并且利用现存化粪池作为预处理池。计算需要的土地面积和出水TSS浓度。

7. 计算水平潜流人工湿地氨氮去除的HRT，假定进水TKN浓度为45mg/L，允许的排放浓度为4mg/L。

8. 某城市污水处理厂采用人工湿地作为主体处理工艺，处理生活污水和少量工业废水。所采用的人工湿地为表面流芦苇湿地，由99块芦苇湿地组成，每块长为140m，宽为32m，并联运行。该厂污水处理量为$1.4\times10^4m^3/d$，夏季暴雨时最大降雨量为128mm/d，水层深度为0.15m。该厂进水的COD为1000mg/L，BOD_5为450mg/L，SS为1500mg/L，污水经过预处理后SS去除率达70%以上，COD去除率达25%以上，BOD_5去除率达20%以上，试分别计算夏季有机负荷和水力负荷。

参考文献

[1] 安树青. 湿地生态工程——湿地资源利用与保护的优化模式 [M]. 北京：化学工业出版社，2003.

[2] 陈德强，吴振斌，成水平等. 不同湿地组合工艺净化污水效果的比较 [J]. 中国给水排水，2003，19：12-15.

[3] 陈迪，杨勇，郑祥，魏源送. 人工湿地对病原微生物去除的研究进展 [J]. 农业环境科学学报，2013，32 (9)：1720-1730.

[4] 崔理华，卢少勇. 污水处理的人工湿地构建技术 [M]. 北京：化学工业出版社，2009.

[5] 邓瑞芳，张永春，谷江波. 人工湿地对污染物去除的研究现状及发展前景 [J]. 新疆环境保护，2004，26 (3)：19-22.

[6] 付贵萍，吴振斌，任明迅等. 垂直潜流人工湿地系统中水流规律的研究 [J]. 环境科学学报，2001，21：720-725.

[7] 鞠美庭，王艳霞，孟伟庆等. 湿地生态系统的保护与评估 [J]. 北京：化学工业出版社，2009.

[8] 刘超翔，胡洪营，张健. 人工复合生态床处理低浓度农村污水 [J]. 中国给水排水，2002，18：1-4.

[9] 刘汉湖，白向玉，夏宁. 城市废水人工湿地处理技术 [M]. 徐州：中国矿业大学出版社，2006.

[10] 刘佳，王泽民，李亚峰，张晓颖. 潜流人工湿地系统对污染物的去除与转化机理 [J]. 环境保护科学，2005，31 (127)：53-57.

[11] 吕宪国. 湿地生态系统保护与管理 [M]. 北京：化学工业出版社，2004.

[12] 宋春霞. 人工湿地处理城市生活污水的应用与机理研究 [D]. 大连：大连交通大学，2014.

[13] 宋铁红，高金宝，柴金玉. 人工湿地去除有机物和营养物质影响因素的研究 [J]. 吉林建筑工程学院学报，2005，22 (2)：1-4.

[14] 陶思明. 湿地生态与保护 [M]. 北京：中国环境科学出版社，2003.

[15] 汪俊三，覃环. 植物碎石床人工湿地处理富营养化水和微污染水体试验研究 [M]. 北京：中国环境科学出版社，2009.

[16] 王世和. 人工湿地污水处理理论与技术 [M]. 北京：科学出版社，2007.

[17] 吴振斌. 复合垂直潜流人工湿地 [M]. 北京：科学出版社，2008.

[18] 许衡. 利用人工湿地去除污染物机理探讨. 上海水务，2006，22 (1)：28-30.

[19] 杨敦，周琪. 人工湿地脱氮技术的机理及应用 [J]. 中国给水排水 2003，19：23-24.

[20] 于洪贤. 湿地概论 [M]. 北京：中国农业出版社，2011.

[21] 于涛，吴振斌，徐栋，詹德昊. 潜流型人工湿地堵塞机制及其模型化 [J]. 环境化学与技术，2006，29 (6)：74-76.

[22] Bachand P A M，Horne A J. Denitrification in Constructed Free-Water Surface Wetlands II：Effects of Vegetation and Temperature [J]. Ecological Engineering，2000，14：17-32.

[23] Brix H，Dyhr-Jensen K，Lorenzen B. Root-zone Acidity and Nitrogen Source Affects *Typha latifolia L.* Growth and Uptake Kinetics of Ammonium and Nitrate [J]. Journal of Experimental Botany，2002，

53：2441-2450.

[24] Dunne E J，Culleton N，O'Donovan G，et al. Phosphorus Retention and Sorption by Constructed Wetlandsoils in Southeast Ireland [J]. Water Research，2005，39：4355-4362.

[25] Gottschall N，Boutin C，Crolla A，et al. The Role of Plants in The Removal of Nutrients at a Aconstructed Wetland Treating Agricultural (dairy) Wastewater，Ontario，Canada [J]. Ecological Engineering，2007，29：154-163.

[26] HJ 2005—2010. 人工湿地污水处理工程技术规范 [S]. 北京：中国环境科学出版社，2010.

[27] Karathanasis A D，Potter C L，Coyne M S. Vegetation Effects on Fecal Bacteria，BOD，and Suspended Solid Removal in Constructed Wetlands Treating，Domestic Wastewater [J]. Ecological Engineering，2003，20 (2)：157-169.

[28] Stevik T K，Aa K，Ausland G，Hanssen J F. Retention and Removal of Pathogenic Bacteria in Wastewater Percolating Through Porous Media：a Review [J]. Water Research，2004，38 (6)：1355-1367.

[29] RISN-TG 006—2009. 人工湿地污水处理技术导则 [S]. 北京：中国建筑工业出版社，2009.

[30] United States Environmental Protection Agency. Manual Constructed Wetlands Treatment of Municipal Wastewaters. National Risk Management Research Laboratory，Office of Research and Development，U. S. Environmental Protection Agency，Sinsinnati：2000.

[31] Vymazal J. The Use Constructed Wetlands With Horizontal Sub-Surfaceflow for Various Types of Wastewater [J]. Ecological Engineering，2009，35：1-17.

[32] Zurita F，De Anda J，Belmont M A. Treatment of Domestic Wastewater and Production of Commercial Flowers in Vertical and Horizontal Subsurface-Flow Constructed Wetlands [S]. Ecological Engineering，2009，35：861-869.

[33] Vymazal J. Plants Used in Constructed Wetlands with Horizontal Subsurface Flow：a Review [J]. Hydrobiologia，2011，674：133-156.

[34] Yates C N，Varickanickal J，Cousins S，et al. Testing the Ability to Enhance Nitrogen Removal at Cold Temperatures with C-aquatilis in a Horizontal Subsurface Flow Wetland System [J]. Ecological Engineering，2016，94：344-351.

第4章　水环境生态工程

教学目的： 了解水环境类型及主要污染特征；掌握河流和湖泊的生态工程技术；掌握脱氮墙中影响硝酸盐去除效果的主要因素。

重点、难点： 本章重点是河流和湖泊的生态工程技术；难点是脱氮墙的运行机理。

水环境与人类生存和发展息息相关，是重要的环境要素之一。随着工业革命的兴起，人类对水资源的利用强度加大，人为改变了水环境，这些变化许多都带来了不利影响。大量污染物质排入水体，超出了水体自净能力，导致水体黑臭，蓝绿藻急剧繁殖，这些都严重损害了水环境和水资源安全。世界上的主要发达国家，几乎都经历过先污染后治理的惨痛教训，也积累了许多受污染水体修复的经验和技术。本章主要介绍以河流、湖泊和地下水三类水体的修复技术为主的水环境生态工程，虽然为了便于阐述将各种技术归类于不同水体，但在实际应用中许多技术并不只局限于该类水体。

4.1　水环境类型及污染特征

水环境按其在自然界存在的形式，主要有江河湖泊、地下水、冰川及海洋等类型。一般而言，人类聚居较密集的地区，水的使用量和污水排放量均较大，容易引起水环境的污染。我国的情况也是如此。目前，污染较严重的地方，通常位于城市、农村以及近海区域。

4.1.1　河流及其污染

大气降水或地下涌出的水汇集在地表低洼处，在重力作用下经常性或周期性沿河道流动，这就是河流。河流沿途接纳很多支流，并形成复杂的干支流网络系统，称为水系。较大的河流可分河源、上游、中游、下游、河口五个部分。上游、中游、下游是从河源到河口之间的三个河段，有着逐渐变化的空间特征。上游河谷呈“V”字形，河床多为基岩或砾石，流量小但流速大。中游河谷呈“U”形，河床多为粗砾，流量较大。下游河谷呈“︶”形，河床多为细砂或淤泥，流速较小但流量较大。

河流与人类的关系密切，古时人们逐水而居，即使现代社会，许多城市也依水而建。河流可为人们提供源源不断的生活和生产用水，其径流量往往是最受关注的水文要素。河流径流量存在年际和年内变化，年际变化通常是由降水量的年际变化所引起，年内变化一般分为丰水期、平水期、枯水期和冰冻期。丰水期的流量最大，对污染物的稀释能力也最强。

河流水体污染物主要来源于沿岸生产废水、生活污水、农村地表径流和城市地表径流。随着我国对废污水的治理强度增大，地表径流入河负荷比有增大的趋势。正常的河流生态系统需要适当数量的有机碳化合物，但过多的有机废物会导致异养细菌急剧增加，引起水体中大量溶解氧的消耗，致使水体出现缺氧状态，高等生物开始死亡，最后出现散发恶臭、河流生态系统崩溃的结果。

河流的显著特点是流动性强，一方面可以将污染物迅速稀释，另一方面也容易使污染物快速扩散，扩大污染范围。通常而言，径流流量大、流速较快的河流，其自净能力也较强，有较大的污染物受纳能力。

4.1.2 湖泊及其污染

湖泊是指陆地上洼地积水形成的水域宽阔、水量交换相对缓慢的水体。它是生活和生产的重要水源，也有着重要的经济价值，同时具有调节河川径流和气候的作用。湖泊是在内、外力相互作用下形成的。以内力作用为主形成的湖泊主要有构造湖、火口湖和堰塞湖（也称阻塞湖）等；以外力作用为主形成的湖泊主要有河成湖、风成湖、冰成湖、海成湖以及溶蚀湖等。

湖泊一旦形成，由于自然环境的变迁，人类活动的影响，湖盆形态、湖水性质、湖中生物等均在不断地发生变化。湖水运动是湖泊最重要的水文现象之一，它影响着湖盆形态的演变，湖水的物理性质、化学成分和水生生物的分布与变化。湖水总是处在不断的运动状态之中，运动形式主要是具有周期性升降波动和非周期的水平流动。前者如波浪、定振波；后者如湖流、混合、增减水等。而这两种运动形式往往是相互影响、相互结合同时发生的。

湖泊是地表水的组成部分之一，它有独特的性质，如水流缓慢，水的交替时间长，与海洋没有直接的水分交换，受陆地环流影响较大。在内部过程和外在因素的共同作用下，湖泊的水环境性质、物质循环、生物作用等方面具有与河流、海洋等水环境显著不同的特征，也就是所谓的“湖沼学特征”，如湖泊具有的季节性水体温度分层、湖泊植被群落的圈层分布等。

湖泊在几何形态上的变化，很大程度上取决于湖盆的起源，不同成因的湖泊其轮廓是不同的。现在的湖泊一方面保存或沿袭古湖泊的某些形态特征，另一方面又受外界条件的影响，使湖泊形态有了改变。例如，入湖河流所携带的泥沙，可改变湖泊沿岸的地形与填平湖底的起伏；风引起的拍岸浪能使沿岸带的泥沙重新移动和沉积，在迎风岸侵蚀加剧，而背风岸沉积增多。

水库是一种人工湖。湖泊和水库通常是流域中主要的汇水体，作为流域中物质的“汇”，自然侵蚀过程和人为排放的污染物都将进入湖泊和水库，从而引起严重的水环境污染问题。随着我国社会经济和城市化进程的快速发展，湖泊水环境污染问题日益突出，主要包括：营养盐过量输入引起的水体富营养化问题；废污水排放导致的重金属、有机化合物有害物质污染；大气沉降和矿山废水导致的湖泊酸化问题；不合理的人为开发活动等。湖泊、水库水环境污染问题的发生、发展和生态效应，一方面与污染物种类及其浓度负荷密切相关；另一方面，水环境污染还与湖泊的湖型、物理条件、化学性质、生物作用等有关，即“湖沼学特征”将直接影响水环境中污染物的迁移、转化和生态毒理效应。

4.1.3 地下水及其污染

地下水泛指埋藏和运动于地表以下不同深度的土层和岩石空隙中的水，狭义上的地下水是地下 1000 m 范围内的水。地下水形态多样，包括气态、固态、液态等形态，各种形态间还可以相互转化，增强了地下水的流动性。液态地下水又可细分为润湿状态、薄膜状态、毛细管状态和自由重力状态等。地下水是河流补给来源之一，也是一种重要的水源。

地下水补给来源有大气降水补给、入渗补给、地表水补给、凝结水补给、其他含水层的补给和人工补给等。地下水不同的补给来源与排泄决定着地下水动态的基本特征；反过来说，地下水的动态则综合反映了地下水补给与排泄的消长关系。

地下水按照埋藏介质可分为孔隙水、裂隙水和岩溶水。孔隙水是存在于岩土孔隙中的地下水，如松散的砂层、砾石层和砂岩层中的地下水。裂隙水是存在于坚硬岩石和某些黏土层裂隙中的水。岩溶水又称喀斯特水，指存在于可溶岩石（如石灰岩、白云岩等）的洞隙中的地下水。

地下水按照埋藏条件可分为包气带水、潜水和承压水。包气带水是存在于包气带中局部隔水层之上的重力水。一般分布范围不广，补给区与分布区基本上一致，主要补给来源为大气降水和地下水，主要的耗损形式则是蒸发和渗透。包气带水接近地表，受气候、水文条件影响较大，故水量不大而季节变化强烈，最容易受到污染。潜水是埋藏在地表下第一个稳定隔水层上具有自由表面的重力水。这个自由表面就是潜水面，潜水面以上通常没有隔水层。大气降水、凝结水或地表水可以通过包气带补给潜水，所以大多数情况下，潜水的补给区和分布区是一致的。充满于两个隔水层之间的水称作承压水。上部隔水层的存在，阻碍了含水层直接从地表获到补给，故承压水的补给区和分布区常不一致。

地下水在岩土空隙中的运动现象统称为渗流。渗流可分为饱和流和非饱和渗流。前者包括潜水和承压水，在重力作用下运动；后者是指包气带中的毛管水和结合水运动。

污染液体通过包气带向地下渗透是常见的地下水污染途径，废水坑、污水池、沉淀池、管道渗漏点等是常见的污染源。污染地表水也会成为地下水的污染源，其污染程度取决于地表水污染物含量、沿岸地质结构、水动力条件、传输距离等因素。污染物到达地下水以前，通过包气带土壤的过滤、吸附、降解等作用，污染物可以得到净化。特别是当包气带岩层的组成颗粒较细、厚度较大时，可使污染物含量降低，甚至全部消除。但地下水中微生物含量相对较少，氧气含量不足甚至是厌氧状态，一旦地下水受到污染，自身难以自净，污染状态通常会持续很长时间。

4.2　河流生态工程

4.2.1　生态河道构建

生态河道是指具有完整生态系统和较强社会服务功能的河流，包括自然生态河道和人工建设或修复的生态河道。人工生态河道，是指通过人工建设或修复，河道的结构类似自然河道，同时能为人类提供如供水、排水、航运、娱乐与旅游等诸多社会服务功能的河道。

传统的人工河道满足过流、通航等要求，却忽略了河流生态系统的完整性。河道生态系统的完整包括河道形态完整和生物结构完整两个方面。源头、湿地、湖泊及干支流等构成了完整的河流形态，动物、植物及各种浮游微生物构成了河流完整的生物结构。在生态河道中，这些生态要素齐全，生物相互依存和制约。正是因为具有完整的生态系统，生态河道在提供社会服务功能的同时，还具备栖息地、生态廊道和物质转化等生态功能，使河流具备良好的自我调控能力和自我修复功能。

生态河道往往具有引水、除涝、防洪等功能。为了保证这些功能的正常发挥，河道的形态结构必须相对稳定。河道的形态结构包括平面形态、横断面形态和纵断面形态。在平面形态上，应避免发生摆动；在横断面形态上，应保证河滩地和堤岸的稳定；在纵断面形态上，应不发生严重的冲刷或淤积，或保证冲淤平衡。

4.2.1.1 平面形态设计

生态河道平面形态特性主要表现为蜿蜒曲折。在自然界的长期演变过程中，河道的河势也处于演变之中，使得弯曲与自然裁直两种作用交替发生。弯曲河道的趋向形态，蜿蜒性是自然河道的重要特征。蜿蜒性河流在生态方面具有诸多优点，如丰富生境、改善水质、增强美感、地下水补充等。在河道整治时，可利用蜿蜒性增加河道长度，从而减缓河流坡降，提高河流的稳定性。

河流蜿蜒不存在固定的模式，不存在标准的正弦曲线形式的河道。但为设计方便，可以进行适当概化。生态河道设计中蜿蜒性的构造主要有复制法和经验公式法两种。

复制法认为影响河流蜿蜒模式的诸多因素（如流域状况、流量、泥沙、河床材料等）基本没有发生变化，完全采用干扰前的蜿蜒模式。这要求对河道历史状况进行认真调查，争取获得一些定量数据。除此之外，也可参考其他同类河流未受干扰河段的蜿蜒模式。在生态河道的蜿蜒性设计中，可以把附近未受干扰河段的蜿蜒模式作为参照模式。

经验公式法把蜿蜒性河道概化为类似正弦曲线的平滑曲线，近似地用一系列方向相反的圆弧和直线段来拟合这一曲线。经验公式并不适用于所有的河道。比较可靠的方法是，首先对本地区的同类河道蜿蜒性进行调查，结合上述经验公式计算结果确定河道蜿蜒参数。构造河道蜿蜒性时，也要尊重河道现有地貌特征，宜弯则弯，宜直则直，顺应原有的蜿蜒性，确保河道的连续性，这样更有利于河道的稳定，并降低工程造价。

4.2.1.2 横断面设计

生态河道横断面形态的主要特点是断面比较宽，通常由主河槽、行洪滩地和边缘过渡带3部分组成。主河槽一般常年有水流动；行洪滩地（也称洪泛区）是指在河道一侧或两侧行洪时被洪水淹没的区域；边缘过渡带指行洪滩地与河道外的过渡区域或边缘区域。

横断面设计时，应在满足河道行洪能力的前提下，遵循自然河道横断面的结构特点，确定断面形式。少数小型河道及流量比较稳定的较大河道可采用梯形或梯弧形断面。一般河道，特别有季节性洪水的河道宜用复式断面，这是为了保证在枯水期水流回归主河槽，使主河槽维持一定的水深，从而有利于河流动植物的生长。洪水期流量大，允许洪水漫滩，可使洪水及时得到宣泄。

对于人工调控流量的生态河道，主河槽断面尺寸宜根据非汛期多年平均最大流量或生态需水流量确定。河床横断面形态很复杂，如果忽略其细节而只考虑造床流量情况，可用河宽与水深的关系表示。对于较规范的主河槽，河相关系经验公式一般表示为：

$$\frac{\sqrt{B}}{h}=\varepsilon \tag{4-1}$$

式中，B 为主河槽平滩宽度，m；h 为平滩水位对应的主河槽水深，m；ε 为河相系数，对于砾石河床取1.4，对于一般沙河取2.75，极易冲刷的细沙河床取5.5。

严格来说，生态河道横断面是自然的不规则断面，为了计算方便，在设计时可概化为梯形复式断面，并按明渠均匀流计算。但在具体实施时，应考虑实际情况，依据生态河道断面形态的基本特征和自然河道地貌特征，做到河岸边坡宜陡则陡，宜缓则缓，河道宜宽则宽，宜窄则窄，以便既能通过设计流量，又能构成横断面空间形态多样性。

4.2.1.3 纵断面设计

生态河道纵断面的基本特征是具有浅滩和深潭交替的结构，创造浅滩-深潭序列是生态河道设计的重要内容。浅滩、深潭交替的结构具有重要的生态功能。由于浅滩和深潭可产生急流、缓流等多种水流条件，有利于形成丰富的生物群落，河流中浅滩和深潭是不同生命周期所必需的生存环境，是形成多样性河流生态环境的不可缺少的重要因素。人工修复河道或开挖河道，创建浅滩-深潭结构可加速水生动物良好生境的形成。

浅滩和深潭的布置方式见图4-1，在蜿蜒性河道上，一般在河流弯道近凹岸处布置深潭，在相邻弯道间过渡段上布置浅滩。由浅滩至深潭的过渡段纵坡一般较陡，需布置一些块石防止冲刷。在变道凹岸处，也易被冲刷，常需布置块石护坡。

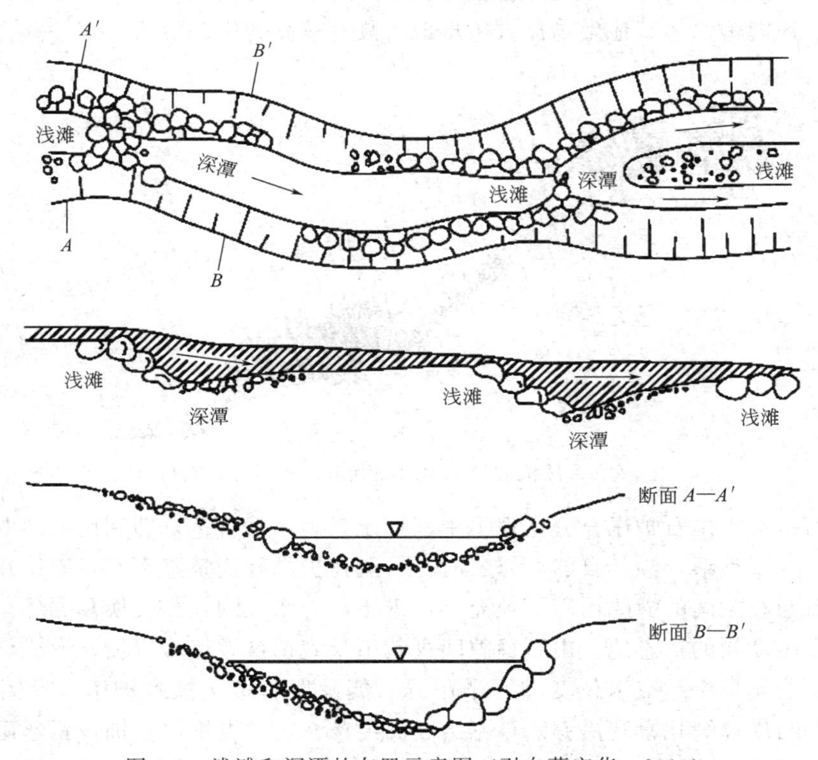

图4-1 浅滩和深潭的布置示意图（引自蔡守华，2010）

对于浅滩-深潭间距，一般适宜的浅滩-深潭间距在3～10倍河道宽度，或平均约6倍河道宽度。另外，对于陡河床浅滩出现的间距约为4倍河道宽度，缓河床为8～9倍河道宽度。根据爱尔兰的70个冲积型河流给的回归公式，可供初步规划设计时参考：

$$L_r = \frac{13.601 B^{0.2984} d_{50r}^{0.29}}{i^{0.2053} d_{50p}^{0.1367}} \tag{4-2}$$

式中，L_r 是沿河道两个浅滩之间的距离，为河段总长度与浅滩数量之比，一般情况下，近似为弯曲河段的弧长，m；B 为河道平均宽度，m；d_{50} 为在河床粒径分布曲线上，颗粒含量等于50%时的颗粒直径，mm，下标 r 和 p 分别表示浅滩和深潭的颗粒；i 为平均坡降。

4.2.2 生态河道护岸

河岸能起到固土护坡，防止河道损毁的作用。为了维持河道形态和结构的完整，应建设生态型河岸，以保持河道与陆地及地下水的水力连通性，为构筑健康河流生态系统提供基本保障。下面分别介绍几种典型的生态护岸。

（1）植被护岸　植被护岸示意图见图 4-2，其主要依靠坡面植物的地上茎叶及地下根系的作用护坡，其作用可概括为茎叶的水文效应和根系的力学效应两方面。茎叶水文效应包括降雨截留、削弱溅蚀和抑制地表径流。根系力学效应包含草本根系和木本根系两类，草本植物根系只起加筋作用，木本植物根系主要起锚固作用。锚固作用是指植物的垂直根系穿过边坡浅层的松散风化层，锚固到深处较稳定的土层上，从而起到锚杆的作用。另外，木本植物浅层的细小根系也能起到加筋作用，粗壮的主根则对土体起到支撑作用。植被护坡除了起到护坡的作用，还能为水体其他生物提供栖息地，具有较高的生态价值。

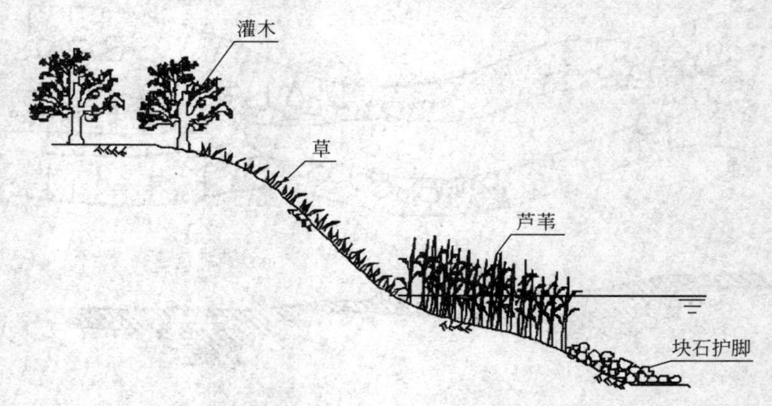

图 4-2　天然植被护岸示意图（引自李超等，2011）

（2）山石护岸　山石护岸充分体现了中国传统景观水系特色，即利用就地取材的乡土天然山石，不经人工整形，顺其自然。修建时，一般在护脚处浇筑浆砌石基础，在其上进行景石的堆砌。石与石之间的缝隙用碎石填充，促进土体与水气的互相交换和循环，还可使这种小空间成为水生动物的栖息地。山石缝隙间可栽植景观植被，点缀岸坡，形成优美景观。

（3）覆土石笼护岸　在水位变动区采用砾石笼及卵石覆土植被护岸（见图 4-3），保证岸坡稳定，并与周边绿化景观协调。根据边坡高度按一定角度堆放、铺设铅丝砾石笼，表面覆盖生土或种植土（厚度在 0.3 m 以上），过水后一段时间植物生长，通过植物根系将砾石笼紧紧连接，起到加固堤岸的作用。同时，卵石良好的透水性可以补枯、调节水位。石笼后铺土工无纺布，可以有效防止水土流失。

（4）生态砖护岸　生态砖是由一种无砂混凝土制成的具有透水性、保水性的多孔性砖体，生态砖护岸见图 4-4。生态砖可结合鱼巢砖一起使用，坡比可设为 1∶1 或 1∶0.5。生态砖块的层间用钢筋穿插连接，砖的后背铺设砂砾料和无纺布，起排水和反滤作用。植物根须将在 2～3 个月后通过砖的孔隙扎根到土壤中，不仅可以起到坚固堤坝的作用，还可以通过植物的繁茂生长固牢堤岸土体。多孔植物生长砖自身具有透水性，可解除背面的水压和土压，不会出现堤坝变形和塌陷。

（5）仿木桩护岸　仿木桩护岸是指在坡脚或岸坡利用钢筋混凝土仿木桩来维护陡岸的稳定、保护堤脚不受强烈水流的淘刷、防止水流侵蚀的护岸形式（见图 4-5）。仿木桩的断面

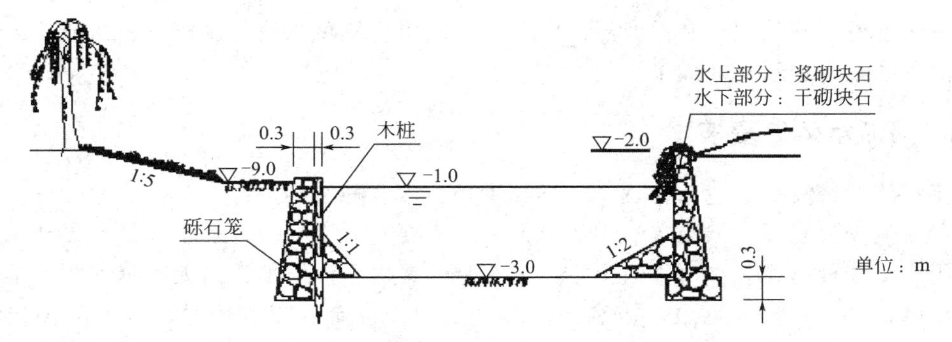

图 4-3 木栅栏砾石笼生态护岸技术（引自王艳颖等，2007）

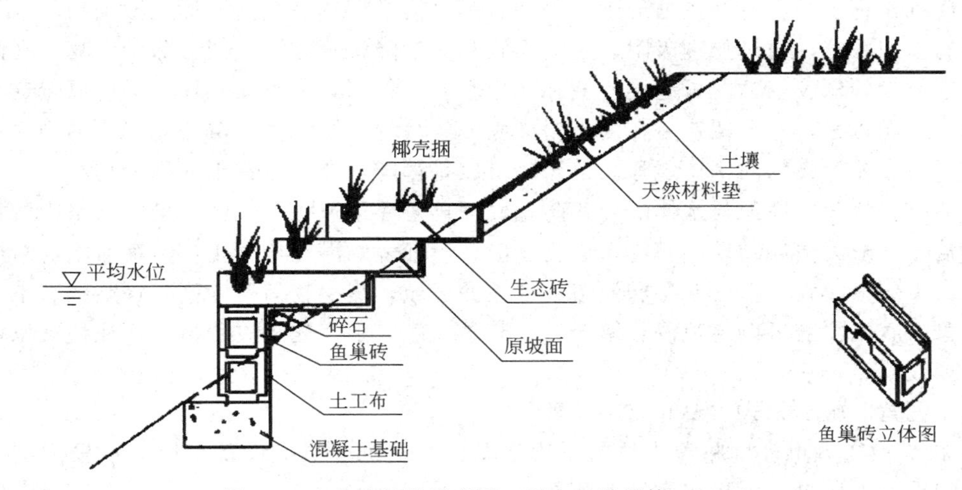

图 4-4 生态砖护岸示意图（引自赵进勇等，2007）

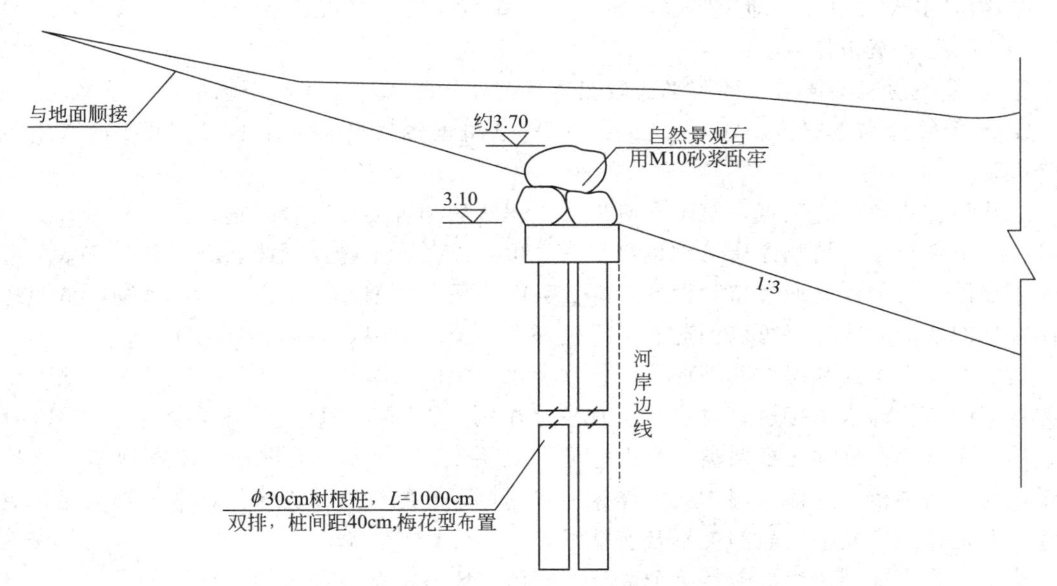

图 4-5 仿木桩护岸示意图（引自夏庆云，2011）

有圆形及方形，可采用预制钢筋混凝土仿木桩，也可采用现浇钢筋混凝土仿木桩。仿木桩间空隙、桩与堤脚之间、仿木桩与土坡间可用卵石、石块填充。其后背可采用装土生态袋、无纺布作为仿木桩后背的填充和反滤层。仿木桩外表可用彩色水泥仿制树皮、树节、年轮、裂缝、脱落等图案，加强景观效果。

4.2.3 河流水体修复技术

河流水体的修复技术包括物理、化学和生物技术 3 种类型。

（1）河流曝气复氧　河流曝气中的氧气来源主要有人工曝气复氧、大气复氧和水生生物光合作用产氧 3 种途径。在污染河道中，人工曝气量占有主导地位。人工曝气具有推流和完全混合流的特点，有利于克服短流和提高缓冲能力，也有利于氧传递、液体混合和污泥絮凝，是一种有效的河流修复方法。人工曝气能在河底沉积物表层形成一个以兼性菌为主的环境，并使沉积物表层具备好氧菌群生长条件。黑臭河道通过曝气，能形成微生物和水生动植物共存的生态系统，通过物理吸附、生物吸收和生物降解等作用共同去除污染物。在河道中建设一定数量的橡胶坝，既可起到拦截和平稳水流的作用，又可使翻坝水流得以曝气。

（2）底泥覆盖　底泥覆盖是在河流污染底泥上放置一层或多层覆盖物，使污染底泥与水体隔离，防底泥污染物向水体迁移。覆盖物可以是沙子、卵石、黏土或高聚物材料。覆盖具有 3 个功能：将污染底泥与水体隔离；防止底泥再悬浮或迁移；降低污染物向水中的扩散通量。覆盖物一般为惰性物质不易与污染物反应，对环境的潜在危害小，但覆盖物需沿岸或乘船抛洒，工作量较大。水流湍急和河道坡度大的区域，覆盖物易被冲刷，这些区域不宜进行底泥覆盖。底泥覆盖可以与疏浚相结合，尤其是在航道中，先疏浚后覆盖，往往可以取得较好的治理效果。

底泥覆盖的施工方式主要有以下几种。

① 机械设备倾倒。即将覆盖材料采用卡车、起重机等机械设备直接向水里倾倒，通过覆盖物的重力作用自然沉降将底泥掩蔽住。

② 船只水表层撒布。即用船载着覆盖材料在覆盖区内缓慢移动，通过可以开合的驳船底部，进行撒布覆盖作业。

③ 水力喷射表层覆盖。即用平底驳船载着覆盖沙子，然后用高压水枪将沙子冲入水中。

④ 驳船管道水下覆盖。即通过驳船上的管子将覆盖物喷入水体下层，可使覆盖物更好地分散开。

这几种方式各有优缺点，施工时应根据工程费用和现场情况合理选择。

（3）植物浮床　植物浮床又称植物浮岛、生态浮岛、生物浮床等，是一种栽有水生植物的人工浮体。植物浮床通过植物根部吸收、吸附作用，能削减和富集水体污染物，从而达到水体净化的功能，同时还可以创造人工水生环境，消减波浪，绿化水域的作用。

植物浮床有干式和湿式两种形式，植物和水接触的为湿式，与水不接触的为干式。干式植物浮床因植物与水不接触，对水质没有净化作用，因而在实际应用中多数采用湿式浮床。湿式浮床又分为有框和无框两类，有框浮床一般用 PVC 管等作为框架，用发泡苯乙烯板等材料作为植物种植的床体。湿式无框浮床一般用椰子纤维缝合作为床体，在景观上显得更为自然，但是在强度及使用时间上不及有框浮床。

典型湿式有框浮床组成包括 4 个部分：框体、床体、基质和植物（见图 4-6）。浮床框体要求坚固耐用、抗风浪，目前一般用 PVC 管、不锈管、木材、毛竹等作为框架。在一些场合，也有将废轮胎作为植物浮岛的床体的实例。浮床床体是植物栽种的支撑物，同时也提供浮床浮力，目前主要使用的是聚苯乙烯泡沫板。这种材料具有成本低廉、浮力强大、性能稳

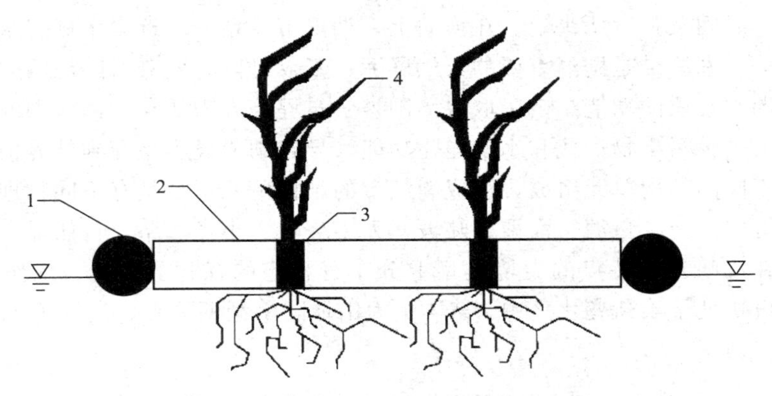

图 4-6　典型湿式浮床构造（引自曹勇等，2009）
1—浮床框体；2—浮床床体；3—浮床基质；4—浮床植物

定、无污染等优点，且便于设计和施工。浮床基质用于固定植物植株，同时要保证植物根系生长所需的水分氧气条件及能作为肥料载体，目前使用的浮床基质多为海绵、椰子纤维等。可选择的浮床植物种类较多，如美人蕉、干屈菜、芦苇、荻、水稻、香根草、香蒲、菖蒲、水浮莲、水芹菜、水蕹菜等，在实际工作中要根据现场气候、水质条件等影响因素进行植物筛选。

浮床需加以固定，防止浮床因相互碰撞而散架，同时保证浮床不被风浪带走。固定装置有重物型、船锚型和桩基型 3 种。重物、船锚、桩基与浮床之间的连接绳应有一定的伸缩长度，以便浮床随水位变化而上下浮动。在风急浪大的水体中，桩基与浮床之间一般用钢丝绳连接以提高固定强度。

4.3　湖泊生态工程

4.3.1　底泥疏浚与治理

污染湖泊底泥疏浚，要求在清除污染底泥的同时兼顾水生生态系统的维护与重建。底泥疏浚前应对底泥中污染物种类、含量分布、剖面特征、沉积速率、化学及生物物种等进行详细调查和分析，以确定疏浚范围、疏浚深度，在此基础上根据疏浚区现场条件制定具体的工程方案。底泥疏浚深度主要由底泥中污染物浓度和剖面分布决定，一般而言，在 30～50cm，精确度控制在 10cm。疏浚一般有两种方式：干湖疏浚和带水疏浚。干湖疏浚是将水抽干，然后使用排干疏浚设备，如推土机和刮泥机等，这种方法大多数应用在小型湖泊中。带水疏浚一般用装有搅吸式离心泵的船只在湖中抽出底泥，经过管道输送到岸上。

底泥疏浚费用较高，操作不当也会引起环境问题。如疏浚过程中的扰动，可造成底泥中污染物向上覆水扩散，使水体在短时间内污染物浓度升高。疏浚工程在清除底泥的同时，也清除了底泥中的水生生物，破坏了底栖生物的生存环境。为避免大面积生物物种消失，可设立物种保护区或保护带，作为物种基因库，待物种恢复后，再对保护区进行疏浚。疏浚后的底泥可采用封闭、再利用等方式进行处理，但应避免引起二次污染。

4.3.2　湖滨带修复

湖滨带是湖泊水域与流域陆地生态系统间的生态过渡带，其特征由相邻生态系统之间相互作用的空间、时间及强度所决定。在横向上，湖滨带可划分为近岸水域、水滨区域以及近岸陆域三个部分。湖滨带是湖泊重要的天然屏障，不仅可以有效滞留陆源输入的污染物，同时还具有净化湖水水质的功能。由于取水、围垦、筑堤等人为活动，许多湖滨带生态系统遭到严重破坏，失去了污染物拦截和水质净化功能，导致湖泊极容易受到外界损害。

湖滨带由不同的结构单元组成，组成湖滨带的结构单元包括具有不同物理属性和生物属性的滩地、洼地、高地、鱼塘、沟渠、陡坡、人工堤坝、小径、路、自然堤、居住点和田地等景观斑块，在这些各具特点的生境类型上分布着相应的森林、草地、农作物、水生植物等，这些景观斑块处于不断变化之中。表 4-1 为山地陡岸型湖滨带、湖湾型湖滨带和平原型湖滨带的结构特征。

表 4-1　三个湖滨带的结构特征（引自李英杰等，2008）

项目	山地陡岸型湖滨带	湖湾型湖滨带	平原型湖滨带
地貌形态	地形单一，滩地不发育，山坡较陡	山坡至水边有一平缓区域，分布有少量洼地，岸边浅滩发育	微地形复杂，地形高低起伏，物理形态多样
空间范围	地势迅速抬升，陆上发育空间狭小	山坡至水边有一平缓区域，陆上发育空间稍大	受地形的局限较小，陆上发育空间很大
水文格局	山坡上几乎无洼地和沟渠	地形稍复杂，有少量洼地及洪沟	微地形复杂多样，洼地、沟渠、河流纵横交错
土壤状况	山坡土壤少、山脚土壤粒度大，多块石，水中沉积物少	山坡土壤薄，山坡至水边土壤逐渐增厚，水陆交界线处多卵石，水中有一定数量的冲积物或淤积物	有较厚的沉积物，土壤丰富，粒度小，富含有机质
生物状况	岸边分布着稀疏的灌木，水边偶尔分布几丛芦苇，水里几乎无大型水生植物生长	湿生植物类型丰富，有大面积芦苇分布，沉水植物在水中有大面积分布，但类型单一	水生、湿生植物物种丰富，生长茂盛
组成要素	山坡、不发育的滩地、湖滨浅水环境	山坡、洼地、发育的滩地、湖滨浅水环境、居民点、缓缓抬升的平地	洼地、沟渠、河流、滩地、村落、农田、鱼塘、堤坝等

湖滨带生态修复是湖泊修复的重要内容，其目的是恢复湖泊的完整性。湖滨带生态恢复是运用生态学的基本理论，通过生境物理条件改造、先锋植物培育、种群置换等手段，使受损退化湖滨带恢复。重建湖滨带物理环境是湖滨带生态修复的前提条件，需要通过工程措施来实现。其物理环境的创建应该考虑以下原则。

① 有效性原则，必须满足先锋生物群落生存和后续发展的最低环境需求；

② 因地制宜原则，充分利用湖泊自然动力学过程（自然淤积、生物促淤）设计水工设施；

③ 经济合理性原则。

创建湖滨带物理环境的具体过程中，可通过修建临时或半永久的水工设施，如软式围隔、丁字坝、破浪潜体、木篱式消浪墙等，降低恢复区风浪对工程的影响。利用抽吸式清淤机将湖心底泥运回岸边，堆筑成人造浅滩。围隔作用可促进水体透明度增加，从而有利于沉水植物的恢复与生长。

物理环境具备后，再进行植被修复。植被修复首先是先锋植物的培育，在此基础上通过自然或人工群落置换，实现完整的植被群落。先锋植物一般选择植株高大、繁殖快速的挺水植物种类。我国湖滨带恢复中通常可选用芦苇、茭草、香蒲、菖蒲等为先锋植物。先锋植物群落稳定后，可参考当地原生植被群落结构以及景观美学要求进行植被栽种，使湖滨带植被群落结构趋向优化，逐步达到生物多样性要求。

4.3.3 污染湖泊水体治理技术

（1）调水 采取调水稀释措施，增加湖泊流量可快速降低污染物浓度，并加快水体有序流动，从而提高水体自净功能。加强水体流动性还可增加下层水体溶解氧含量，从而对底泥污染物释放产生一定的抑制作用。但调水稀释对引入水域会有一定的负面影响，可能会导致水域优势种群，甚至生态系统发生改变。如果稀释速率不当，使底泥处于大的扰动，从而致使底泥中总氮和总磷等营养盐的释放率加快，最终会导致水体中营养盐浓度增加。

如果不考虑沉降和内源释放，一个湖泊的氮磷浓度对于低浓度氮磷流入的稀释和冲刷作用的响应，可以通过如下方程来预测：

$$C_t = C_i + (C_0 - C_i)e^{\rho t} \tag{4-3}$$

式中，C_t 为 t 时刻湖泊的氮磷浓度；C_i 为输入的氮磷浓度；C_0 为初始时刻的氮磷浓度；ρ 为换水周期或换水率。

该方程可以用于简单地评估湖泊在引水后的氮磷浓度下降情况及所需要的时间。它的使用条件是，假定湖泊是充分混合的，也不存在其他污染源输入，氮磷为质量守恒状态。

（2）底泥污染物固定 底泥污染物固定包含营养盐固定和重金属固定。营养盐固定法是向水体投加铝盐、铁盐、钙盐等药剂，使之与湖水中污染物形成不溶性固体转移到底泥中。一般可向污染水体投放铝盐，包括 $Al_2(SO_4)_3$ 或者铝酸钠（$Na_2Al_2O_4 \cdot nH_2O$）或者其混合物，铝离子与湖水中无机磷形成 $AlPO_4$ 和铝离子水解形成胶体状的 $Al(OH)_3$ 絮凝体，这些絮凝体吸附磷，并沉降至湖底继续吸附和延迟这些磷释放进入上覆水。新一代的产品聚合氯化铝，由于具有较宽的 pH 值、更好的絮凝效果，也被用在湖泊治理中。铁和钙也可以与无机磷反应，降低水体中磷的含量，也可避免产生有毒的中间产物。一定条件下，投加石灰石可以修复提高水体的 pH 值，使其维持在微生物较易脱氮的水平。研究表明，升高温度、厌氧状态、酸性或碱性环境能促进底泥磷释放。因此，从化学固磷的角度，应控制湖泊水体 pH 值低于中性。

重金属固定法是将重金属结合在底泥中的化学方法，如提高 pH 值、改变水体的氧化还原电位等。在较高 pH 值环境下，重金属会形成硅酸盐、碳酸盐、氢氧化物等难溶性沉淀物。加入碱性物质将底泥 pH 值控制在 7～8，可以抑制重金属以溶解态进入水体。其中碱性物质施用量的多少，依据底泥中重金属的种类、含量及 pH 值的高低而定。投放碱性物质的用量不宜过多，以免对水生生态造成破坏。该方法一般结合其他方法共同进行，较少单独使用。

（3）湖泊除藻 湖泊除藻技术包括絮凝技术、机械技术、生物技术和化学技术。

絮凝技术采用絮凝剂将浮于水面的水华凝聚，使藻与絮凝剂共同沉入水底，从而达到清除水华的目的。该方法不破坏藻细胞、不产生消毒副产物。因此，具有高的安全性。絮凝除藻的絮凝剂用量较大，开发和使用廉价的絮凝剂是该技术运用的关键。常用人工絮凝剂有：聚合氯化铝、聚合氯化铝铁、聚合硫酸铁、聚合硫酸铝、硫酸铝等。黏土、壳聚糖、淀粉等天然絮凝剂，具有安全无毒、丰富价廉等特点，近年来也得到了逐步应用。

机械除藻技术是利用水面吸藻器吸藻，经真空过滤浓缩或者絮凝气浮浓缩，藻浆真空脱水或者直接运送至工厂加工，达到资源化利用的目的。目前，机械除藻已有一些专用设备可供选用。

生物除藻技术是利用鱼类、贝类等对藻类的捕食来降低水体中的藻类生物量。这一技术与经典的生物操纵技术不同，后者是利用浮游动物来抑制浮游植物，进而用鱼类来控制浮游动物，从而达到降低水体叶绿素浓度和提高水体透明度的目的。但对于富营养化湖泊，浮游动物较难控制蓝藻水华，而用滤食性鱼类（如鲢鱼和鳙鱼）和贝类直接控制蓝藻的非经典生物除藻技术代之。

化学除藻可分为除藻剂除藻和化学氧化剂除藻。除藻剂能抑制藻细胞活性，阻碍其生长繁殖，达到除藻目的。目前应用最广泛的无机杀藻剂有：铜盐、重金属制剂、有机金属化合物等、磷沉淀剂等。氧化剂除藻是一种常用的化学除藻手段，通过破坏某些藻类的细胞壁、细胞膜及细胞内含物而使其灭活甚至解体，从而杀灭活体藻细胞。化学氧化剂主要为卤素及其化合物、O_3、H_2O_2、高锰酸钾等。实际应用中，有些化学方法应慎重使用，因为某些药剂只能临时控制藻类暴发，不能从根本上去除湖泊污染物，对水生生物还具有毒害作用。

（4）水生生物修复　水生生物修复包括植物修复、动物修复和微生物修复 3 种技术。

植物修复主要是利用水生植物的吸收、降解或转运功能，实现水体净化和生态效应的恢复。水生植物可直接吸收沉积物和水体中的氮磷物质，降低水体氮磷含量，抑制藻类生长。水生植物还可通过茎向根际输送氧气，增加沉积物和水体含氧量，促进污染物好氧降解。根据水生植物在水体中的生长位置，可分为挺水植物、沉水植物、浮叶植物与漂浮植物。实际应用中，要注意各类水生植物的特点，进行合理搭配创造立体栖息环境，增加植物修复效果。水生植物修复技术应加强管理，及时收割植物，防止植物残体腐烂后，营养物质分解后进入水体。湖区污染严重时，可先移植漂浮植物或浮叶植物对湖水进行净化，以避免沉水植物难存活的现象发生，待透明度提高后再种植沉水植物，建立先锋群落。

动物修复是利用水生动物消除水体污染。其中螺、蚌等底栖动物在觅食过程中，可过滤和清除掉沉积物及水体中的部分污染物，对水质有净化作用。鱼类对浮游动物和浮游植物有捕食作用，对这些物种繁殖有一定的抑制作用，但须注意食草性、杂食性、食肉性鱼类的搭配，以取得最佳的控制效果。

微生物修复是利用细菌、真菌、放线菌等微生物种群的生存和繁衍，将水中有机物质或有毒物质转化为无害物质。增加水体中氧气含量，通常可促进好氧细菌生长繁殖，从而增强有机污染物降解速率。微生物繁殖难以直接控制，可通过种植沉水植物、放置固着材料等方式创造人工环境，改善微生物生存环境，提高微生物数量和种群多样性，从而提高微生物修复能力。微生物菌剂是将人工培植的微生物菌群混合后制成的水剂、粉剂、固体剂。有些微生物菌剂已实现工业生产，在水体修复中取得了一定的效果，但微生物长期生长主要还是依赖水体自身环境条件，因而这种方法目前在水体长效修复中还存在许多局限。

4.4 地下水修复工程

人口的增长和社会经济的快速发展对地下水资源的需求量也大幅度增长。地下水被广泛用于各种用途，是许多国家和地区的主要饮用水源，近年来世界范围内的地下水正在遭受较为严重的污染，其中地下水的硝酸盐污染尤为普遍。中国 118 个大中城市中有 76 个地下水硝酸盐污染严重，北方以地下水为主要供水水源的大城市硝酸盐超标面积在 100～200km^2

以上的有4个。地下水硝酸盐污染的主要来源有农业氮素化肥流失、工业废水和生活污水的排放等。硝酸盐在水中以 NO_3^- 的形式存在，进入生物体后会形成亚硝酸盐，对人类和其他生物的健康造成很大的危害。所以，地下水硝酸盐的污染及其防治研究逐渐受到国内外的重视，世界卫生组织（WHO）规定饮用水中 NO_3^--N 的含量低于10mg/L。

地下水的硝酸盐去除方法主要有物理化学法、化学法和生物法，而从彻底消除地下水中的硝酸盐污染和降低处理成本这两个方面看，目前以反硝化为基础的生物法是最经济、最有效且应用最广泛的地下水硝酸盐去除技术。根据地下水缺乏有机碳源和反硝化菌少、难以富集的特点，传统的生物法添加液态碳源成本较高且容易造成二次污染，富含纤维素的固态有机物和固定化细胞技术逐渐在生物反硝化中得到研究和应用。

4.4.1 硝酸盐反硝化脱氮原理

生物反硝化是指硝酸盐氮（NO_3^--N）或亚硝酸盐氮（NO_2^--N），在缺氧或厌氧条件下，被微生物还原转化为氮氧化物或氮气（N_2）的过程。广义上讲，微生物将 NO_3^- 还原为低价氮的过程统称为生物反硝化。反硝化微生物的代谢活动有两种转化途径：一种为同化还原反硝化，反硝化菌在进行反硝化的同时，能将 NO_3^- 同化为 NH_4^+ 而供细胞合成有机氮化合物，成为菌体的一部分；另一种途径为异化还原反硝化，即在缺氧条件下，反硝化菌利用 NO_3^- 为电子受体，进行无氧呼吸氧化有机物，将 NO_3^- 还原为 N_2 的过程。两种转化途径的反应方程式可表示如下。

同化还原反硝化：

$$2HNO_3 \xrightarrow[-2H_2O]{+4H} 2HNO_2 \xrightarrow[-2H_2O]{+4H} [2HNO] \xrightarrow{+4H} 2NH_3OH \xrightarrow[-2H_2O]{+4H} 2NH_3$$

异化还原反硝化：

$$2HNO_3 \xrightarrow[-2H_2O]{+4H} 2HNO_2 \xrightarrow[-2H_2O]{+4H} [2HNO] \xrightarrow{-H_2O} 2NO \xrightarrow[-H_2O]{+2H} N_2$$

一般情况下同化脱氮量低于总脱氮量的30%，异化脱氮量占70%～75%的总脱氮量，因此，异化脱氮过程是生态系统中氮循环的主要环节，也是污水脱氮的主要机制，常见的 CH_3CH_2OH、CH_3OH 和 CH_3COOH 等简单的有机物可作为反应基质，如有乙醇参与的异化脱氮反应可以表示如下：

$$5C_2H_5OH + 12NO_3^- \longrightarrow 6N_2 + 10CO_2 + 9H_2O + 12OH^-$$

一般，有机碳作为电子供体的反硝化脱氮反应可以用通式表达：

$$5C + 4NO_3^- + 2H_2O \longrightarrow 2N_2 + 5CO_2 + 4OH^-$$

自养生物脱氮技术是指反硝化微生物利用 CO_2 等作为无机碳源，以还原态硫化物或氢气为主要电子供体将硝酸盐还原为氮气的生物反硝化过程。自养型细菌一般情况下增长速度慢且增长量少，因此，剩余污泥产量较低，研究表明，自养脱氮比异养脱氮产生的污泥量少50%以上。

4.4.2 脱氮墙的结构设计

脱氮沟是采用生化法原位去除地下水中硝酸盐的新技术，其核心是脱氮墙，也称为反应性多孔介质墙（reactive porousmedia trench），其构筑物见图4-7。在地下水位较浅的地区以锯末、玉米棒、棉花、纸张或其他天然有机物料和土壤混合能构建一堵松散多孔的混合土墙即脱氮墙，墙体与地下水的水流方向垂直，填到地下水的水位以下，外加碳源缓慢降解，为

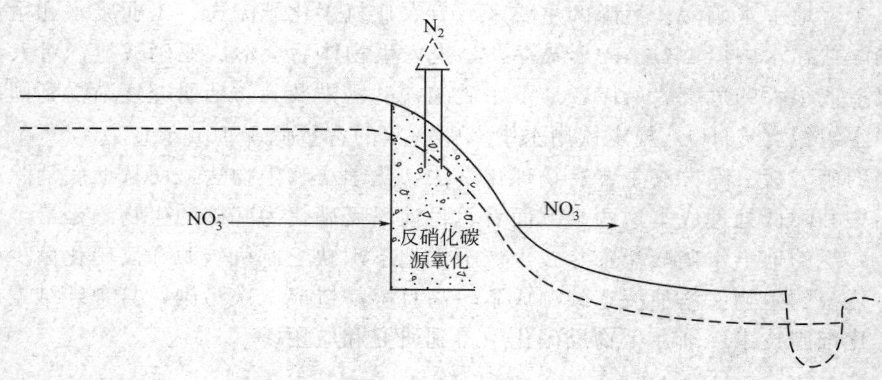

图 4-7　脱氮墙构造图

脱氮细菌生长提供持久的碳源，地下水中的 NO_3^--N 流经脱氮墙时被反硝化细菌作为缺氧呼吸的电子受体而还原为 N_2 逸出，从而降低 NO_3^--N 向受纳水体的排放量。

脱氮墙技术作为污染地下水的原位修复技术，其优点是不需抽扬地下水至地面以及地面处理系统，且反应介质消耗很慢，有几年甚至几十年的处理能力，除了需长期监测外，几乎不需运行费用。地下水水温恒定，反应不易受外界气温的影响，但随着深度的增加，费用将显著增加。所加基质很难均匀地分布于地下蓄水层中，控制地下水的水流方向困难，效果难以控制；由于大量脱氮菌的产生和反应产生的氮气，会引起土壤的堵塞，土壤堵塞非常不利于进行硝酸盐氮的去除，也有发生亚硝酸盐氮蓄积的情况，且原位修复时所投加的有机碳可能对地下水产生二次污染。所以，在实际应用中应采取相应的防范措施，一般原位处理法只限于某些地质条件较好、地下水污染面积不是很大的地区。

脱氮墙由具有反硝化作用的反应床构成。反应床填充了一定数量的缓释性有机碳源材料，如木屑、稻壳等材料。床的深度主要取决于地下水水位，浅层地下水区域一般为 1～2m；宽度的大小和水力停留时间相适应，水的流速和反应床的孔隙率决定了水力停留时间；长度和预处理的污染区域大小相关，可达数百米。为了检查脱氮墙对地下水硝酸盐的去除效果，往往在墙体前后留有监测井，根据脱氮墙的构中长度设置一定数量的监测井，一般长度间隔为 5～10m。

4.4.3　反应介质的选择

碳源是反硝化过程中不可缺少的营养和能量来源，当有机碳不足时，反硝化菌不能获得充足的能源，其生长与反应活性受到影响，去除硝酸盐的速率将受到制约。当碳源充足时，反硝化反应才能正常进行。很多试验表明，碳源添加量在一定范围内增加时可以提高硝酸盐的去除速率。缓释性有机碳源材料（slow-release organic carbonsource，SOC），可以避免液体碳源投加不易控制的问题，保证了出水水质。

对外加碳源的研究可以发现，能够降低水体脱氮成本，无毒、价廉的富含纤维素类物质的天然纤维素类固体碳源和可生物降解聚合物（biodegradable polymers，BDPs）类固体碳源已成为主要的外加碳源。SOC 不仅应具有释碳能力，而且还要具备一定的力学性能以满足地下水原位生物脱氮的工程技术要求。目前，主要使用的纤维素类固态有机碳源有纸、棉花、稻壳、稻草、麦秆、木屑等。纸张、玉米等较为不稳定的介质与相对较为稳定的木屑等介质相比，在脱氮处理初期的效果更好，稳定运行一年之后，两者效率相差不大。对于地下水中硝酸盐污染较重的地区，建议采用相对不稳定的介质作为填充材料。近年来，BDPs 物

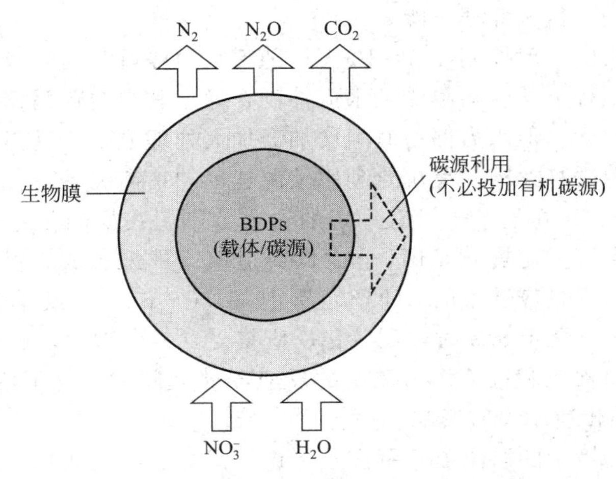

图 4-8 利用可生物降解聚合物（BDPs）去除硝酸盐的概念图

质如聚己内酯（PCL）等人工合成生物降解塑料在厌氧和需氧环境中都可以被微生物完全分解，同时其合成工艺简单、成本较低，在反硝化脱氮中得到了一定的应用，其降解硝酸盐过程见图 4-8。经济、易得的纤维素类在用作碳源时，反硝化速率普遍较低，这导致了其无法用于处理量较大的脱氮工艺中。相比之下，人工合成的 BDPs 类物质普遍具有较高的反硝化速率，与传统碳源乙酸相当，这是一个很诱人的优势，但其昂贵的价格使其实用性变差，无法大规模应用。

4.4.4 影响硝酸盐去除效果的主要因素

（1）C/N　碳源是反硝化过程中微生物必需的营养和能量来源，只有碳源充足时，反硝化反应才能够正常进行并完全去除硝酸盐。很多研究表明，C/N=10 时硝酸盐的去除率较低，硝酸盐几乎没有去除，反硝化过程进行得很慢；当 C/N 增加到 40 时，硝酸盐去除效果较为显著，可见增加 C/N 能显著提高反硝化速率。但碳源用量并非越多越好，碳源添加量过多，碳源分解释放大量有机质造成出水有机物含量高，给后续处理带来一定困难。因此，反硝化反应需要在一定的碳氮比条件下进行，只有提供适宜的碳氮比才能使反硝化去除硝酸盐的反应顺利进行。

（2）温度　温度是影响生物反硝化的主要因素之一。采用以木屑、稻壳等纤维素类介质的脱氮墙，在 20～35℃，其地下水硝酸盐去除效率会随温度的升高而升高。这主要是由于木质素降解菌和反硝化细菌大多属于中温型细菌，最适生长温度前者为 25～40℃，后者为 20～35℃，温度在中温阶段时，随着温度的升高，细菌活力旺盛，繁殖速度和代谢速度加快。一方面纤维素的降解速率提高，使得反硝化作用的碳源充足，另一方面反硝化菌本身的活力会增加。因此，反硝化速率也就提高。相反，如果温度过低，一方面，细菌的繁殖速度降低；另一方面，低温会导致细菌体内酶的活力受到抑制，代谢速度较慢。反硝化菌本身活力降低导致反硝化速率降低，纤维素的降解速率减慢，分解产生的小分子有机碳减少，碳源很可能成为反硝化作用的限制因子，使 N 的去除率下降。为了保证低温条件下有良好的反硝化效果，可以适当降低负荷、增加水力停留时间。

（3）水力停留时间　水力停留时间是决定一个工艺运行负荷的重要参数之一。在同等流速下，水力停留时间越小，负荷越高。但减少水力停留时间往往会使运行效果变差，表现在反硝化工艺中，就是硝酸盐去除率下降。

脱氮墙水力停留时间一般控制在5～10天。随着水力停留时间的减小，脱氮墙的水力负荷逐渐增大，附着在稻秆上的生物膜受到水流冲刷，导致其中腐败稻秆的降解菌和酶随出水流出，溶解的有机物减少。但水力停留时间增加会加大处理成本。反硝化过程受水力停留时间的影响存在一个碳源缓释速率和反硝化利用碳源速率的平衡关系。

(4) pH值 反硝化细菌对pH值有一定的适宜范围，在反硝化过程中，若pH值过低或过高对反硝化效果会有一定影响，pH值太低会造成产甲烷菌成为优势菌属，pH值太高会促进亚硝酸盐的积累。在较适宜的pH值范围内（7.0～8.0），反硝化速率较高且变化不大，当pH值低于6.5或高于8.5时，反硝化反应将受到强烈抑制，反硝化速率降低。但也有研究表明，利用充填棉花和报纸作为碳源的反应器处理硝酸盐地下废水，pH值在6.0～9.0变化时，其对反硝化速率没有影响。

(5) 有毒物质 环境中的游离氨、钙离子、镍、甲醇、硫酸盐和NO_2^-等对反硝化来说都是有毒物质，如果这些物质的浓度过高，会抑制反硝化过程的进行。例如，镍浓度大于0.5mg/L、或甲醇浓度超过100mg/L、或NO_2^--N浓度超过30mg/L、或盐度高于0.63%时，这些因子对反硝化都有抑制作用；在缺氧条件下硫酸盐也能进行反硫化过程而导致反硝化作用低下。

(6) 短流 在脱氮沟构建中，由于地下水流向判断失误而构筑墙体，或脱氮墙深度不够，都可能导致部分地下水绕过脱氮墙而流向下游，这种情形下，地下水中硝酸盐未能得到拦截处理，表现为过墙后的监测井中地下水硝酸盐浓度与过墙前的监测井中地下水硝酸盐浓度大体相当，故称之为脱氮沟的“短流”现象。

4.5 脱氮沟案例

4.5.1 脱氮沟设计

本案例中的脱氮沟构建于湖北省十堰市张湾区石桥村蔬菜基地上，土壤质地偏砂，土质均匀，地下水朝一个方向匀速流动。脱氮沟沟槽全长36m，深1.8m（地下水位1.5m），沿长度方向分3段设置不同墙体厚度处理，分别为2m、1.5m、1m，相应标识为Ⅰ、Ⅱ和Ⅲ，每个处理裂为2小区段，分别填充锯屑拌土和香菇袋料拌土（简称物料），相应标识为S、T，即2m宽的脱氮墙锯屑拌土区段的进水监测井、墙中监测井和出水监测井的代号分别为SⅠ-1、SⅠ-2和SⅠ-3；2m宽香菇袋料拌土区段进水监测井、墙中监测井和出水监测井代号分别为TⅠ-1、TⅠ-2和TⅠ-3；1.5m和1m处理相应代号分别为SⅡ-1、SⅡ-2、SⅡ-3、TⅡ-1、TⅡ-2、TⅡ-3和SⅢ-1、SⅢ-2、SⅢ-3，TⅢ-1、TⅢ-2、TⅢ-3。

脱氮墙构建时，先按设计开挖沟槽，然后从沟底往上，以3份土壤和1份锯屑或香菇袋料混匀后回填，不同处理相距6m，回填至离地面0.5～0.6m时，然后在表层填入土壤，以便农户在脱氮沟上继续种植农作物。根据设计，每个处理的3个监测井分别位于脱氮沟的上游1m处、脱氮墙中心断面及下游1m处，计18个监测井（见图4-9）。每个监测井深度1.6～1.8m，气候正常时，井内水深为0.35～0.45m。

4.5.2 土壤填料特性

用土壤取样器在墙中地下水水位线下0.3m处采取土壤样品。分别测定脱氮沟不同处理

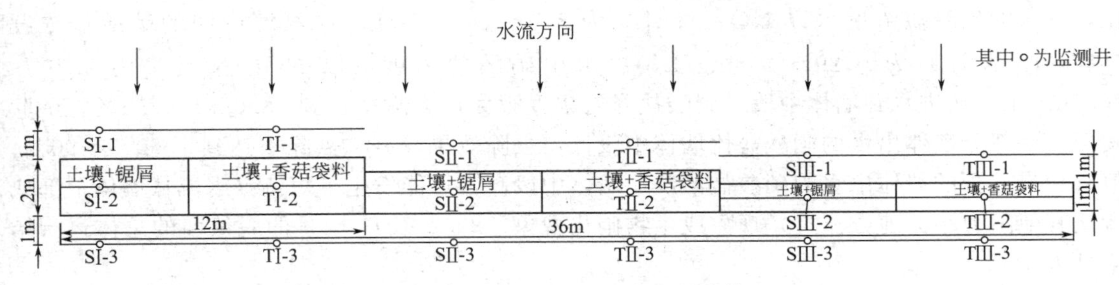

图 4-9　脱氮沟平面设计图（引自孔繁鑫等，2008）

的土壤含水率，以反映土壤、填料的持水能力或亲和力大小（见表 4-2）。

表 4-2　土壤与填料混合前后含水率的变化（引自孔繁鑫等，2008）

未加填料的土壤	SⅠ-1	TⅠ-1	SⅡ-1	TⅡ-1	SⅢ-1	TⅢ-1
含水率/%	15.4	22.7	14.0	24.5	22.8	25.3
加入填料混合后土壤	SⅠ-2	TⅠ-2	SⅡ-2	TⅡ-2	SⅢ-2	TⅢ-2
含水率/%	24.8	25.7	21.1	28.5	34.0	35.9
含水率增量/%	61.0	13.2	50.7	16.3	49.1	41.9

由表 4-2 可以看出，加入松木屑填料的混合土壤含水率的增加值高于加入香菇袋料填料的土壤含水率。这说明松木屑填料的饱和持水量比香菇袋料填料的饱和持水量高。同时，未加入填料之前的不同采样点的土壤含水率之间，以及与填料混合之后的不同采样点的土壤含水率之间，也有较大的差异，这可能是由土壤的透水性能与空隙率的不同所引起的。

土壤中不同形态碳可以反映其中微生物可利用物质的状态，土壤有机碳长期的监测结果，可反映出有机碳的变化情况以及含有机碳填料的使用年限。本脱氮沟填料及其相应土壤中的有机碳，可利用碳和微生物量碳监测结果见表 4-3。

表 4-3　土壤与填料混合前后的有机碳的变化（引自孔繁鑫等，2008）

未加填料的土壤	SⅠ-1	TⅠ-1	SⅡ-1	TⅡ-1	SⅢ-1	TⅢ-1
土壤有机碳/(g/kg)	0.3	0.92	0.84	4.1	6.5	4.7
加入填料混合后土壤	SⅠ-2	TⅠ-2	SⅡ-2	TⅡ-2	SⅢ-2	TⅢ-2
土壤有机碳/(g/kg)	25.6	22.2	15.0	14.6	36.0	29.4
土壤有机碳增加倍数	84.3	23.1	16.9	2.6	4.5	5.3

从表 4-3 可以看出，土壤与松木屑混合后的有机碳含量比土壤与香菇袋料混合后的总有机碳含量高。土壤与香菇袋料混合后的可利用碳量比土壤与松木屑混合后的高，这说明香菇袋料中可被微生物利用的小分子有机碳比松木屑多，香菇袋料所含的有机碳化合物更易被微生物利用。土壤微生物生物量碳是指颗粒小于 5～10μm^3 的活的微生物并以碳形式表示的数量，是土壤有机质中最活跃和最易变化的部分，可以间接地反映土壤中微生物含量与活性。测定结果表明，本脱氮沟土壤与松木屑或香菇袋料混合后物料的微生物碳量差别不大，说明这两种填料对微生物生长影响的差别不显著。

4.5.3　脱氮沟对硝酸盐的去除率分析

表 4-4 表明，试验中，5 个月的脱氮墙进水、墙体中间和出水的硝酸盐含量有较大变

化，进水的硝酸盐浓度（以 NO_3^--N 计）为 3.0～28.5mg/L，脱氮墙中间的硝酸盐浓度（以 NO_3^--N 计）为 0.29～2.8mg/L，出水中硝酸盐浓度（以 NO_3^--N 计）为 0.29～26.7mg/L。从进水到墙体中段，硝酸盐降低幅度很大，去除率达到 58.6%～92.3%。试验发现，一部分墙体出水的硝酸盐比墙体中段低，去除效果较好，去除率达到了 60%～90%；但有相当部分的墙体出水的硝酸盐浓度比墙体中段高，可能发生了短流（水流从墙体下部或者从其他阻力小的地方流过）现象或生物硝化现象。2007 年 1—5 月的脱氮墙的总体运行结果见表 4-4。

表 4-4 两种填料硝酸盐氮去除率（引自孔繁鑫等，2008） 单位：%

时间	第 1 月		第 2 月		第 3 月		第 4 月		第 5 月	
编号	S	T	S	T	S	T	S	T	S	T
Ⅰ	15.4	24.7	32	33.7	19.7	−32	43.1	25.8	−10.3	58
Ⅱ	55.8	−20.8	53.9	31.3	30.3	15	65.8	9.1	79.5	−16.6
Ⅲ	37.6	55.3	94.9	93.9	−18.2	28.6	6.3	45.5	−9.8	45.5
平均	36.3	19.7	60.3	53.0	10.6	3.9	38.4	26.8	19.8	29.0

注：Ⅰ表示脱氮墙 2m 厚度的处理，Ⅱ表示 1.5m 厚度的处理，Ⅲ表示 1m 厚度的处理。

由表 4-4 可知，S 处理即松木锯屑填料的处理效果优于 T 处理即香菇袋料的处理效果。原因可能是松木屑填料与水的亲和性较好，填料的颗粒也较小，具有较大的比表面，有利于微生物的附着生长，同时与土壤混合后地下水的渗透率也可能较香菇袋料要高。较高的渗透率也一定程度能够减轻污泥及微生物生长所引起的空隙堵塞，减轻短流现象。

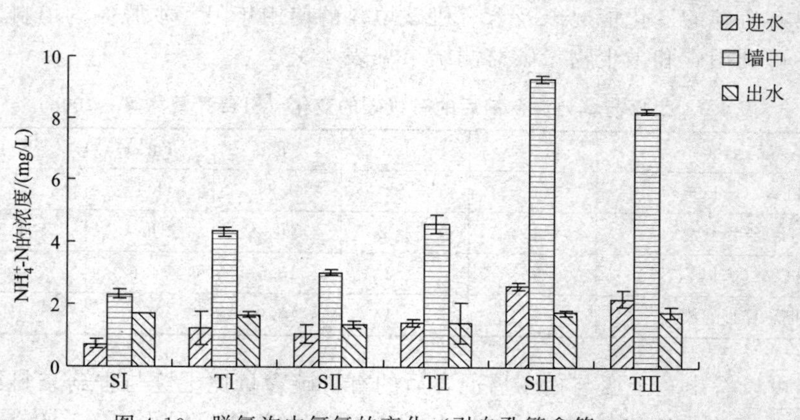

图 4-10 脱氮沟中氨氮的变化（引自孔繁鑫等，2008）

脱氮墙出水的硝酸盐浓度比墙体中间的浓度要高很多，可能是部分地下水从墙下面通过，绕过了脱氮区域。Schipper 等（2004）研究表明，脱氮墙内部的导水率比周围蓄水层中的导水率小了很多，这可解释相当部分地下水从墙下面通过而不是从墙中通过。对于墙中导水率的降低，可能的原因有，加入的锯屑堵塞了沙土颗粒之间的孔隙，降低了地下水流可利用的孔隙连通性。另一个原因可能是，脱氮墙内部微生物生长后形成生物膜，降低了墙体的过水性能。Soares 等（1991）用泵抽含有硝酸盐的水，使其通过经过甲酸盐处理过的沙土柱，观测到导水率有所下降，研究者把这归因于在沙土柱上部泡沫的形成和微生物的堆积。

同样，本案例中的采样过程中也曾经发现有污泥进入墙体中央监测井的现象。

图 4-10 反映的是地下水经过脱氮墙前后的氨氮变化情况，可以看出脱氮墙中的氨氮比进水中的氨氮有明显增高的趋势，而出水的氨氮浓度比墙体中段大幅降低，有的区域比进水还低。这可能是由以下原因引起的。

① 氨化作用　土壤与填料中的有机氮化合物在微生物的作用下发生氨化作用。

② 硝酸盐异化还原作用　在厌氧环境条件下，硝酸盐异化还原作用与反硝化作用均可为细胞合成与生命活动提供能量。硝酸盐异化还原为 NH_4^+-N 也是脱氮墙中的硝酸盐减少的一种机制，不过这种作用一般发生的程度不大。

③ 土壤吸附和厌氧氨氧化现象　当黏土矿物晶层之间发生膨胀作用时，土壤胶体吸附的 NH_4^+ 取代层间的阳离子，发生氨的固定。同时微生物在厌氧条件下可能会发生氨的厌氧氧化，以 NH_4^+-N 为电子供体，NO_2^--N 为电子受体，将氨氮和硝态氮转变成 N_2 排入大气中。

思考题

1. 什么是河流？河流的上游、中游、下游各有什么特点？
2. 简述湖泊的定义。内力作用和外力作用分别会形成哪些类型的湖泊？
3. 简述地下水的定义。按照埋藏条件地下水有哪些类型？分别又有什么特点？
4. 生态河道中蜿蜒性的构造设计主要有哪两种方法？
5. 河流曝气中的人工曝气复氧有哪些特点？
6. 何谓底泥覆盖？它的施工方式主要有哪几种？
7. 湖泊除藻技术主要有哪些类型？
8. 脱氮沟的工作原理是什么？
9. 影响脱氮沟去除硝态氮效率的主要因素有哪些？
10. 什么是脱氮沟工作中的短流现象？怎样避免？

参考文献

[1] 蔡守华. 水生态工程 [M]. 北京：中国水利水电出版社，2010.
[2] 曹勇，孙从军. 生态浮床的结构设计 [J]. 环境科学与技术，2009，32 (2)：212-124.
[3] 邓卓智，吴东敏. 提高水体净化和景观效果的生态护岸技术 [J]. 水资源管理，2009，(21)：47-48.
[4] 孔繁鑫，朱端卫，范修远等. 脱氮沟对农业面源污染中地下水硝酸盐的去除效果 [J]. 农业环境科学学报，2008，27 (4)：1519-1524.
[5] 李超，李明，全先超. 城镇河道治理中生态护岸方法分析 [J]. 水利与建筑工程学报，2011，9 (5)：152-154.
[6] 李新芝，王小德. 论城市河道中直立式护岸改造模式 [J]. 水利规划与设计，2009，(6)：60-63.
[7] 李英杰，金相灿，胡社荣等. 湖滨带类型划分研究 [J]. 环境科学与技术，2008，31 (7)：21-24.
[8] 刘鸿亮. 湖泊富营养化控制 [M]. 北京：中国环境科学出版社，2011.
[9] 秦伯强，许海，董百丽. 富营养化湖泊治理的理论与实践 [M]. 北京：高等教育出版社，2011.
[10] 沈梦蔚. 地下水硝酸盐去除方法的研究 [D]. 杭州：浙江大学，2004.

[11] 王超，陈卫. 城市河湖水生态与水环境 [M]. 北京：中国建筑工业出版社，2010.

[12] 王国惠. 环境工程微生物学 [M]. 北京：化学工业出版社，2005.

[13] 王艳颖，王超，侯俊等. 木栅栏砾石笼生态护岸技术及其应用 [J]. 河海大学学报：自然科学版，2007，35 (3)：251-254.

[14] 汪小雄. 化学方法在除藻方面的应用 [J]. 广东化工，2011，38 (4)：24-26.

[15] 吴耀国. 地下水环境中的反硝化作用 [J]. 环境污染治理技术与设备，2002，(3)：28-29.

[16] 夏庆云，蔡军，王尉英. 杭州市典型河道生态护岸的选择 [J]. 浙江水利科技，2011，(2)：21-23.

[17] 姚兆英，陈忠明，赵广英等. 环境化学教程 [M]. 北京：化学工业出版社，2002.

[18] 易秀. 氮肥的渗漏性研究 [J]. 农业环境保护，1991，(1)：223-226.

[19] 张锡辉. 水环境修复工程学原理与应用 [M]. 北京：化学工业出版社，2001.

[20] 戢正华，闫仁凯，李涛等. 南水北调中线十堰水源区农业面源污染现状调查与防治对策 [J]. 华中农业大学学报，2006，25 (增刊)：109-112.

[21] 赵进勇，魏保义，王晓峰等. 浅谈生态型护岸工程技术 [J]. 广东水利水电，2007，(6)：68-72.

[22] 周怀东，彭文启. 水污染与水环境修复 [M]. 北京：化学工业出版社，2005.

[23] 左华. 桂林环城水系整治及生态修复——生态护岸工程 [J]. 桂林工学院学报，2005，(4)：437-440.

[24] Fahrner S. Groundwater Nitrate Removal Using a Bioremediation Trench. Honours Thesis，Department of Environmental Engineering，University of Western Australia，2002.

[25] Schipper L A，Barkle G F，Vojvodic-Vukovic M. Maximum Rate of Nitrate Removal in a Denitrification Wall [J]. Journal of Environmental Quality，2005，34：1270-1276.

[26] Schipper L A，Barkle G F，Vojvodic-Vukovic M，et al. Hydraulic Constraints on the Performance of a Groundwater Denitrification Wall for Nitrate Removal From Shallow Groundwater [J]. Journal of Contaminant Hydrology，2004，69：263-279.

[27] Schipper L A，Vojvodic Vukovic，M. Nitrate Removal From Groundwater and Denitrification Rates in a Porous Treatment Wall Amended with Sawdust [J]. Ecological Engineering，2000，14 (3)：269-278.

[28] Schipper L A and Vojvodic-Vukovic M. Five Years of Nitrate Removal，Denitrification and Carbon Dynamics in a Denitrification Wall [J]. Water Research，2001，35 (14)：3473-3477.

[29] Soares M I，Braester C，Belkin S，et al. Denitrification in Laboratory Sand Columns：Carbon Regime，Gas Accumulation and Hydraulic Properties [J]. Water Res.，1991，25：325-332.

[30] van de Graaf A A，de Bruijn P，Robertson L A，et al. Metabolic Pathway of Anaerobic Ammonium Oxidation on the Basis of ^{15}N Studies in a Fluidizeded Reactor [J]. Microbiol.，1997，143 (7)：2415-2421.

第5章　流域环境生态工程

教学目的： 理解流域环境生态工程的设计理念；掌握流域环境生态工程的各种技术。

重点、难点： 分析流域环境生态工程的协同设计环节，设置流域环境生态工程各种技术参数。

流域涉及面广，其环境错综复杂。流域环境污染来源多、范围广、治理难。据统计，长江每天接纳污水量达 3569×10^4t，占全国污水排放总量的40%左右。长江干流上污染严重的攀枝花、重庆、武汉、南京、上海5个城市江段，污染带长达800km。流域内苏州河、黄浦江、秦淮河等众多河流以及洞庭湖、太湖、巢湖、洪泽湖等大型湖泊污染也很严重，其中多数河湖水质已超过三类标准，并在向四类、五类转化。部分河湖富营养化问题突出，水生物大量死亡，危害严重。随着国内外流域管理学科的形成和发展，行政统一管理、水资源统一管理和水质目标控制管理的综合管理理念逐渐得到认识，污染发生点-汇水单元-区域-流域的空间管理体系也逐渐得到认同和应用，我国流域环境管理能力和流域环境质量也随之得到了较大提升。流域在国家发展中具有举足轻重的作用，如长江流域担负着我国南水北调的艰巨任务。因此，如何做好流域生态环境调控成了流域环境生态工程核心所在。本章将从宏观上介绍流域的基本概念、主要环境问题、流域环境生态工程的设计及主要技术，并通过案例说明各技术的应用特性。

5.1　流域及其环境问题

5.1.1　流域的功能

流域是地表水及地下水分水岭所形成集水区域的统称，用来指一个水系的干流和支流所流经的整个区域。流域又分为源头、上游、中游、下游及河口部分。

流域一般以几何特征和自然地理特征进行表征。流域的几何特征指流域面积、流域长度、流域的平均宽度、流域形状系数；自然地理特征指地理位置、气候条件、土壤性质及地质构造、地形和植被、湖泊、沼泽等。

流域环境的主体为流域，围绕着流域所涉及的人口状况、社会经济、自然条件等构成流域环境，在这一系列环境要素中，水循环居于核心地位，降雨、地表水、土壤水和地下水以及生物体内的水是一个整体。

流域具有汇流、蓄水、调节径流的水文功能和促进物质、能量和信息流动，创造生命生存条件的生态功能，各功能之间彼此相互作用、相互影响。

(1) 汇流功能　流域汇流是指由流域各点的降雨扣除损失后产生的净雨，经过坡地和河网汇集到流域出口断面，形成径流的全过程。流域的汇流功能对于维持流域水循环过程具有重要意义。

（2）蓄水功能　流域具有存储水资源及各种物质的功能，是存在于流域的聚集和分散过程之间的一种功能，复杂而又彼此相互作用。

（3）调节功能　流域具有最终将径流在空间和时间上进行分配的功能，即降水经汇集存储至流域系统以及溪流、湖泊、池塘和湿地后，降雨产生的径流获得了重新分配的过程。与汇流和蓄水功能一样，调节功能也发生在径流产生的时间尺度或一个水文年内。

（4）化学迁移功能　流域具有化学迁移功能，即流域中的水在能量圈和生物圈的光合过程和呼吸过程中承担着化学反应的载体和媒介作用，推动地球生命的起源、承担环境中污染物和营养物质的迁移。

（5）栖息地功能　地球上的生命产生于水存在的地区，地球上高等生命体都是产生于有水的环境中。大量溶解物促进了营养物质的流动，为在不同栖息地或生境中的大量生命物种提供了生存的机会，补充并维持了人类生命的复杂性。

5.1.2　流域的特点

（1）系统性　流域是以自然水系分界构成的一个完整、相对独立的系统，因此流域内不仅各种自然要素之间联系极为密切，而且上中下游、干支流各地区间的相互制约、相互影响也很显著。上游过度开垦土地，乱砍滥伐，造成水土流失，不仅使当地农林牧业和生态环境遭到破坏，还会使河道淤积抬高，招致洪水泛滥，威胁中下游地区人民生命财产的安全和广大地区的经济建设。

（2）动态性　流域可持续发展能力的研究，不应只局限于过去和现状，还应着眼于系统的未来，关注系统在未来时空中发展潜力和趋势的研究与调整。因此，对系统的动态变化过程进行监测，积累时间系列信息，建立可持续发展数据库并依据监控信息的分析，对系统进行总体走向的调控将是实现流域可持续发展的关键。

（3）周期性　由于水文事件的发生、发展具有很强的周期性特点，因此流域可持续发展系统不可避免地受到影响。当然，这里的周期性不只是过去简单的重复，它具有发展上的阶段性，是一种不断发展的周期性。例如，由于厄尔尼诺现象的影响，使流域内出现持续干旱或降水，就不可避免地影响流域的发展，使之呈现与水文事件相似的周期性变化。

（4）不平衡性　流域往往地域跨度大，构成巨大横向纬度带或纵向经度带。上中下游和干支流在自然条件、自然资源、地理位置、经济技术基础和历史背景等方面均有较大不同，表现出流域的区段性、不平衡性和复杂性。以长江、黄河为例，两大流域横贯东西，跨越东、中、西三大地带，从上游到下游资源的拥有量越来越少，而社会经济发展水平则越来越高，形成了资源分布重心偏西，生产能力、经济要素分布偏东的“双重错位”现象。要在短时间内消除不平衡是不现实的，只有认真研究差异的原因和特点，在持续发展的协调和政策调整中予以逐步解决。现阶段，只有重视和调整这种不平衡，流域的可持续发展才会成为可能。

（5）层次性　流域是一个多层次的网络系统，由多级干支流组成。一个简单的流域可以由一条河流（或湖泊、水库）及其周边陆域组成，复杂一点的可以由一条干流和若干条支流及其周边陆域组成，更复杂的可以由若干条干流、支流和若干个湖泊、水库联结而成。也就是说，一个大流域可以包含着若干个小流域和小小流域。

（6）开放性　流域是一种开放性的耗散结构系统，内部子系统间协同配合，同时系统内外进行大量的物质、能量和信息交换，具有很大的协同力，形成一个“活”的、有生命力的、越来越高级和越来越兴旺发达的耗散性结构经济系统。

（7）人为干预性　以流域为基础的系统中，人与水资源的相互作用是个复杂的过程。人类活动对于流域生态系统的作用则更直接、更显著、更具影响力。因而，人与水环境的交互作用和影响是流域系统的又一鲜明特点。

5.1.3　流域环境问题

5.1.3.1　水土流失加剧

流域上游植被的破坏以及不合理开发，导致流域的中上游水土流失现象严重。以黄河流域为例，黄土高原每年水土流失带走的氮、磷、钾就达 4000×10^4 t，相当于全国一年的化肥产量。黄河平均年输沙量 16×10^8 t，其中 4×10^8 t 淤积在下游河床中，使下游河床以每年 10 cm 的速度抬升，使黄河成为名副其实的地上悬河。与此同时，泥沙中所携带的氮、磷、重金属以及各类化学品污染是造成江河湖库非点源污染的主要原因之一。

5.1.3.2　复合污染加剧，水污染依然严重

进入20世纪80年代中期，随着我国经济体制改革的深入发展和工业体系的进一步完善，流域工业得到了迅速的发展并由此带来了非常大的环境压力，特别是水污染严重这一环境问题。流域下游出现的水污染比上游要严重得多，主要是因为流域中上游的不合理开发利用，导致水体水质下降且未得到有效治理，同时沿途又有新的污染源排放所致；河口水域的污染有加剧趋势，主要污染物为无机氮、磷以及石油类，其对沿海渔业水域生态环境造成了严重危害。根据2008年《中国环境状况公报》，我国地表水污染依然严重。在200条河流409个断面中，Ⅰ～Ⅲ类、Ⅳ～Ⅴ类和劣Ⅴ类水质的断面比例分别为55.0%、24.2%和20.8%。七大水系中，珠江、长江总体水质良好，松花江为轻度污染，黄河、淮河、辽河为中度污染，海河为重度污染。各流域的主要污染因子主要有COD、挥发酚、氨氮、总汞等。

海河流域的废污水排放量逐年增加，给生态环境造成了极大的危害。从1980年起，海河流域的废污水排放量逐年增加，呈直线上升趋势。1980年总排放量为27.7亿立方米，到2000年增加至56.3亿立方米，2001年以后由于工业废水排放量的减少而降低，2005年为44.85亿立方米，2006年有所增长，为48.28亿立方米。其中，工业废水排放量从1980年的20.4亿立方米增加到1995年的40.2亿立方米，之后由于企业环保意识的增强和治理措施的加强，2006年排放量下降到28.1亿立方米。生活污水排放量随着流域人口的增加而不断增加，1980—2003年从7.3亿立方米增加至21.6亿立方米，几乎增长了2倍。进入20世纪90年代后，流域人口增长趋势减缓，再加上人们节水意识的增强，2004年以后生活污水排放量开始有下降趋势，但2006年又上升至约20.2亿立方米。海河流域重污染行业主要为造纸业、医药制造业、化工制造业和电力业。4个重污染行业对海河流域的化学需氧量贡献率为71.7%，氨氮贡献率为61.6%，经济贡献率为21.6%。海河流域接纳废水中，工业废水化学需氧量浓度高于生活污水，因此流域污染治理重心应继续放在对工业企业的治理和监控上。海河投资比重相对高一些，这与国家对重点流域的治理力度较大有一定关系。

5.1.3.3　流域水资源压力增大

水资源压力是指一个国家或地区生活、生产需要消耗的地表或地下水资源量（在此等于区域总生产水足迹与绿水足迹的差值）占该地区可更新水资源总量的比重。中国水资源压力

因地区而异，但是总体情况不容乐观。2009 年中国水资源压力处于重度压力（＞100％）的省份主要集中在大型城市和以农业经济为主的北方地区。中国水资源高度至重度压力地区主要集中在华北、华中等黄河和长江的下游地区，且大多地区水资源压力逐步加重，有从北方向南方延伸的趋势。在流域管理中遇到的水资源严重紧缺、供水不足、地下水超采、地面下沉、洪涝灾害频发、水土流失、河道水库淤积和水体污染等一系列环境问题，与人口过多及人口分布与流域资源的分布不相适应密切关联。

5.1.3.4 流域水资源供需矛盾突出

近年来，由于经济跨越式发展、高强度人类活动和城市化高速发展，流域水环境污染加剧，水质不断恶化，城乡供水安全受到威胁。城市模块是自然-社会“二元”水循环的重要交叉点所在，是社会-经济-自然复合生态系统，已成为流域内最大的生活和生产需水单元。但是，城市模块挤占了生态系统的需水量和水资源调蓄空间，同时也是向流域其他单元输出和转移环境污染的源头之一，使流域环境危机加剧和生态安全风险增加。水质型缺水、调度型缺水和资源型缺水导致了流域水问题的复杂化和多元化，加剧了流域水资源供需矛盾。

此外，部分城市水系人工化日益严重，生态系统的基本需水得不到保障，生态系统服务功能日渐丧失，调度型缺水日益成为人们关注的焦点。随着流域水资源供需矛盾的激化，流域内调水和跨流域调水使水资源调度难度加大。流域尺度下水污染防治技术是基于点源污染得到控制，面向流域生态系统管理的水生态监测技术、生态基流保障技术和生态调控技术。因此，保障生态基流和科学调度水资源可以对水资源进行有效保护、合理配置并高效利用，是实现流域水环境改善与生态修复的前提和保证，是实现流域水资源可持续发展战略的有效途径。

综上所述，水直接影响着流域生态系统的演变，流域尺度内的各种环境问题无一不与水资源密切相关。水资源的水质和水量及开发利用情况在很大程度上决定着流域或区域的生态平衡，甚至一个国家的兴衰。因此，流域环境生态工程以水资源保护为核心，目标是保障流域生态环境乃至国家社会经济的可持续发展。

5.2 流域环境生态工程设计

5.2.1 流域环境生态工程设计的关键要素

流域涉及面广，针对流域环境问题而进行的环境生态工程设计除了遵循第 2 章提到的核心原理、生态学原理、工程学原理、经济学原理外，还要根据流域不同尺度下的水污染防治特征进行多样性设计，注重统筹兼顾，将宏观定向与区段定点相结合。

尽管流域环境生态工程的设计比较复杂，但其设计的关键要素可以概括为图 5-1 中所显示的 4 个部分。设计人员在设计开始前应确立项目设计的理念，并将生态学原理融合到其中。“生态技术知识管理”实质上是一个容纳与设计人员相关的各种知识的宝库或一个巨大的信息系统，可供设计人员学习与调用，用来支持设计的理念。设计人员通过学习和实践形成面向对象的设计理念和可能的多种解决问题的方案，并广泛吸取各界相关人士与公众的意见，初步形成可行的生态设计方案（设计过程）。这个初步决策的方案需要做深入、具体的工作，选择相配的方法和运用先进的手段或工具开展实际的设计工作（方法与工具）。设计过程的成果通过制造或建设成为一种生态化或环境友好的产品、建筑或工程设计。

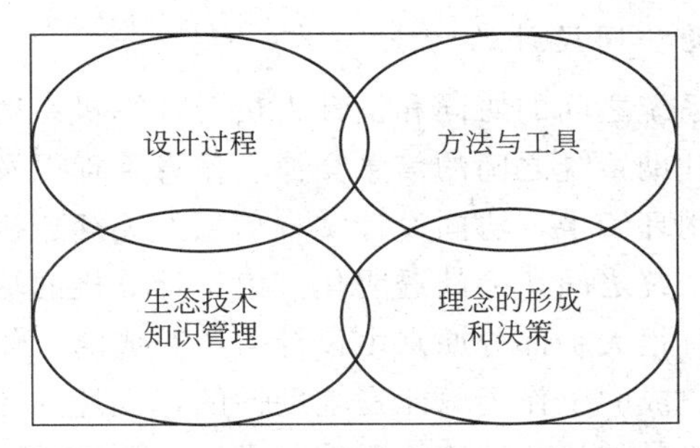

图5-1　流域环境生态工程设计的关键要素（引自曾维华等，2011）

5.2.2　计算机支持下的协同设计

流域环境生态工程设计比较复杂，单独的设计者已不再可能依靠自身设计能力来掌控和完成整个设计过程，要实现一个合理的流域环境生态工程设计，往往需要有多学科领域的设计参与者共同来承担整个项目，需要设计者引入多种设计方法，运用多种设计数据和知识。除了要利用获取目标区域地理信息的遥感技术（remote sensing，RS）、地理信息系统（geographical information system，GIS）、全球定位系统（global positioning system，GPS），即3S技术外，计算机支持下的协同设计也将成为环境生态工程设计尤其是复杂的流域环境生态工程设计中必不可少的技术。

5.2.2.1　计算机支持下的协同设计概念

计算机支持下的协同设计（computer supported cooperative design，CSCD）是建立在计算机网络环境下解决设计信息的共享、交互，以及冲突协调管理等方面问题的模型和方法，是对并行工程、敏捷制造等先进制造模式在设计领域的进一步深化。它是一种设计理念，指多个协同设计参与者在计算机支持环境中，互相合作从而完成整个设计项目的过程，并利用计算机网络对多人参与的协同设计工作和所涉及的数据和设计过程进行组织、管理和协调。

协同设计体系是一套建立在对众多设计单位的设计流程、工作习惯和管理手段等方面进行深入地了解、概括和提炼的基础上，结合独到的软件设计理念，开发而成的一套精巧实用的管理软件。该软件模块与项目管理软件一体化集成，自动提取项目管理中已建的工程项目信息、校审流程、成员组织结构和进度计划等工作规程。将项目负责人员、专业负责人员、设计和校审人员通过网络组成有机的协作体。从图形的设计、校审到打印归档等都严谨条理、井然有序。各类人员可方便地监控相应的工作进程，并可由相应的功能进行智能提示和催办。软件还可以根据各种要素做灵活的查询和统计，与AutoCAD之间紧密嵌合，所形成的图形具有自动版本更新、自动属性记录和自动智能导向等功能。协同设计软件会在不增加使用人员任何工作负担、不影响任何设计思路的情况下，始终帮助使用人员理顺设计中的每一张图纸，记录清楚其各个历史版本和历程，使设计图纸不再凌乱，并始终帮助使用人员掌握设计的协作分寸和时机，使得图纸环节的流转及时顺畅，资源共享充分圆满。协同设计会始终帮助设计人员监控设计过程中的每个环节，使得工程进度把握有序，从此工期不再拖延。协同设计由流程、协作和管理3类模块构成。设计、校审和管理等不同角色人员利用该平台中的相关功能实现各自工作。

5.2.2.2 计算机支持下的协同设计的特点

(1) 协同性(计算机系统之间的协同和设计人员与计算机系统的协同) 计算机系统之间的协同包括各种计算机辅助系统之间的信息交换、信息管理以及互操作性。在由多个计算机系统所构成的分布式异构环境中，协同设计实现信息的无缝连接和平滑处理，并为设计人员提供统一的界面和实现系统之间切换的透明化。由于计算机的功能不断增强，辅助设计工具的性能也在不断提高，有很大一部分原来由设计人员完成的工作都由计算机系统完成。但到目前为止，计算机所能完成的工作还只能是辅助性的，设计问题中的绝大部分创造性工作都必须由设计人员才能完成。如何使计算机系统与设计人员更加紧密地结合，充分发挥人机一体化的优势，合理地在设计人员与计算机系统之间进行平衡的任务分配，就需要加强对人机协同的研究。

(2) 分布性 协同设计是一个分布式的系统，其设计者可以分布在世界各地，不受地域限制。

(3) 一致性 设计人员们所设计的目标是同一个，其设计信息、数据、知识需具一致性。

(4) 多学科性 参与设计的人员通常具有不同领域的知识、研究手段和解决问题的能力。

设计过程需要考虑所设计的任务、设计主体的性能、设计数据和信息的一致，并使设计内容上下关系协调。通过协同设计系统，方便用户对设计主体进行描述，易于设计问题的形成、理解和评价，从而大大提高工作效率，缩短设计周期。

5.2.2.3 计算机支持下的协同设计分类

计算机支持下的协同设计可按照空间和时间来进行分类。按空间概念划分，根据地域分布可以分成本地和异地；按照时间概念划分，由合作者交互方式可以分成同步(synchronous)和异步(asynchronous)。由此，可将计算机支持下的协同工作分成如下4类。

① 本地同步系统。在同一时间和同一地点进行同一任务的合作方式，如会议室系统、共同决策等。

② 异地同步系统。在同一时间但不同地点进行同一任务的合作方式，如电子会议、群体决策、桌面视频会议等。

③ 本地异步系统。在同一地点但不同时间进行同一任务的合作方式，如轮流作业等。

④ 异地异步系统。在不同地点并且不同时间进行同一任务的合作方式，如电子邮件。

异步协同设计通常不能指望能够迅速地从其他协作人员处得到反馈信息，异步协同设计除必须具有紧密集成的CAD/DFX工具之外，还需要解决共享数据管理、协作信息管理、协作过程中的数据流和工作流管理等问题。

5.2.2.4 计算机支持下的协同设计的关键技术

(1) 协同设计过程的规划和控制技术 在协同设计中，设计子任务之间存在的串行、并行与并发等因素使设计规划具有复杂的关系。在设计任务完成之前，每个子任务都可能被修改，这就造成大多数互相依赖的子任务都可能需要修改，使得完成任务的效率变得很低。因此，需要对协同设计进行规划，使用户在接受一个任务后，就成为完成此任务的负责人。根据任务的级别、创建时间顺序、重要程度、紧迫性和任务调度性质等知识，生成任务完成计划。任务执行必须在相应资源的支持下才能进行，对每个任务必须分配相应资源。资源的数量和水平影响着该任务的执行速度，在资源相对缺少的条件下，如何有效地分配资源，从而使设计过程最优，就成为过程规划的重要内容。在协同设计实际进行时，需要保证每个任务的输入条件和资源需求得到满足，监督和处理任务执行中发生的各种意外，如资源的失败等。同时，在任务结束时应该检查输出是否满足规定。通过对过程的控制，使设计需求能够通过任务的执行变换出高质量的产品设计。在这个过程中，计算机可以使用特定的算法进行过程的优化和过程执行的监控。

（2）合作与冲突管理　各协同小组之间的合作是协同设计中的基本特征，同时冲突也存在于各协同小组设计的相对独立和相互依赖的关系中。每个协同小组的资源、能力、信息是有限的，协同小组间必须通过一定的合作和协调才能完成对整个问题的求解，即协同小组间具有依赖性；同时每个小组都有自己独立的结构、知识库和问题求解策略，这又决定了协同小组的独立性。

各小组通过执行任务来达到对各个目标的追求，各小组之间既有合作又有对各自利益一定程度的坚持，使协同设计满足多目标的追求。各目标的相对权重是不一致的，需要寻求对各小组合作关系的限制达到多目标平衡的方法。冲突在协同设计中是常见的现象，它的出现反映了设计在不断向前发展，冲突的消解又使设计从局部最优向全局最优进化。正确解决冲突是设计优化的重要手段。冲突的解决手段有两种：协商和仲裁。协商的成功有赖于冲突双方的协作关系和冲突对双方利益的影响程度。仲裁的成功有赖于一个具有充分理性的实体存在。利用计算机可以更合理、更高效地进行合作和冲突管理。

（3）信息共享和交流　实现信息共享和交流是协同的先决条件。在信息共享中有3方面的要求：准确、高效和安全。协同设计信息的基本类型有两种，即设计对象信息和设计行为信息。在协同设计中，由于多个专家的学科不同和任务相异，对设计对象的操作是在不同的抽象水平和层次上进行的，因此，形成了设计对象的多模型和多视图。各专家通过将设计对象局部数据形成的模型一致起来，使其最终可以转化为数据，从而进行操作以完成设计任务。另外，设计人员对应组织中不同的角色，各角色有着不同的权限，需要通过对操作共享信息的权限控制及序列规定，以保证数据使用的安全性。总之，需要加强各类协同设计人员之间的信息交流，采用多种形式的媒体进行信息表达。广泛采用诸如电子邮件、视频、音频、黑板、白板、你见即我见等方式，在各类人员之间建立一个多媒体的协同工作环境。

（4）集成化产品信息模型的建立　建立集成化产品信息模型的目的在于为产品生命周期的各个环节提供产品的全部信息，它可为设计（包括工程分析和绘图）、工艺、NC加工、装配和检验等提供共享的产品的全面描述。它不仅包括产品的几何信息，而且包括非几何信息，如制造特征、材料特征、公差标准、表面粗糙度标准等工艺信息和物性信息，它是产品生命周期中关于产品的信息交换和共享的基础。

（5）分布对象技术　在多种异构资源基础上，如何把某一产品数据和相关产品或操作集合在一起进行封装，便于网上传输，实现资源与信息共享，需要一种可分布的、可互操作的面向对象机制——分布对象技术，这对实现分布异构环境下对象之间的互操作和协同工作十分重要。分布对象技术的主要思想是在分布式系统中引入一种可分布的、可互操作的对象机制，把分布于网络上可用的所有资源封装成各个公共可存取的对象集合。该技术采用客户/服务器（CS）模式实现对象的管理和交互，使得不同的面向对象和非面向对象的应用可以集成在一起。它提供了在分布的异种平台之间进行协作计算的机制，能够满足协同设计系统中各实体的协调合作。

5.2.2.5 计算机支持下的协同设计的主要方式

（1）交互式协同　两名或两名以上的设计人员一起工作，并在设计过程中协商作出决策。当采用这种方式时，设计人员要花费大量的时间进行协商，因而设计效率较低。

（2）独占式协同　设计人员各自负责自己的设计任务，偶尔征求合作方的意见。实践证明，这种合作方式的效率较高。

（3）独裁式协同　产品的设计决策由一个人来完成，合作方只是根据决策执行设计活动。

一个产品的设计过程往往由多个设计任务组成，不同的设计人员分担不同的设计任务，即采用独占式协同进行产品开发在实际中应用得比较广泛，这不仅是因为独占式协同的效率和设计质量比较高，同时它也是一种比较容易操作的模式。

5.2.2.6 计算机支持下的协同设计体系结构

在协同设计系统环境中，协同方式是基于计算机支持下环境目标集中控制的互联协同。系统中的各智能主体都围绕着一个共同的目标，各主体目标与全局目标具有一致性。其中的组织与结构具有一定的独立性，同时又互相紧密关联。协同设计系统远比一个单纯的 CAD 系统复杂。一般而言，组建协同设计系统应具备下列集成的技术特性，如图 5-2 所示。

一个产品的设计，要通过高速的网络环境系统来保证数据能够正确、可靠地传输，并且要拥有高性能的 CAD 系统和实时交互设计系统，从而可以有效地进行数字化设计和信息共享。因此，协同设计系统需要具有应用系统、平台、接口与互联环境等重要结构层。

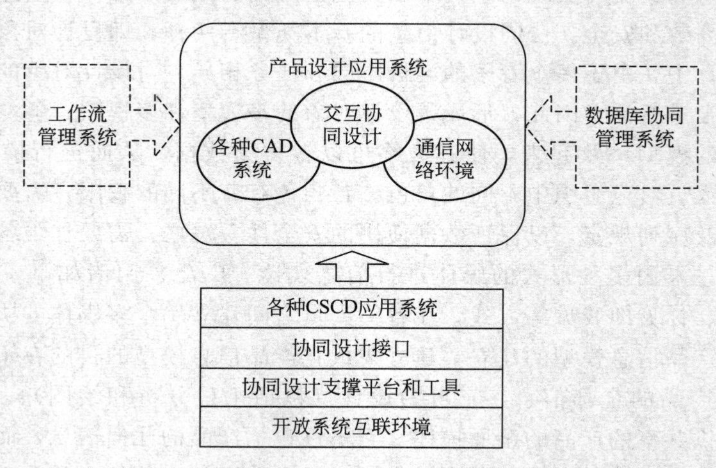

图 5-2　CSCD 系统体系结构图（引自曾维华等，2011）

（1）产品设计应用系统　应用系统 AS（application system）为整个系统提供目标与策略。应用系统需要从研究群体设计的过程入手，以人类学、社会学、组织科学和认知科学为指导，分析群体协作的特性、需求、过程和方法，以抽象出能够表示群体设计方式和需求的协作模型，最后建立其群体问题求解模型。

（2）开放系统互联环境　开放系统互联环境位于最底层，提供异构系统互联、多媒体通信、分布式环境，以解决各协同子系统之间在分布环境下的互联、互操作、分布服务。构成开放系统互联和分布处理环境的协议体系和模型，具体包括开放系统参考模型 OSI、Internet 的 TCP/IP 协议族、开放式分布处理 ODP（open distributed processing）与分布式计算环境 DCE（distributed computing environment）。

（3）协同设计支撑平台和工具　协同设计支撑平台和工具用于解决协同设计过程的信息共享、信息安全、群体管理、电子邮件、讨论系统和工作流程等工作，其包含的平台结构如图 5-3 所示。

图 5-3　协同设计支撑平台结构（引自曾维华等，2011）

信息共享平台 IS（information share）作为协同工作的基础，为所有成员提供方便可靠的信息采集、访问、修改和删除机制，促进成员之间的协作活动。协同工作平台 CW（cooperative work）是 CSCD 系统的工具和手段，为时空上分布的协作者进行分布同步方式的"WYSIWIS"交互或者分布异步方式的交流提供支持，实现信息的共享，提供支持个人工作的各种计算机辅助工具。协作管理平台 CM（cooperative management）是运用动态反馈机制，使得各个协作成员既能有组织地独立开展工作，又能协同地完成同一任务。网络传输平台 NT（network transfer）是 CSCD 系统的底层支撑，采用 TCP/IP 协议，实现协同工作中各类协作信息的交换。

（4）协同设计接口　协同设计接口用于通过标准化接口向应用系统提供第二层的功能，使上层的应用系统与下层的支撑平台具有相对独立性。在 CSCD 系统中，协同设计所需要的信息必须通过用户接口表示，并在各个用户节点之间分发，其结果也只能够通过用户接口反映给用户。目前，计算机协同设计接口已从单用户接口技术转向多用户接口（群接口）技术的研究与应用。与单用户接口技术相比较，一个主要的差别是群接口必须提供动态的操作环境。因为系统的状态随时会随着其他用户的活动而发生变化，用户接口也必须相应地响应这些变化。所以，各个协作用户之间的感知是群接口必须重点处理的问题。

群接口技术能够体现群体活动及多用户控制的特征，能够处理多用户控制的复杂性。为了支持多层次、多群体的协同设计工作，CSCD 系统必须允许多个用户同时或者先后访问应用系统，提供方便的群接口。这种群接口是一种支持协同设计的群体协作多用户接口（cooperative multi-user interface，CMUI）。CMUI 的目的就是建立和维护一个公共环境，使得参加协同设计的用户可以感知其他成员的存在与活动。CMUI 表现有 3 个特性，即分布性、人与人交互特性、支持不同要求的接口耦合。实现共享操作的过程称为接口耦合。接口耦合的程度反映了成员之间相互感知的要求。感知要求越高，接口耦合也就越紧密，否则越松散。

（5）各种 CSCD 应用系统及其他系统　CSCD 应用系统用于各种协同工作应用领域，主要包括协同任务的确定、任务分解与分配，利用 CSCD 系统、平台和支持工具，构造实际的协同设计应用系统。它是设计人员发挥想象、交流想法的过程，这就要求协同设计支撑环境首先要提供丰富的人机交互手段，以完成信息的方便采集及表示（同步的或异步的）；其次要提供丰富的人人交互手段，以完成信息交流及共享支持等。为满足第一个需求，协同设计系统提供一个多媒体用户界面，包括一个供所有设计人员共享的虚拟绘图板（VDB，这是一种与桌面会议系统中的电子白板类似的工具，同时还提供专业化的 CAD 绘图工具）、实时视频、音频以及基于文本或语音的消息传递服务。而用户界面中的各应用程序将满足各种同步或异步通信交流的要求。该模型引入一个集中式的协同设计服务器及一些分布的代理。协同服务器是整个支撑系统的中心，它将负责数据传输、存储、会话管理、事件通知、访问控制和并发控制等。

除以上关系层外，协同设计系统还具有智能和动态特性的工作流管理系统，可以实现设计过程或进程的协调控制和管理；还建立了一种“数据库协同管理系统”，对分布式异构数据库、设计数据库、版本和结果进行协同控制和管理。

5.2.2.7 计算机支持下的协同设计流程框架

图 5-4 为计算机支持下的协同设计流程框架。协同设计具体步骤包括：收集所需资料、提出设计概念和建立协同设计任务。

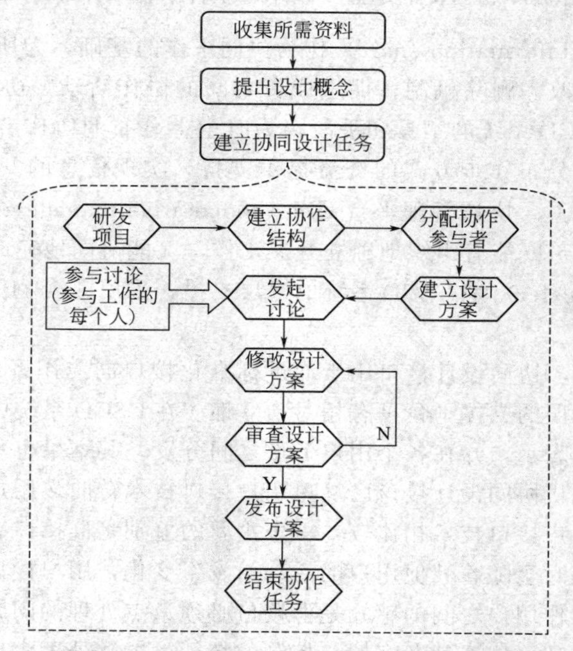

图 5-4 计算机支持下的协同设计流程框架（引自曾维华等，2011）

5.2.2.8 案例：计算机支持下的协同设计在生态调水工程中的应用

（1）调水工程协同设计体系结构

根据 Internet 技术的发展现状和调水工程协同设计系统的要求，调水工程协同设计体系结构如图 5-5 所示。图 5-5 中黑线框为信息集成框架，此框架以网络技术、Web service 等技术为基础在专用网和 Internet 上建立分布式软件服务，采用以工作流技术为核心的分布式业务流程控制体系，保证各类产品数据的共享和协同信息的流畅。调水协同设计系统按照功能可分为 4 个层次：数据库层、协同服务层、协同管理层、设计工作层。

（2）实现调水工程分布式协同设计系统的关键技术

① 协同技术。在调水工程的协同设计中，如何在时间上、空间上实现设计任务的协调及信息实时交互是关键。协同问题从空间上分为同地和异地，从时间上分为同步和异步，从内容上包括共享数据间的协同、多用户界面的协同（同步方式和异步方式）、设计成员间的协同，还有设计任务的协同、设计信息的协同和网络通信的协同等。

② 异构环境下数据共享。在实际调水工程中，由于工程跨域，参加协同设计的各方面的硬件平台、操作系统、网络环境、通信协议和数据库等都不尽相同，即所谓的异构环境。异构环境下的通信是一个十分重要的技术，异构环境下数据通信与协同遵循规范 CORBA

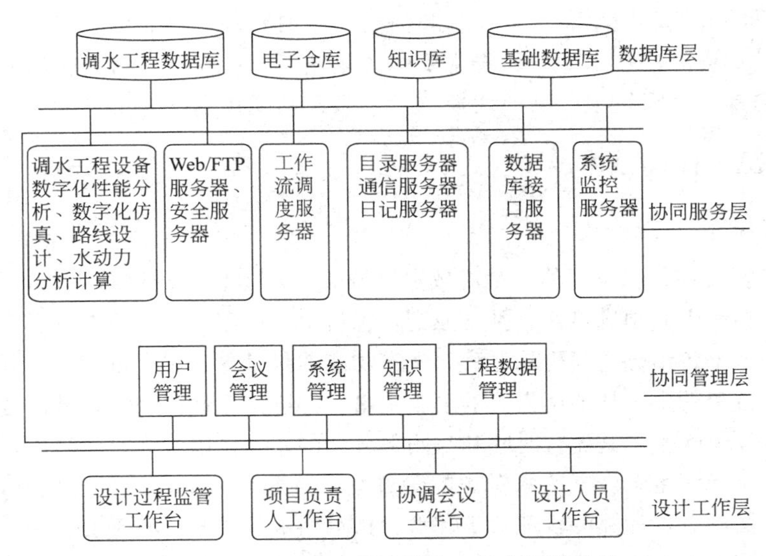

图 5-5 调水工程协同设计体系结构（引自曾维华等，2011）

(common object request broker architecture，公共对象请求代理体系结构)。CORBA 是对象管理组织为解决分布式处理环境中硬件和软件系统的互连而提出的一种解决方案。

③ 基于协同设计的调水工程设计流程。调水工程设计是一项十分复杂的设计，基于协同设计的工作流程主要包括任务分解、任务调度和协同设计，在接到设计任务之后项目负责人首先要明确设计任务，尽可能地将其量化、细化、明确化。然后按设计任务的实际情况和涉及的内容组建设计小组，为每个设计小组成员分配网络节点，组成协同设计网络。接下来将复杂的设计任务分解、细化，通过设计管理者的协调与调度，将子任务分配到某一个节点或某几个节点进行设计。这里既需要根据项目要求的具体情况，又要结合设计系统的功能，提出合理的设计流程，实现协同设计。

④ 过程控制和过程管理。过程控制是指对整个工程协同设计过程的自动管理，包括对协同任务提供路线，驱动时间操作，历史和数据查询，存取控制，恢复和对象编辑等功能。协同设计中通过过程控制对完成任务的信息和人力资源进行管理，保证每个任务的输入条件和资源需求得到满足，监督和处理任务执行中发生的意外，最后在任务结束时判断输出是否满足要求。由于工程设计具有复杂性和协同性的特点，这就需要分布于各地域的项目管理系统来设计管理其所对应的信息，使设计工程各部分收敛于需求分析。该项目管理系统应支持设计-管理模式，以进度为中心，适当考虑资源成本对进度的约束。

⑤ CAD 二次开发。CAD 是协同设计的主要工具。应用 CAD 的二次开发技术构建调水工程协同工作专用的设计环境，实现网络上大信息量的图形文件的高效传输和存储；结合调水工程及相关领域的标准、规范及参数化设计理论实现常见图形的自动设计。

5.3 流域环境生态工程的技术

针对流域的水土流失问题，可以采用水土保持措施加强治理，如坚持以小流域为单元，林草措施、农业耕作措施和工程措施合理配置，修建护坡植被工程及沟道的谷坊、拦沙坝、淤地坝、大型拦泥库、引洪漫地等工程，对山田林路综合治理和开发。

前面章节里的湿地环境生态工程技术和河流、湖泊、地下水的生态工程措施均可用于流域小尺度下的水污染防治技术。下面将主要阐述流域不同尺度下水污染防治的其他生态工程措施，包括生态基流保障技术、闸门调控技术、联合调度技术。

5.3.1 生态基流保障技术

5.3.1.1 技术简介

对河流生态基流进行科学评估，是流域水资源管理对退化河流进行生态恢复的有效手段。河流生态基流评估结果必须满足两个基本原则：①科学性原则。河流生态基流评估必须基于对被评估河流生态系统各组分之间生态过程和生态功能的科学界定和定量表征，其结果可反映河流生态系统维持健康的生态功能所需要的最小水量。②可操作性原则。流域尺度下，河流生态基流评估结果必须反映生态基流在时间和空间上分布的差异。以月为时间尺度，生态基流评估结果也可作为用于河流生态恢复的水资源配置方案，对退化河流进行生态恢复。基于该方案，依托河段控制水文站点，计算河段现状丰、平、枯水期水量并兼顾河流上、中、下游来水量关系，进行水资源调度和配置。流域尺度下，现有的生态基流评估方法通常基于 Tennant 法和河段水文情势，未考虑流域内河流在主导生态功能上的差异、河段上中下游河流形态以及河流功能上的差异和在不同生态功能区的分布，计算结果往往较大，无法体现河流主导生态功能，在流域水资源管理中难以有效实施，退化河流生态系统的健康程度也未能得到有效提高。

针对现有基于 Tennant 法的流域河流生态基流计算方法所面临的问题，生态基流保障技术要解决的问题是建立一种新的生态基流评估方法，按照源头、上中下游和河口的空间结构对河流生态用水进行评估，同时能提供优化的河流生态基流时空配置方案。该技术解决这些问题所采用的技术方案如下：首先，明确不同生态单元的生态退化现状和生态恢复目标，分析河段、湿地及河口的空间分布格局。其次，明确河段、湿地及河口三类子生态系统各组分维持正常的生态过程需水量，并计算这三类子生态系统生态基流量。最后，根据河段、湿地及河口三类子生态系统空间连通关系，对三类子生态系统生态基流量进行整合计算，确定流域尺度下河流的生态基流时空配置方案，并根据河流实际恢复效果，对结果进行“适应性管理”，验证和校正评估结果。

5.3.1.2 关键技术参数计算

（1）流域水资源开发利用格局及水生态恢复目标　明确流域水资源开发利用格局，包括流域多年平均水资源量；“三生用水”比例和水资源开发利用强度、水资源使用效率；流域内自产水资源配置、流域外调水及配置；根据流域社会经济发展目标和生态环境现状，确定水生态恢复目标。

（2）河流生态基流恢复等级和恢复模式　按照优、中、差三个等级相应地提出生态基流恢复的高方案、中方案和低方案。同时，基于河流的主导功能和生态恢复目标，提出不同保障率下子系统的生态基流配置目标。

（3）河段、湿地及河口空间连通关系　明确水系尺度下，河流、湿地及河口三类子生态系统的空间连通关系，扣除子系统间重复计算生态基流量。

（4）河段、湿地及河口生态基流时空分布　河段、湿地及河口生态基流量只保证维持其基本生态功能的最小水量，具体的确定方法如下。

① 生态基流保障系数。基于河流主导生态功能和恢复目标，确定不同恢复等级生态基

流保障系数取值区间（表 5-1）和不同保障率下子系统生态基流保障系数（表 5-2）。值得注意的是，不同流域的生态基流保障系数可能会有偏差。

表 5-1　不同恢复等级生态基流保障系数（a）取值（引自刘静玲等，2014）

恢复等级	生态基流配置方案	a	
		非汛期(10 月至次年 3 月)	汛期(4～9 月)
优	高	0.60	0.60
中	中	0.25	0.67～0.83
差	低	0.10	0.33～0.67

② 河段、湿地及河口生态基流保障系数。参照 Tennant 法确定的河流多年平均径流量不同百分比与河流生态状况的对应关系，根据子生态系统（河段、湿地和河口）控制水文站点的多年平均径流量，按照式（5-1）和式（5-2）确定生态基流保障系数 ξ。

$$\xi = \mathrm{Max}(a_i) \times 0.1 \tag{5-1}$$

$$a_i = \frac{Q_{ki}}{Q_n} \tag{5-2}$$

式中，a_i 为在 i 保障率（25%，50%，75%）下的校正因子；Q_{ki} 为 k 子生态系统（河段、湿地和河口）在 i 保障率（25%，50%，75%）下的年天然径流量，$10^8\ m^3/a$；Q_n 为年平均径流量，$10^8\ m^3/a$。

表 5-2　不同保障率下的生态基流保障系数（ξ）参照取值（引自刘静玲等，2014）

子生态系统	生态基流保障系数(ξ)					
	汛期(6～9 月)			非汛期(10 月至次年 3 月)		
	差(75%保障率)	中(50%保障率)	好(25%保障率)	差(75%保障率)	中(50%保障率)	好(25%保障率)
河段	0.25	0.50	0.70	0.20	0.30	0.45
湿地	0.20	0.45	0.65	0.15	0.25	0.40
河口	0.15	0.40	0.60	0.10	0.20	0.35

按照河段、湿地和河口三类子系统的生态过程所需要消耗的水量计算子系统的生态基流。

a. 河段生态基流量确定。中国北方大多数区域处于干旱和半干旱地区、水资源时空分布差异显著，水资源开发利用强度高，水体普遍污染严重，季节性河流分布广泛。

$$Q_L = Q_E + Q_F + Q_V + Q_B + Q_H \tag{5-3}$$

式中，Q_E 为河道蒸散发耗水量；Q_F 为河道渗漏补给地下水耗水量；Q_V 为河道内挺水植物蒸散发耗水量；Q_B 为河岸带植被蒸散发耗水量；Q_H 为维持生物栖息地所需要消耗的水量。

b. 湿地生态基流量。水系内与河道具有水文联系的湿地生态基流量按下式确定：

$$W_W = \{W_p + W_b + \xi_2 \times [Q_s + \mathrm{Max}(W_q, Q_e) + W_n + W_y]\}/T \tag{5-4}$$

式中，W_p 为湿地植被生态基流量，亿立方米/月；W_b 为地下水补给湿地的生态基流量，亿立方米/月；ξ_2 为湿地基流保障系数；Q_s 为湿地土壤生态基流量，亿立方米/月；W_q 为维持湿地动物生存的栖息地所需的生态基流量，亿立方米/月；Q_e 为人类维持适宜的湿地景观和娱乐生态基流量，亿立方米/月；W_n 为防止海岸侵蚀的生态基流量，亿立方米/月；W_y 为溶盐、洗盐生态基流量，亿立方米/月；W_n 和 W_y 为滨海湿地的特征参数；对于内陆湿地，W_n 和 W_y 值为 0；T 为湿地的换水系数，d。

c. 河口生态基流量。水系末端河口的生态基流量按下式确定：

$$F=F_a+\xi_3\times(F_b+F_c) \tag{5-5}$$

式中，ξ_3 为河口生态基流保障系数；F_a 为河口维持淡水、咸水交换平衡生态基流量，亿立方米/月；F_b 为维持河口动物正常代谢生态基流量，亿立方米/月；F_c 为维持河口动物适宜栖息地生态基流量，亿立方米/月。

d. 流域尺度下，河流生态基流量整合。将河段、湿地及河口三类子生态系统生态基流进行整合，得到流域尺度下河流水生态系统生态基流量。该技术首先进行同一水系不同河段生态基流量整合，再进行同一水系河段、湿地和河口三类子生态系统生态基流量整合，最后将不同水系生态基流量进行整合得到流域尺度下河流水生态系统生态基流量。

5.3.1.3 案例：海河流域生态基流量的估算

采用生态基流保障技术对我国海河流域河流生态基流量进行估算，依据《海河流域生态环境恢复水资源保障规划》（水利部海河水利委员会，2005）分析海河流域水资源开发利用现状及生态环境恢复目标。

（1）流域水资源及开发利用现状　海河流域多年平均水资源量 370 亿立方米，其中地表水资源量 216 亿立方米，地下水资源量 235 亿立方米。人均占有水资源量仅有 293m^3，不足全国平均水平的 1/7 和世界平均水平的 1/24，远低于国际公认的人均 1000m^3 水资源紧缺标准，属于资源性严重缺水地区。海河流域以不足全国 1.3％的水资源量，承担着 11％的耕地面积和 10％的人口用水任务，水资源供需矛盾十分突出。

（2）流域水生态恢复目标（2010 年）　河流：重点对北运河干流进行综合治理，达到常年蓄水或不断流。尽可能维持其他现有一定水量河流的生态，使河道干涸长度降至 2115km。湿地：重点做好白洋淀、七里海的生态治理和修复，通过水资源配置，保证生态水量。结合南水北调中、东线一期工程实施，保持和恢复大浪淀、衡水湖、恩县洼湿地，湿地水面面积达到 578km^2。河口：平水年入海水量达到 30 亿立方米。

（3）河段、湿地及河口生态基流时空分布　按照式（5-2）～式（5-5）分别计算平原区 21 个河段、12 块湿地及 3 个主要河口的月生态基流量，从而可确定河段、湿地及河口三类子生态系统在不同月份的生态基流量（图 5-6）及不同水系的年生态基流量（图 5-7）。

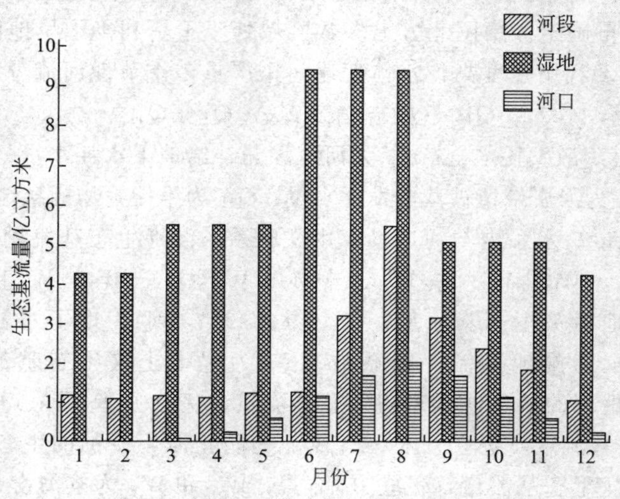

图 5-6　河段、湿地及河口月生态基流量（引自刘静玲等，2014）

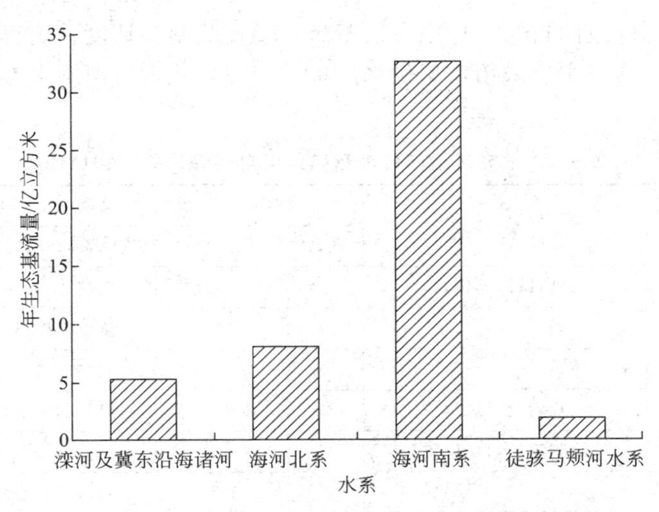

图5-7 不同水系年生态基流量（引自刘静玲等，2014）

5.3.2 闸门调控技术

长期以来，流域不同类型河湖上修建了很多闸坝等水工建筑，对于拦蓄保护水资源和方便水资源调度以及防洪发电等方面起到了一定作用。但是，以往的闸坝调度主要是从蓄水排洪、调节水量的角度出发，而对于水环境的生态影响考虑甚少。随着水资源的不断短缺和水环境的严重恶化，对于水工建筑的管理已经不能仅仅限于水量的调节，还必须重视水环境和水生态的调度，通过科学的闸门调度，为改善流域水环境和生态系统健康创造条件。以城市河湖为例，城市河湖的一个突出特点就是水动力性能较差，流量小，流速低，水体更新缓慢，这是导致城市河湖发生水华污染严重的一个主要因素。借助闸门的调度也可以改善水体的水动力性能，增加水体的净化能力。但就城市河道而言，城市河道一般较窄，所以闸门的调节对于河道水力学性能的改变影响较明显。因此，对于研究区内的河道，调度闸门可以改变水体的动力学特征，主要是改变水体的流动性能，提高水体的自净化能力，改善水环境，从而发挥其城市水系“生态开关”的功能。下面以北京市水系生态环境为例介绍闸门调控技术。

5.3.2.1 技术简介

北京是一个缺水城市，且随着经济、社会的不断发展，用水规模逐渐扩大，加之近年来受气候影响，河流上游来水减少，北京仅凭官厅水库和密云水库补给城市河湖水系已经远远不能满足要求。据计算，“六海”最小生态需水量约为$1100\times10^4m^3/a$，铁灵闸年均总来水仅为862万立方米，而且呈逐年减少的趋势，就当前的用水状况分析，根本无法满足“六海”生态需水要求，必须开源节流，充分调节和利用各种水资源，特别是再生水资源。据统计，永引渠道、南长河、双紫支渠、北护城河及筒子河共有排污口378个，年污水排放量约为1063.89万吨，按照当前北京市中水回用率20%计算，可提供再生水资源$220\times10^4m^3/a$，再加上每年的降水量及周边地区的地表径流量，只要能够合理进行配置，可获得增加可用水资源、减少汛期径流以及改善水生态环境的三重效果，这样就完全可以满足“六海”水系的最小生态需水要求。研究区共有各种闸门40个，形成了多闸门、人工控制的水利格局（表5-3）。现状闸门调度方式还存在一些不足：①现状闸门调度以蓄水排洪、水量调节为主要目标，而兼顾生态健康的目标管理则考虑不足；②现状闸门调度一定程度上割裂了城市河湖系统；③现状闸门调度主要采用均匀供水的单一调控模式，对河湖生态需水量的时空变化要求考虑甚少。

表 5-3 研究区闸门技术指标（引自刘静玲等，2014）

河段	闸门名称	工程目的	闸孔		闸门结构	
			孔数	孔宽/m	宽×高/(m×m)	结构形式
南长河	长河闸	为内城河湖供水	1	20.22	20.22×3.8	翻板式水闸
	紫御湾船闸		1	6.0	3.9×3.28	平板人字钢门
	北展节制闸		2	5.0	5.2×3.1	平板钢门
	北洼闸	双紫支渠进水	2	$D=1.4$	$\phi1.5$	铸铁门
北护城河	西护城河	控制南长河水位位	1	2.5	2.5×2.5	平板钢门
	西土城沟引水闸		1	1.5	1.5×1.5	平板钢门
	北郊四湖引水闸		1	$D=0.8$	1.08×1.30	平板木门
	松林闸	控制水位	1	7.0	7.0×5.0	平板舌瓣钢门
	安定闸	壅高水位	3	5.0	5.0×2.2	平板舌瓣钢门
	坝河进水闸		1	6.0	6.0×3.5	平板钢门
	东直门拦河闸	灌溉、供水、分洪	1	7.0	7.0×3.0	平板舌瓣钢门
	东直门进水闸		1	3.0	3.0×2.6	平板舌瓣钢门
内城河湖	铁灵闸	向城河湖进水	1	3.5	3.5×2.0	平板钢门
	德胜闸	控制水位、输水	2	1.87	2.05×2.0	平板木闸门
	地安闸	泄洪	2	0.6	0.6×0.5	钢板叠梁
	西压闸		1	4.0	4.0	
	三海闸	控制水位、补水	2	2.0	2.25×1.40	叠梁木闸门
内城河湖	濠濮涧闸	补水、换水	1	1.36	1.78×2.20	平板木门
	连通管闸		2	$D=1.2$	$\phi1.2$	铸铁门
	中山公园退水闸	玉带河输水	1		$\phi1.0$	蝶阀闸门
	文化宫退水闸	筒子河泄水	1		$\phi1.0$	蝶阀闸门
	玉带河进口闸	玉带河输水	2	3.15	2×2	平面铸铁闸门
	玉带河出口闸	控制水位	2	1.3	1.30×2.14	平板钢门
	菖蒲河退水闸		1	3.0	3.36×1.95	叠梁木门
	大红闸	控制水位、输水	4	8	8×3.8	平板钢闸门
	新华闸	换水、泄洪	1			平板钢闸门

5.3.2.2 关键技术参数确定

根据城市水系的功能分区，结合各闸门功能和规模，将研究区的主要控制闸门分成三个类别（表 5-4）。第一类闸门主要包括污染控制区的节制闸。严格控制污染排放，为下游水体环境质量改善创造条件。第二类闸门主要包括生态恢复区的各种节制闸、进水闸和分水闸等。通过水生植被的重建，恢复水体的生态系统和结构，同时还发挥向下游引水，控制水位，改善水体流动性的作用。第三类闸门主要包括综合改善区的各类节制闸和退水闸等。利用现有闸坝，将河段建设成为若干个稳定塘处理系统或人工湿地系统，通过建造近自然的河流形态和生态型的水滨结构，改善河流的自净化能力，净化水质。通过闸门控制，改善水体系统的水动力特点，为防止水华的产生创造有利条件。

为了能够更有效地调控闸门，提出了闸门的分级管理。根据闸门的规模和功能，闸门分级的指标体系如表 5-5 所示。根据闸门分级指标，对研究区的主要闸门进行了分级，见表 5-6。

表 5-4　闸门分类及划分（引自刘静玲等，2014）

闸门分类	功能区	闸门	划分依据	改善措施
一类	污染控制区	一	点源污染源较多	严格控制污染排放
二类	生态恢复区	长河闸	污染源较少；水滨带建设比较好；连接源水和下游示范区的重要通道	控制面源污染；建造人工湿地系统；建造近自然的河流形态；生态修复工程
		北洼闸		
		紫玉湾船闸		
		北展后湖闸		
		大红闸	水质较好；生态系统不完整	生态修复；水生植被重建
		新华闸		
		日知阁闸		
三类	综合改善区	松林闸	点源污染源较多；生态系统不完整；连接上下游重要河道；城市主要的排洪渠道	严格控制污染排放；生态修复工程；改善水滨带结构
		安定闸		
		东直门闸		
		铁灵闸	城市中心重要景观水域；休闲场所；城市历史文化的重要组成部分；建设城市水生态文化的重要载体	生态修复工程；增加水体循环；改善水体动力性能
		德胜闸		
		西压闸		
		三海闸		
		连通管闸		
		地安闸		
		菖蒲河退水闸		

表 5-5　闸门分级指标体系（引自刘静玲等，2014）

指标 \ 闸门级别	一级	二级	三级
功能 (ω=0.4)	重要 (0.7,1.0]	一般 (0.3,0.7]	不重要 (0,0.3]
孔宽 (ω=0.4)	$5 \leqslant b$ (0.7，1.0]	$2 \leqslant b < 5$ (0.3，0.7]	$b < 2$ (0，0.3]
闸孔数 (ω=0.2)	≥2 (0.5，1.0]	1 0.5	1 —
等级区间	(0.66，1.0]	(0.24，0.66]	(0，0.24]

表 5-6 研究区主要闸门等级划分（引自刘静玲等，2014）

功能分区	闸门	分级指标			分数	级别
		功能	孔宽	孔数		
污染控制区	—	—	—	—	—	—
生态恢复区	长河闸	0.7	0.9	0.5	0.74	一级
	紫玉湾船闸	0.4	0.8	0.5	0.58	二级
	北站后湖闸	0.6	0.75	0.7	0.68	一级
	北洼闸	0.3	0.2	0.7	0.34	一级
	大红闸	0.5	0.8	0.9	0.7	二级
	新华闸	0.3	0.2	0.5	0.3	二级
	日知阁闸	0.2	0.2	0.5	0.26	二级
综合改善区	松林闸	0.9	0.85	0.5	0.8	一级
	安定闸	0.6	0.75	0.8	0.7	一级
	东直门闸	0.7	0.85	0.5	0.72	一级
	铁灵闸	0.8	0.6	0.5	0.66	一级
	德胜闸	0.4	0.3	0.6	0.4	二级
	西压闸	0.5	0.65	0.5	0.56	二级
	三海闸	0.5	0.4	0.7	0.5	二级
	连通管闸	0.4	0.2	0.7	0.38	二级
	地安闸	0.4	0.1	0.7	0.34	二级
	菖蒲河退水闸	0.3	0.5	0.5	0.42	二级

通过研究，把研究区的主要闸门分为两级。一级闸门规模相对较大，主要分布在干流河道，是城市水系防洪排涝、输水供水、连接不同功能区的重要水工建筑。二级闸门一般较小，过闸流量相对较小，是连接城市各河湖的重要通道。通过闸门的分级，制定相应的管理措施和调度方案，有效利用水资源和改善城市水系动力性能（表 5-7）。

表 5-7 研究区闸门分级管理（引自刘静玲等，2014）

闸门类型	功能区	闸门级别	调度原则
一类	污染控制区	一级	严格控制排放，控制下泄流量
二类	生态修复区	一级	长河闸日常开启，为北环水系引水；北展后湖闸日常控制流量，分时段向下游非均匀供水，延长河道水力停留时间，增强水之净化能力；大红闸日常关闭，控制中海水位，由万字闸和丰泽闸向南海输水
		二级	控制水位，充分利用河道空间
三类	综合改善区	一级	松林闸控制下泄流量，保证为内城河湖供水，改造转河为湿地系统；安定闸和东直门闸日常关闭，充分利用河道空间，拦蓄雨洪；各闸泄洪后，恢复雨前水位；铁灵闸日常根据西海藻类的生长规律，分时段向内城河湖集中输水，提高瞬时过闸流量，以改善西海的水体流动性
		二级	德胜闸、西压闸、三海闸日常控制闸上水位，分期阶梯式向下游供水，充分利用湖库的库容，增加可调控水量，提高瞬时过闸流量；修建引水管道，将前海和后海的水引入西海，通过闸门控制，实现库间循环，改善水体的流动性；充分利用河道空间，改善河道为稳定塘系统，利用生态修复功能，净化水质

5.3.2.3 技术应用

研究区湖泊间的控制闸门一般都比较窄小，在来水量有限的情况下，闸门调控对于改善湖泊水体的流动性作用并不明显。水量调控以满足湖泊的生态需水为目标，湖泊间的闸门调控主要考虑水量控制、闸门的开启度，调度历时变化对水体水质的影响等。通过闸门调控，可以提高水体的流动性，改善水体的自净能力。

闸门将河道分为若干单元系统（图5-8），计算节点上的水位和流量，它们反映了河道的水流状态，并受闸门运行方式的影响。

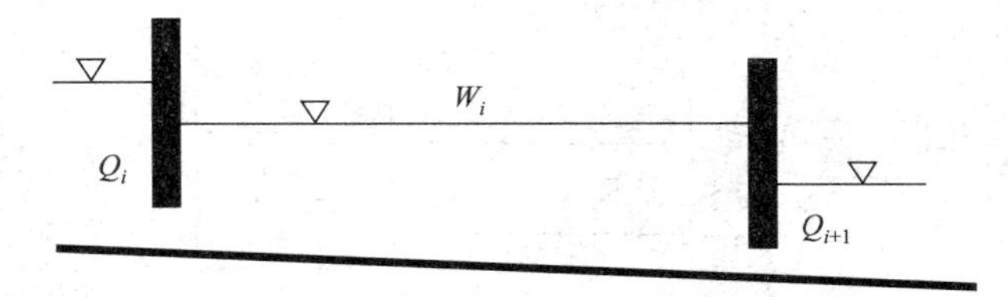

图5-8 城市河道系统简化图（引自刘静玲等，2014）

$$\Delta W(i,j)=[Q(i,j)-Q(i+1,j)]\times\Delta t(j) \tag{5-6}$$

式中，ΔW（i，j）为第i河段的水量增量，m^3；$Q(i)$为第i个闸门的过闸流量，m^3/s；Δt（j）为第j次的调水时间，s。

调度水量以满足系统的生态需水要求为目标，即满足$\Delta W(i,j)\geqslant Q_{st}$。

调度水质以满足下游湖泊的水华控制要求为目标。对城市河道，采取河流一维水质模型进行研究，模型如下

$$C(x)=C_0\exp\left(-k\frac{x}{86.4u}\right) \tag{5-7}$$

式中，$C(x)$为预测断面污染物浓度，mg/L；C_0为上游起始断面污染物浓度，mg/L；k为污染物降解系数，d^{-1}；x为上下断面之间的距离，km；u为平均流速，m/s。

闸门的过闸流量Q_i可以用圣·维南方程进行描述：

$$Q_i=\delta_s C_i B_i U_i\sqrt{2g(Z_{iu}-Z_{id})} \tag{5-8}$$

式中，C_i为第i个闸门的流量系数，$C=f(H,U)$，取$C_i=0.62$；B_i为第i个闸门的宽度；U_i为第i个闸门的开启度；g为重力加速度；δ_s为淹没系数，$\delta_s=f(Z_u, Z_d, U)$，一般取$\delta_s=1.0$；Z_{iu}，Z_{id}为第i个闸门上游和下游水深，取$\Delta Z=0.2$m。

5.3.3 联合调度技术

5.3.3.1 技术简介

对城市水系进行联合调度时，就调度对象而言（图5-9），首先应考虑水质和水量两个方面。水量调度要考虑基于现状和基于生态需水要求两种情景，特别是对现状的调度，合理有效地配置现有水资源更有现实意义。水质和水量互为前提和目标，必须综合考虑，才能有效促进水环境质量的改善。

联合调度要考虑空间层次和时间层次两个维度（图5-10）。调度的空间层次，要考虑城市水系的结构空间、生态系统空间和功能空间的变化。联合调度涉及宏观调度和微观调度两个层次。宏观调度着眼于整个水系，按水系功能分区进行调度。微观调度以城市河湖为具体的对象，将城市水系概化为河道和湖泊。湖泊环境质量改善以实现“控制水华-改善水质-生

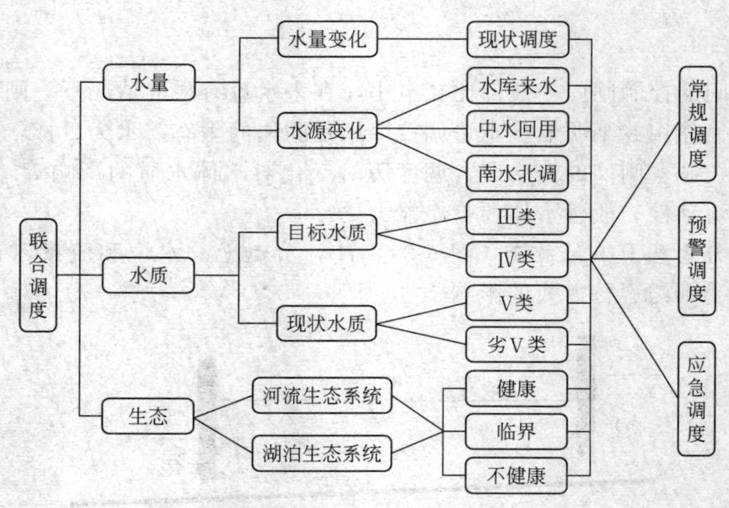

图 5-9 调度的对象（引自刘静玲等，2014）

态恢复-城市水系生态健康”阶梯型的控制目标。城市河道以满足下游湖泊水质、水量要求为目标。提高来水质量，控制入湖水质，特别是控制入湖 TP、TN 的浓度。同时，利用闸门的调控，改善城市河道水体的流动，为抑制藻类、控制水华创造条件。

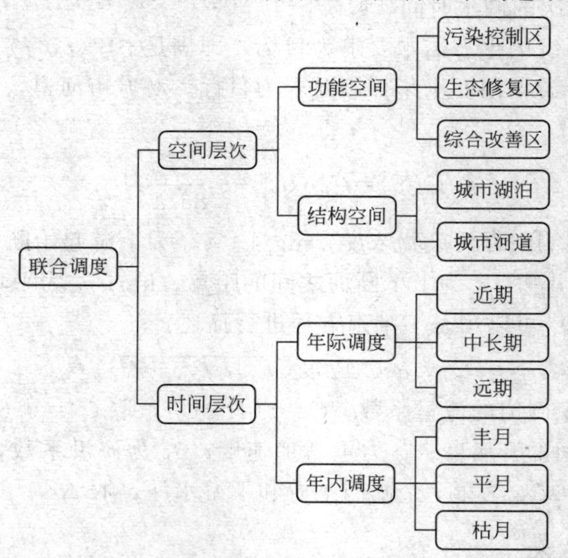

图 5-10 联合调度的时空层次（引自刘静玲等，2014）

调度的时间层次，要考虑年际变化和年内变化两个层次。年际变化包括近期、中长期和远期三种情景。

基于北京市当前的水资源和水环境现状和已经形成的一定的城市水利格局，现状情景调度更有现实意义。针对城市水系主要存在的环境问题和防治水华污染的环境目标，提出了常规调度、预警调度和应急调度的情景调度模式，为有效防止和控制水华，改善水环境质量创造有利条件。

下面以北京城市水系生态环境为例介绍联合调度技术的相关参数及应用。

5.3.3.2 关键技术参数

当前北京水资源短缺，根本无法满足城市水系的需水要求。根据各河、湖所处的功能区、功能、环境现状、健康水平、需水要求以及环境目标等要素，建立指标体系，确定研究区的空间分配系数。指标体系的建立，考虑了水量和水质多个目标，同时也将水系功能分区和生态系统健康评价等研究与水资源配置进行有机联系。

空间分配系数 φ 的确定方法：

$$\varepsilon_i = \sum W_{ij} \tag{5-9}$$

式中，ε_i 为第 i 个区段的综合评价指数；W 为评价指标；i 为区段数，$i=1, 2, \cdots, n$；j 为评价指标数，$j=1, 2, 3, 4, 5$。

$$\varphi_i = \frac{\varepsilon_i}{\sum \varepsilon_i} \tag{5-10}$$

各功能区空间分配系数 φ 见表5-8和图5-11。

表5-8　空间分配系数（φ）

区段	功能分区（0～30）	类型（河/湖）（0～10）	功能（重要性）（0～15）	健康水平（0～30）	水质目标（0～15）	综合评价指数 ε	分配系数 φ
南长河	20	5	10	10	13	58	0.18
转河	20	5	10	15	8	58	0.18
北护城河	25	5	8	20	8	66	0.20
内城河系	10	5	8	20	8	51	0.15
六海	28	10	15	28	15	96	0.29

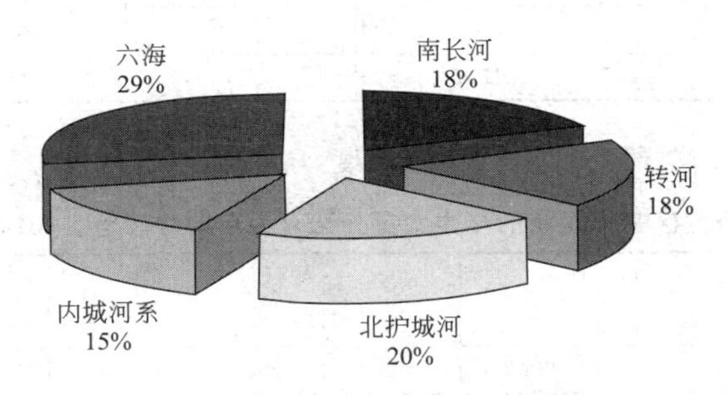

图5-11　各功能区空间分配系数（引自刘静玲等，2014）

在空间分配的基础上，还必须考虑水资源的时间配置。无论是现状调度，还是基于生态需水要求的调度，都必须考虑水量的年内分配。根据研究区降水量、蒸散发、植物生长、藻类生长以及水质状况的季节性变化，建立指标体系，计算研究区的时间分配系数。指标体系的建立，考虑了水质和水量等多重要素，为水质水量的联合调度提供了支持。

时间分配系数（σ）的确定方法同空间分配系数，研究区各月份的分配系数见表5-9。

表5-9　时间分配系数（σ）计算指标体系（引自刘静玲等，2014）

月份	降水量（0～20）	蒸散发（0～20）	藻类生长（0～30）	水质状况（0～10）	植物耗水（0～20）	综合评价指数 ε	分配系数 σ
3	20	14	10	4	0	48	0.08
4	16	16	15	5	5	57	0.10
5	15	20	20	6	10	71	0.12
6	12	18	25	8	16	79	0.13

续表

月份	降水量 (0～20)	蒸散发 (0～20)	藻类生长 (0～30)	水质状况 (0～10)	植物耗水 (0～20)	综合评价指数 ε	分配系数 σ
7	10	18	30	10	18	86	0.15
8	10	14	25	8	20	77	0.13
9	12	12	18	7	14	66	0.11
10	15	10	15	6	12	58	0.10
11	18	8	10	5	10	51	0.09

5.3.3.3 技术应用

以研究区2001—2004年的多年平均来水量（表5-10）作为现状调度水量进行研究。

表5-10 研究区2001～2004年来水量（引自刘静玲等，2014） 单位：$\times 10^4 m^3$

年份	2001	2002	2003	2004
来水量	1438.47	1211.38	942.11	717.13

研究区现状年平均来水量为1 077.32$\times 10^4 m^3$，利用空间分配系数进行分配，见表5-11。

表5-11 研究区基于现状的空间水量分配（引自刘静玲等，2014）

区段	分配系数 φ	调水量/$\times 10^4 m^3$	区段	分配系数 φ	调水量/$\times 10^4 m^3$
南长河	0.18	193.9	内城河系	0.15	161.6
转河	0.18	193.9	六海	0.29	312.4
北护城河	0.20	215.5			

利用时间分配系数，对研究区进行年内调度，见表5-12。

表5-12 研究区基于现状的年内水量分配（引自刘静玲等，2014） 单位：$\times 10^4 m^3$

区段＼月份	3	4	5	6	7	8	9	10	11
南长河	15.5	19.4	23.3	25.2	29.1	25.2	21.3	19.4	17.5
转河	15.5	19.4	23.3	25.2	29.1	25.5	21.3	19.4	17.5
北护城河	17.2	21.6	25.9	28.0	32.3	28.0	23.7	21.6	19.4
内城河系	12.9	16.2	19.4	21.00	24.2	21.0	17.8	16.2	14.5
六海	25.0	31.2	37.5	40.6	46.9	40.6	34.4	31.2	28.1

思考题

1. 简述流域的特点及其环境问题。

2. 简述流域环境生态工程的设计要素。举例说明计算机支持下的协同设计在流域环境生态工程中的应用。

3. 何为流域生态基流保障技术、闸门调控技术、联合调控技术？如何设置此三种技术的参数？

参考文献

[1] 曾维华，霍竹，刘静玲等编．环境系统工程方法．北京：科学出版社，2011.

[2] 刘静玲，冯成洪，张璐璐，马牧源等编．海河流域水环境演变机制与水污染防控技术．北京：科学出版社，2014.

[3] 刘静玲，曾维华，曾勇，林超，杨志峰等．海河流域城市水系优化调度．北京：科学出版社，2008.

[4] 秦文虎．虚拟现实基础及可视化设计．北京：化学工业出版社，2009.

[5] 申蔚，曾文琪．虚拟现实技术．北京：清华大学出版社，2009.

[6] 周子学．EuP 指令解读与生态设计．北京：电子工业出版社，2009.

[7] 金腊华，徐峰俊．水环境数值模拟与可视化技术．北京：化学工业出版社，2004.

[8] 徐祖信．河流污染治理技术与实践．北京：中国水利水电出版社，2003.

[9] 杨志峰，刘静玲，孙涛等．流域生态需水规律．北京：科学出版社，2006.

[10] 杨志峰，刘静玲，肖芳等．海河流域河流生态基流量整合计算．环境科学学报，2005，25（4）：442-448.

[11] Kangas，P. C. Ecological Engineering：Principles and Practice. Boca Raton F L. Lewis Publishers，2004.

[12] Snelder T，Biggs B，Woods R. Improved Eco-hydrological Classification of Rivers. River Research and Applications，2005，21（6）：609-628.

[13] Omenik J M. The Misuse of Hydrologic Unit Maps for Extrapolation，Reporting，and Ecosystem Management. Journal of the American Water Resources Association，2003，39（3）：563-573.

[14] USDA National Conservation Center. Stream Corridor Restoration：Principle Processes and Practices. Washington DC：National Service Center for Environmental Publications，1998.

[15] Pfueller S L. Role of Bioregionalism in Bookmark Biosphere Reserve Australia. Environmental Conservation，2008，35（2）：173-186.

[16] Teege G. Object-oriented Activity Support：a Model for Integrated CSCW System. Computer supported Cooperative Work，1996，（5）：93-124.

[17] Schmidt K，Simone C. Coordination Mechanisms：Towards a Conceptual Foundation of CSCW systems design. Computer Supported Cooperative Work，1996，（5）：155-200.

[18] Stiemerling O，Cremers A B. The Use of Cooperation Scenarios in the Design and Evaluation of a CSCW System. IEEE Transactions on Software Engineering，1998，24（12）：1171-1181.

[19] Kamel N N. A Unified Characterization for Shared Multimedia CSCW Workspace Designs. Information and Software Technology，1999，41（1）：1-14.

第 6 章　固体废物的环境生态工程

教学目的： 理解好氧堆肥和厌氧消化的基本概念及其生态处理的原理；掌握好氧堆肥和厌氧消化的工艺条件和设计参数。

重点、难点： 本章重点是沼气池的设计和计算。

固体废物的环境生态工程是充分结合生态学及环境工程的理论、方法和技术，从系统思想出发，按照生态学、环境学、经济学和工程学的原理，运用现代科学技术成果和相关专业的技术经验组装起来的，致力于解决目前固体废物所带来的环境问题，以期获得较高的社会效益、经济效益、生态效益；是固体废物处理工程和生态工程理论、方法和工程技术体系在环境中的具体技术与措施的应用，并针对固体废物的处理、处置和资源化体系进行评价、规划、设计等，从而建立固体废物的环境生态工程体系。

6.1 概述

固体废物（简称固废，solid wastes）是指人类在生产、流通与消费过程中产生的，一般不再具有原来使用价值而被丢弃的各种固体物质或泥状物质，或是提取组分之后弃之不用的剩余物质。实际上，“废物”在自然生态系统中是不存在的，因为生态系统中物质是循环的（见图 6-1）。

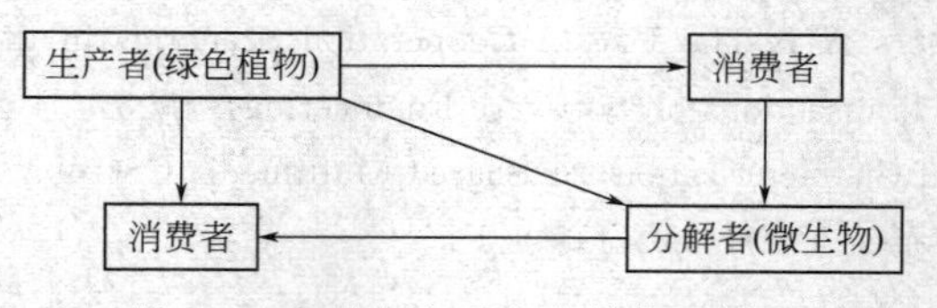

图 6-1　自然生态系统中的物质循环

绿色植物从土壤或母质中吸收水分和矿物质，通过光合作用利用太阳能，将太阳能转化为以生物有机物质贮存的化学能或生物能。由此，物质和能量循环往复，使得土壤生态系统得到良性循环保障。而在社会经济循环体系中，由于人为活动的强烈干预，尤其是工业快速发展和人口爆炸式膨胀，引起了天然矿藏资源的加速开采、森林资源的过度砍伐、草原的过度放牧、人工合成化合物的种类和数量的加速发展，以及土壤从未有过的高度集约化生产，形成了更大的掠夺式利用。在这一生产过程中，大量气态、液态和固态废物产生，这些物质还来不及处理就被直接排放到环境中，给环境生态系统带来了直接或间接的损害与污染。其实，从充分利用自然资源的观点来看，所有被称为“废物”的物质，其实都应是有价值的自然资源，可以通过各种方法与途径使之得到充分利用，废弃物的内涵是随着时代与条件不断变化而变化的。然而，在具体的生产环节中，由于原材料的混杂程度、产品的选择性不同，以及燃料、工艺设备的不同，被丢弃的这部分物质，从这一生产环节看它们是废物，而从另一生产环节看，它们往往又可以作为其他产品的原材料，而不是废物。因此，固体废物又有“放错地点的资源”之称。

6.1.1　固体废物的来源与分类

固体废物的来源极其广泛。只要有人类和动物活动的地方，就会有固体废物的产生。固体废物的种类繁多、组成复杂、性质各异。为便于处理、处置及管理，需对固体废物加以分类。从不同的角度出发，固体废物的分类方法有很多。按来源可分为城镇生活垃圾、工业固体废物、农业固体废物和危险废物四类；按化学性质可分为有机固体废物和无机固体废物；按危害性分为有害固体废物和一般固体废物；按物理形态可分为固态、半固态和泥状的废弃物。

通常从管理的需要出发，固体废物多采用按来源分类的方法分类（见表6-1）。

表6-1　固体废物的分类、来源和主要组成物（引自彭长琪等，2004）

分类	来源	主要组成物
城镇生活垃圾	居民生活	指家庭日常生活过程中产生的废物。如食物垃圾、纸屑、衣物、庭院修剪物、金属、玻璃、塑料、陶瓷、炉渣、灰渣、碎砖瓦、废器具、粪便、杂品、废旧电器等
	商业、机关	指商业、机关日常工作过程中产生的废物。如废纸、食物、管道、碎砌体、沥青及其他建筑材料、废汽车、废电器、废器具，含有易爆、易燃、腐蚀性、放射性的废物，以及类似居民生活栏内的各种废物
	市政维护与管理	指市政设施维护和管理过程中产生的废弃物。如碎砖瓦、树叶、死禽死畜、金属、锅炉灰渣、污泥、脏土等
工业固体废物	矿业	指矿山开采、选矿、矿物加工利用过程中产生的废物。如废矿石、煤矸石、尾矿、金属、废木料、建筑废渣等
	冶金工业	指各种金属冶炼和加工过程中产生的废弃物。如高炉渣、钢渣、铜铅铬汞渣、赤泥、废矿石、烟尘、各种废旧建筑材料等
	石油与化学工业	指石油炼制及其产品加工、化学工业产生的废弃物。如废油、浮渣、含油污泥、炉渣、碱渣、塑料、橡胶、陶瓷、纤维、沥青、油毡、石棉、涂料、化学药剂、废催化剂和农药等
	轻工业	指食品工业、造纸印刷、纺织服装、木材加工等轻工部门产生的废弃物。如各类食品糟渣、废纸、金属、皮革、塑料、橡胶、布头、线、纤维、染料、刨花、锯末、碎木、化学药剂、金属填料、塑料填料等
	机械电子工业	指机械加工、电器制造及其使用过程中产生的废弃物。如金属碎料、铁屑、炉渣、模具、砂芯、润滑剂、酸洗剂、导线、玻璃、木材、橡胶、塑料、化学药剂、研磨料、陶瓷、绝缘材料以及废旧汽车、冰箱、微波炉、电视和电扇等
	建筑工业	指建筑施工、建材生产和使用过程中产生的废弃物。如钢筋、水泥、黏土、陶瓷、石膏、石棉、砂石、砖瓦、纤维板、建筑废渣等
	电力工业	指电力生产和使用过程中产生的废物。如燃煤灰渣
农业固体废物	种植业	指作物种植生产过程中产生的废弃物。如稻草、麦秸、玉米秸、根茎、落叶、烂菜、废农膜、农用塑料、农药等
	养殖业	指动物养殖生产过程中产生的废物。如畜禽粪便、死禽死畜、死鱼死虾、脱落的羽毛等
	农副产品加工业	指农副产品加工过程中产生的废弃物。如畜禽内容物、鱼虾内容物、未被利用的菜叶、菜梗和菜根、秕糠、稻壳、玉米芯、瓜皮、果皮、果核、贝壳、羽毛、皮毛等
危险废物	核工业、化学工业、医疗单位、科研单位等	主要指核工业、核电站、化学工业、医疗单位、制药业、科研单位等产生的废弃物。如放射性废渣、粉尘、污泥等，医院使用过的器械和产生的废物、化学药剂、制药厂药渣、废弃农药、炸药、废油等

6.1.2 固体废物的特征

从现有的固体废物处理处置和管理角度看，固体废物主要有以下特征。

① 时间性。严格意义上讲，“资源”和“废物”是相对的，不仅生产、加工过程中会产生大量被丢弃的物质，即使是任何产品或商品经过使用一定时间后都将变成废物；在当前经济技术条件下暂时无使用价值的废弃物，在发展了循环利用技术后可能就是资源。因此，固体废物处理处置和资源化将是我们长期面对的问题和任务。

② 空间性。废物仅仅是在某一生产过程和某一方面暂时无使用价值，但并非在其他生产过程和其他方面无使用价值，某个过程产生的废物往往会是另一过程的原料；在经济技术落后国家或地区抛弃的废弃物，在经济技术发达国家或地区可能是宝贵的资源。

③ 再生低成本性。一般来说，利用固体废物再生的过程要比利用自然资源生产产品的过程更节能、省事、省费用，其再生低成本性使固体废物综合利用有了广阔的开发愿景。

④ 持久危害性。由于固体废物成分的多样性和复杂性，有机物与无机物、金属和非金属、有毒物和无毒物、有味和无味、单一物与聚合物等，经过环境自我消化（解）的过程是长期复杂和难以控制的，它比废水和废气对人们生活环境的危害更持久、更深远，而且其危害可能在数十年甚至更长时间后才能表现出来，且一旦造成污染危害，由于其具有的反应滞后性和不可稀释性，往往难以清除。

因此，与其他环境问题相比，固体废物问题有“四最”：最难处置的环境问题、最具综合性的环境问题、最晚受到重视的环境问题和最贴近生活的环境问题。

6.1.3 固体废物的污染与处理方法

废物污染问题是伴随着人类文明的发展而发展的。在工业化水平发展还不很高或者不存在工业文明时，人类在自然环境中的生活过程还比较简单，遇到的固体废物问题仅仅是生活垃圾问题。不过在漫长岁月里，由于生产力水平低下，人口增长缓慢，生活垃圾的产生量不大、增长率不高，因此没有对人类环境造成影响。但近几十年来，由于城市化进程、工农业发展迅猛，固体废物的产生量增长迅速，已成为严重的环境问题。与废水和废气相比较，固体废物的污染明显不同。水和大气本身就是一种环境介质，在环境空间中的迁移、扩散能力强，速度快，可以直接污染环境，污染效果显现快，生物体感知快，人们可以适时地采取防治措施；固体废物并不是环境介质，而是一种污染物，它本身并不会污染环境，而是因为人们处理处置的不当，才使这些固体废物造成对其他环境介质（如土壤、水体、植物）和环境要素（通常指水、大气、生物、阳光、岩石、土壤等）的污染。

固体废物污染具有如下特点。

① 固体废物往往数量巨大、种类繁多、成分复杂、污染面广。固体废物是各种污染物的终态，特别是从污染控制设施中排出的固体废物浓集了许多有毒有害物质。例如，废气治理过程中，利用洗气、吸附和除尘等技术所形成的固态、半固态废物，需要最终的处置过程。

② 在自然条件下，固体废物中的一些有毒有害组分会转移到大气、水体和土壤中，参与生态系统的物质循环，滞留期久，对环境影响具有长期性、潜在性和不可恢复性。

固体废物污染的上述两个特点，决定了从其产生到运输、处理利用、处置的每一个过程都必须严格控制，使其不危害人类环境，即具有全过程管理的特点。因此，固体废物中的有毒有害组分，特别是对这些固体废物处理不当时，会通过各种途径潜在而持久地危害人体健康。固体废物的污染途径如图 6-2 所示。

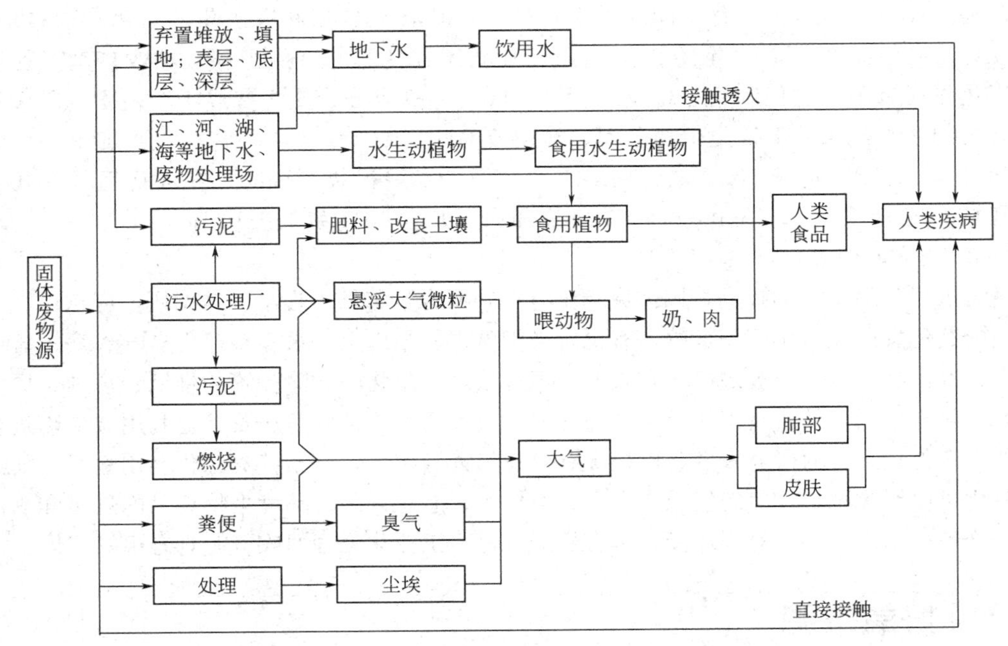

图 6-2　固体废物的污染途径（引自彭长琪等，2004）

固体废物无害化、减量化、资源化处理是解决固体废物问题的宗旨。其处理方法有物理法、化学法和生物法三大方法；从工程的角度来说，固体废物的处理包括前处理（贮存、清运）、中间处理（堆肥、焚烧、热分解、破碎、压缩）和最终处理（卫生填埋）；从资源回收利用的角度而言，固体废物的处理主要包括物质回收、能源回收和土地回收；从技术特征而言，固体废物的处理方法主要有卫生填埋、堆肥化和焚烧等。一般而言，固体废物的处理技术归纳起来主要有三种，即填埋、热处理和生态化处理。

填埋是大量消纳城市垃圾的有效方法，也是用其他方法不能处理的固态残余物的最终处置方式。该方法处置量大、方便易行、成本低，且不受垃圾成分变化的影响，大型垃圾填埋场还可以回收利用沼气能源，封场后土地可再利用等优点，故被各国广泛采用。垃圾填埋技术也已经从最初的简单填埋发展到卫生填埋、生态填埋，但无论采取何种填埋方式都需要解决好垃圾填埋渗滤水和填埋气的二次污染等问题。

热处理主要包括焚烧和热解两种处理方法。焚烧处理是使垃圾无害化、减量化和资源化的有效方法，具有较高的减容效果，减容率高达 90%甚至 95%，同时它也是垃圾能源化的一种重要手段。焚烧法处理量大、减容性好、无害化程度高，可以回收热能，是一种较有前途的垃圾处理技术，但焚烧过程中易产生二噁英、苯并芘等剧毒物质，易造成严重的二次污染，且焚烧法投资大、成本高，对技术水平及经济能力要求高，因而限制了它的发展。热解处理是利用固体废物中有机物的热不稳定性，在无氧或缺氧的条件下使其受热分解的过程，即把固体废物中的能源转变成可贮存与可输送的燃料。热解过程是一个复杂的物理化学过程，其主要产物为可燃性低分子化合物。由于垃圾成分复杂，热解过程的控制十分困难，有时甚至无法进行。目前，热解处理主要是针对一些特定的高热废物。因热解处理技术复杂，成本高，故推广起来有一定困难。

生态化处理方法是利用固体废物中的有机物质进行生物转化的方法，主要包括好氧堆肥和厌氧消化两种。堆肥法是在控制条件下，利用微生物分解废物中易降解的有机成分的生物化学过程。在实现垃圾无害化的同时，堆肥过程也具有减量化和资源化的作用。通过堆肥，可实现垃圾减量约30%，减重约20%；而且堆肥还是良好的有机肥和土壤改良剂。但堆肥的资源化作用有限，它仅利用了垃圾中的易降解的有机成分，使之变成了腐殖质。厌氧消化则是有机物在无氧条件下被微生物分解、转化成 CH_4 和 CO_2 等，并合成自身细胞物质的生物化学过程。近20年来，厌氧消化在欧美发达国家发展很快。目前正在成功运行的几种工艺分别是 Dranco 工艺、Kompogas 工艺、Valorga 工艺、BTA 工艺和 Biocell 工艺（处理量为 10000～100000 t/a）。

随着人民生活水平的提高，固体废物中有机物质含量有较大提高。据调研，广东珠江三角洲及国内其他发达地区城市垃圾中，有机垃圾量已占一半以上，很容易产生臭气、病虫害或渗滤水等二次污染。有机垃圾最经济有效的处理方法就是生物法。除传统的堆肥、填埋、厌氧消化外，近年来，国内外科技工作者正致力于有机垃圾高温快速发酵法及其他利用微生物进行固体废物生态处理方法的研究开发，以提高有机垃圾处理效率，开拓其资源化利用途径。如通过生物转化可以回收肥料、甲烷气、蛋白质、酒精等。总之，随着环境生物技术的进步和固体废物生物处理技术的成熟，对固体废物中有机成分进行工业化处理回收资源具有很好前景。

6.2 好氧堆肥

堆肥是一种很古老的有机固体废物的生物处理技术，早在化肥还没有广泛使用之前，堆肥一直是农业肥料的来源，人们将杂草落叶、动物粪便等堆积发酵，其产品称为农家肥。随着科学技术的不断进步，人们已将这一古老的堆肥方式推向机械化和自动化。城市生活垃圾、污水处理厂的污泥、人畜粪便、农业废物及食品加工业废物等都可作为堆肥原料。在当今的科学技术条件下，堆肥是指在一定的人工控制条件下，利用多种微生物的发酵作用，将可生物降解的有机废物分解转化为比较稳定的腐殖肥料的生物化学过程。一方面，人工堆肥生产有机肥对改善土壤性能与提高肥力以维持作物长期的优质高产是有益的，是农业、林业生产所需要的；另一方面，有机固体废物数量逐年增加，需要对其处理的卫生要求也日益严格，从节约资源与能源角度出发，有必要把实现有机固体废物资源化作为固体废物无害化处理、处置的重要手段。因此，在处理有机固体废物过程中，该技术由于经济有效且符合生态学效应而备受关注。

6.2.1 好氧堆肥的基本原理

好氧堆肥是在有氧条件下，好氧菌对有机废物进行吸收、氧化、分解的生物化学反应过程。在堆肥过程中微生物通过自身的生命活动——氧化还原和生物合成作用，把一部分被吸收的有机物氧化成简单的无机物，同时释放出供微生物生长、活动所需的能量，把另一部分有机物转化合成新的细胞质，使微生物不断生长繁殖，产生更多的生物体（见图6-3）。

在堆肥过程中，有机物生化降解会产生热量，若这些热量大于向环境的散热，就必然导致堆肥物料的温度升高，堆体在短期内就可达到60～80℃，然后逐渐降温而达到腐熟。在这个过程中堆肥物料发生了复杂的分解和合成，微生物种群也相应地发生变化。参与有机物生化降解的微生物主要有嗜温菌和嗜热菌两种。它们的生活、活动温度范围不同，前者在

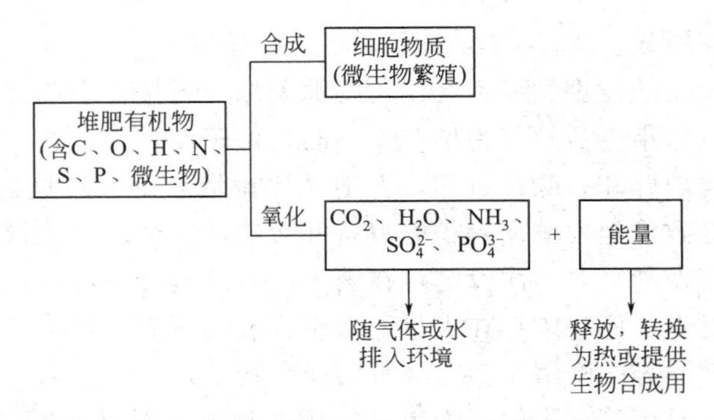

图 6-3 有机物好氧堆肥过程（引自彭长琪等，2004）

15～43℃，最适宜温度为 25～40℃；后者为 25～85℃，最适宜温度为 40～50℃。堆肥的升温过程可划分为初始阶段、高温阶段和熟化阶段，如图 6-4 所示，每一个阶段各有独特的微生物种群。

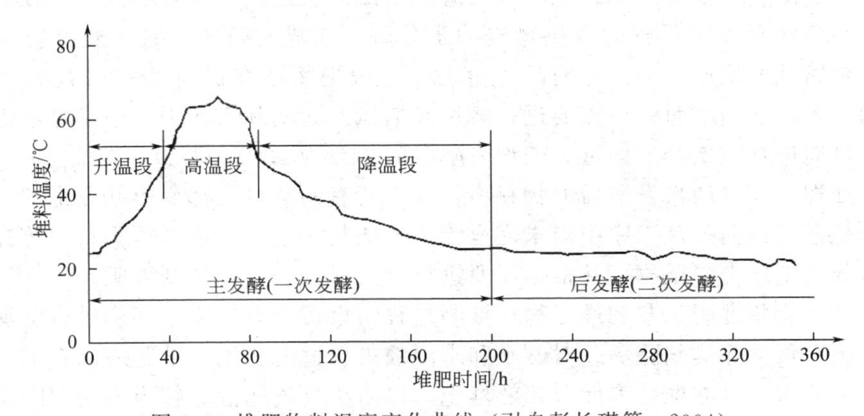

图 6-4 堆肥物料温度变化曲线（引自彭长琪等，2004）

① 初始阶段：不耐高温的嗜温性细菌分解有机物中易降解的葡萄糖、脂肪等，同时放出热量使温度上升，可达 15～40℃。

② 高温阶段：初始阶段的微生物死亡，嗜热菌迅速繁殖，在供氧条件下，大部分难降解的有机物（蛋白质、纤维等）继续被氧化分解，同时放出大量热能，使温度上升至 60～70℃。当易分解的有机物基本降解完全后，嗜热菌因缺乏养料而停止生长，产热随之停止，堆体温度逐渐下降。当温度稳定在 40℃时，嗜温性微生物又逐渐占优势，进一步分解残余物，堆肥基本达到稳定，形成腐殖质。

③ 熟化阶段：堆肥冷却后，一些新的微生物（主要是真菌和放线菌），借助残余有机物（包括死掉的细菌残体）而生长，将堆肥过程最终完成。堆肥产物达到稳定化、无害化，施用时不影响农作物生长和土壤耕作能力。成品堆肥呈褐色或暗灰色，温度低，具有霉臭的土壤气味，无恶臭，无明显纤维状物。

6.2.2 堆肥工艺过程及影响因素

6.2.2.1 堆肥工艺程序

传统化的堆肥技术采用厌氧的野外堆积法，这种方法占地大、时间长。现代化的堆肥生产一般采用好氧堆肥工艺，通常由前处理、一次发酵（主发酵）、二次发酵（后发酵）、后处理、脱臭、贮存等工序组成。

(1) 前处理　把收集的垃圾、家畜粪便、污泥等原材料按要求调整水分和碳氮比，必要时添加菌种和酶。但以城市生活垃圾为堆肥原料时，由于垃圾中含有大块的和不可生物降解的物质，对其则应进行破碎和去除等过程，否则大块垃圾会影响垃圾处理机械的正常运行，而不可降解的物质会导致堆肥发酵仓容积的浪费并影响堆肥产品的质量。

(2) 一次发酵（主发酵）　一次发酵可在露天或发酵装置中进行，通过翻堆或强制通风对堆体进行供氧。此时由于原料中存在大量的微生物及其所需的各种营养物，发酵开始后首先是易分解的有机物糖类等的降解，参与降解的微生物有好氧的细菌、真菌等，如枯草芽孢杆菌、根霉、曲霉、酵母菌等，降解产物为二氧化碳和水，同时产生热量使堆体温度上升，这些微生物吸收有机物碳、氮等营养元素而不断繁殖。通常，将堆肥开始至温度升高再至开始降低为止的阶段为一次发酵阶段，以生活垃圾为主体的城市垃圾及家畜粪尿的好氧堆肥，一次发酵期为3～10d。

(3) 二次发酵（后发酵）　经过一次发酵的半成品被送到二次发酵工序。在一次发酵中尚未分解的易分解和较难降解的有机物进一步分解，变成腐殖质、氨基酸等较稳定的有机物，得到完全腐熟的堆肥产品。进行后发酵时，一般把物料堆积到1～2m高，并要有防止雨水流入的装置，适当的时候还需要进行翻堆和通风。在实际操作中，通常是不需要进行通风的，只是每周进行一次翻堆即可。二次发酵时间一般为20～30d。

(4) 后处理　经过两次发酵后的物料中，几乎所有的有机物都变形并变细碎了，数量也减少了，但是还有在前处理工序中尚未完全除去的塑料、玻璃、金属、小石块等存在，故而还需经一道分选工序去除杂物，并根据需要进行再破碎（如生产精制堆肥）。

(5) 脱臭　有些堆肥工艺和堆肥物在堆制过程结束后会有臭味，必须进行除臭处理。常用的脱臭方法有化学除臭剂除臭、对碱水和水溶液进行过滤、用熟堆肥或沸石或活性炭吸附等。在露天堆肥时，可在堆肥表面覆盖熟堆肥，以防止臭气逸散。较为多用的除臭装置是堆肥过滤器，臭气通过该装置时，恶臭成分被熟堆肥吸附，进而被其中的好氧微生物分解脱臭，也可用特种土壤代替堆肥使用，这种过滤器叫土壤脱臭过滤器。

(6) 贮存　堆肥一般在春秋两季使用，暂时不能用的堆肥要妥善贮存，可堆存在发酵池或装入袋中，干燥、通风保存。密闭或受潮都会影响其质量。

6.2.2.2 堆肥的工艺参数和质量标准

(1) 堆肥的工艺参数　包括一次发酵工艺参数和二次发酵工艺参数。

① 一次发酵工艺参数

含水率：45%～60%

碳氮比：35/1～30/1

温度：55～65℃

周期：3～10d

② 二次发酵工艺参数

含水率：<40%

温度：<40℃

周期：30～40d

(2) 堆肥的质量标准

① 一次发酵终止指标

无恶臭

容积减量：25%～30%

水分去除率：10%

碳氮比：20/1～15/1

② 二次发酵终止指标

堆肥充分腐熟

含水率：<35%

碳氮比：<20/1

堆肥粒度：<10mm

6.2.2.3　影响堆肥的因素

堆肥过程的关键是选择适宜的堆肥工艺条件，促使微生物降解过程的顺利进行，以获得高质量的产品。影响堆肥效果的因素很多，为了创造更好的微生物生长、繁殖和有机物分解的条件，在堆肥过程中必须控制以下主要因素。

(1) 通风供氧　对于好氧堆肥而言，氧气是微生物赖以生存的物质条件，供氧不足会造成大量微生物死亡，使分解速度减慢，但供气量过大则会使温度降低，尤其不利于耐高温菌的氧化分解过程。研究表明，堆体中氧含量为10%时，已能保证微生物代谢的需要。在供氧量和其他条件适宜的条件下，微生物迅速分解有机物，产生大量的代谢热能，如果不能对多余的热量进行控制，温度超过微生物生长适宜的范围，有机物的生物降解过程将会被抑制，堆肥处理时间延长，设备成本增加。因此，供氧量要适当，实际所需空气量应为理论空气量的2～10倍，通常为0.1～0.2$m^3/(m^3 \cdot min)$。堆肥系统主要有四种通风方式：自然通风、定期翻堆、被动通风和强制通风。其中采用强制通风可加快有机物的分解和转化、缩短堆肥周期。同时，堆肥所需要的氧气是通过堆肥原料颗粒空隙供给的，因而保持物料间一定的空隙率很重要。孔隙率取决于颗粒大小及结构强度，如纸张、纤维织物等，遇水受压时密度会提高，颗粒间空隙大大缩小，不利于通风供氧。通常，堆肥原料颗粒的平均适宜粒度为1.2～6.0cm，最佳粒径随着垃圾物理特性而变化。如纸张、纸板等破碎粒度尺寸要在3.8～5.0cm；比较坚硬的物料粒度要求在0.5～1.0cm；以食品垃圾为主的废物，其破碎尺寸要求大一些，以免破碎成浆状物，妨碍通风发酵。因此，颗粒大小要适当，可视物料组成性质而定。

(2) 含水量　在堆肥工艺中，堆肥原料的含水率对发酵过程影响很大。水的作用主要是溶解有机物，参与微生物的新陈代谢；水分可以调节堆肥温度，当温度过高时可以通过水分的蒸发，带走一部分热量。可见发酵过程中含水量的多少会直接影响好氧堆肥反应速度的快慢，影响堆肥的效率和质量，甚至关系到堆肥工艺的成败。系统含水率过低，会妨碍微生物的繁殖，使分解速度减缓，当含水率低于30%时，分解进程相当迟缓，当含水率低于12%时，微生物将停止活动。反之，过高的含水率导致原料紧缩或颗粒间的空隙被水充满，使空气扩散速度大大降低，造成供氧不足，使堆体变成厌氧状态。同时，因过多的水分蒸发，而带走大部分热量，使堆肥过程达不到良好的高温阶段，抑制了高温菌的降解活性，最终影响堆肥的效果。含水率超过65%，堆体内将有厌氧环境存在。一般认为，堆肥初始相对含水率在40%～70%，可保证堆肥的顺利进行，而最适宜的含水率为50%～60%。现代化堆肥中，通常堆料不是单一物质的混合堆肥，因此需要结合物料的种类和比例来确定混合堆肥适宜的含水量。在实践中，堆肥含水量应是堆制材料最大持水量的60%～75%，即用手紧握堆料有水滴挤出，如果不能挤出任何水分，说明堆料过干。对高含水量的垃圾可采用机械压缩脱水，使脱水后的垃圾含水率在60%以下，也可以在场地和时间允许的条件下，将其摊开、搅拌使水分蒸发。还可以在物料中加入稻草、木屑、干叶等低水废物及水分少的成品堆肥来降低水分。对低含水量的垃圾（低于30%），可添加污水、污泥、人畜尿粪等。

（3）碳氮比　微生物的生长繁殖需要搭配合理的营养物质，如适宜的碳氮比、碳磷比等。实践证明，有机物被微生物分解的速度随碳氮比而变，或大或小，都不会得到理想的效果。微生物自身的碳氮比约为4～30，因此用作其营养的有机物的碳氮比最好也在该范围内，特别是当碳氮比在10～25时，有机物被微生物分解的速度最大。综合考虑，堆肥过程适宜的碳氮比应为20～35。碳氮比超过35，碳元素过剩，氮元素不足，微生物的生理活动受到限制，有机物的分解速度减缓，发酵过程长。此外，易造成成品堆肥的碳氮比过度，即出现所谓“氮饥饿”状态，施于土壤后，会夺取土壤中的氮，而影响作物生长。但若碳氮比低于20，可供消耗的碳元素过少，氮元素相对过剩，则氮容易变成氨气而损失掉，从而降低堆肥的肥效。以不同的物料作基质时可根据其碳氮比作适当调节（见表6-2），以达到适宜的碳氮比，一般认为城市垃圾堆肥原料的碳氮比应为20～35。

表6-2　各种物料的碳氮比值（引自芈振明等，1993）

名称	C/N值	名称	C/N值
锯末屑	300～1000	猪粪	7～15
秸秆	70～100	鸡粪	5～10
垃圾	50～80	活性污泥	5～8
人粪	6～10	生污泥	5～15
牛粪	8～26	藻	5～14

（4）碳磷比　除碳和氮外，磷对微生物的生长繁殖也是很必要的，能量的摄取、新细胞的核酸合成等都必须有足够的磷。磷的含量对发酵也有很大影响。缺磷会导致堆肥效率降低。在垃圾发酵时添加污泥就是利用其中丰富的磷来调整堆肥原料的碳磷比。实践表明，堆肥原料适宜的碳磷比为75～150。

（5）pH值　pH值对微生物的生长繁殖有重要影响。适宜的pH值可使微生物有效地发挥作用，如在中性或弱碱性条件下，微生物对C、N、P等的降解效果最好。pH值太高或太低都会影响微生物的活性和堆肥效率。一般情况下，pH值在7.5～8.5时，堆肥效率最高。对固体废物堆肥一般不需要调整pH值，因为微生物可在较大的pH值范围内繁殖。但是当用石灰含量高的脱水滤饼做堆肥原料时，pH值偏高，有时高达12，这时氮会转化成氨而导致成品肥缺氮，故需先将滤饼露天堆放一段时间或掺入其他原料以降低pH值。在堆肥过程中pH值随着物料的降解过程而变化，在初期由于酸性细菌的作用，pH值降到5.5～6.0，物料成酸性；随后由于以酸性物为营养的细菌的生长繁殖，导致pH值上升，堆肥过程完成前可达到pH值8.5～9.0，最终成品的pH值为7.0～8.0。

6.2.3 堆肥的方法

好氧堆肥方法有间歇式堆肥和连续式堆肥两种。

6.2.3.1　间歇式堆肥

间歇式堆肥又称为露天堆肥，是一种古老的间歇堆肥方法，把新收集的垃圾、粪便、污泥等废物混合分批堆积。有的城市用单一的垃圾为原料，经过堆积生产垃圾肥，堆积后的废物不再添加新料，让其中的微生物参与生物化学反应，使废物转变为与腐殖土一样的产物。前期一次发酵大约需要5周，一周要翻动1～2次，然后再经过6～10周熟化稳定二次发酵，全部过程需要30～90d。该法要求场地坚实、不渗水，其面积需能满足处理所在城市废物排量的需要。因其生产周期长（30～90d），露天操作不卫生，且产品质量不高，目前已被现代化的堆肥方式所代替。

6.2.3.2 连续式堆肥

现代化的堆肥操作，多采用成套密闭式机械连续进料和连续出料方式发酵，原料在一个专门设计的发酵器中完成中温和高温发酵过程。该法具有发酵时间短，能杀灭病原微生物，防止异臭，堆肥质量高等特点。

连续堆肥装置有多种类型，主要有立式发酵塔、卧式发酵滚筒、筒仓式发酵仓等。

（1）立式堆肥发酵塔　立式堆肥发酵塔通常为密闭结构，通常由5～8层组成，内外层均有水泥或钢板组成，每层底部为活动翻板。经分选后的堆肥物料由塔顶进入塔内，在塔内堆肥物料通过各种形式的机械运动及物料的重力作用，由塔顶逐层向塔底移动。塔内的供气可从各段之间的空间强制鼓风送气，也可靠排气的抽力自然通风，塔顶设有抽风口，外接除臭系统，装置的两侧设有通风及排风管线，将空气引入活动翻板下面，经活动翻板的缝隙进入上一层，从上一层发酵仓的上部或顶部排出，实现供氧及散热。通常，堆肥物料在塔内经5～8d的好氧发酵后即由塔底排出。塔内温度由上至下逐渐升高，最高温度在最下层，堆肥时产生的臭氧亦可较好地收集处理。此外，该堆肥设备具有搅拌充分、处理量大、占地面积小的优点，但由于其旋转轴扭矩大，设备费用和动力费用较高。图6-5是立式多层发酵塔示意图及发酵系统流程。

（2）卧式堆肥发酵滚筒　卧式发酵滚筒又称为达诺堆肥发酵滚筒，为卧式回转圆筒形发酵仓（见图6-6）。该系统可处理城市垃圾和污水、污泥混合物料。收集来的垃圾投入料坑或料斗，经过其底部的板式给料机和一号皮带输送机送到磁选机去除铁类物质后，由给料机供给低速旋转的发酵仓，在发酵仓内废物通过旋转使可堆肥物质破碎、混匀、搅拌，垃圾沿旋转方向提升、落下，由于筒体斜置，物料随之逐渐向筒体出口端移动。如此反复，废物被均匀地翻倒而与供给的空气接触，并借微生物作用进行发酵，连续数日后成为堆肥排出仓外，随后经振动筛筛分分成细粒堆肥和粗堆肥。一部分粗堆肥作为接种用堆肥送回发酵仓。细粒堆肥再通过玻璃选出机除去细小玻璃、塑料等杂质，成为高纯度的精选堆肥，可直接使用或送入熟成场进一步腐熟。

（3）筒仓式发酵仓　筒仓式发酵仓为单层圆筒状（或矩形），发酵仓深度一般为4～5m，大多采用钢筋混凝土结构。通常，筒仓式发酵仓是一种在圆筒仓的下部设置排料装置（如螺杆出料机），由仓底用高压离心机强制通风供氧，以维持仓内的好氧发酵，在筒仓的上部收集和处理废气。原料从仓顶加入，为防止下料时在仓内形成架桥起拱现象（形成穹窿），筒仓直径由上至下逐渐变大或者安装简单的消除起拱设施。这种堆肥方式典型的堆肥周期为10d，每天取出堆肥的体积或重新装入原料的体积约是筒仓体积的1/10。从筒仓内取出的堆肥经常堆放在第二个通气筒仓。由于原料在筒仓中垂直堆放，因而使这种系统堆肥的占地面积很小。尽管如此，这种堆肥方式仍需要克服物料压料问题，因为原料在仓内得不到充分混合，必须在进入筒仓之前就混合均匀。

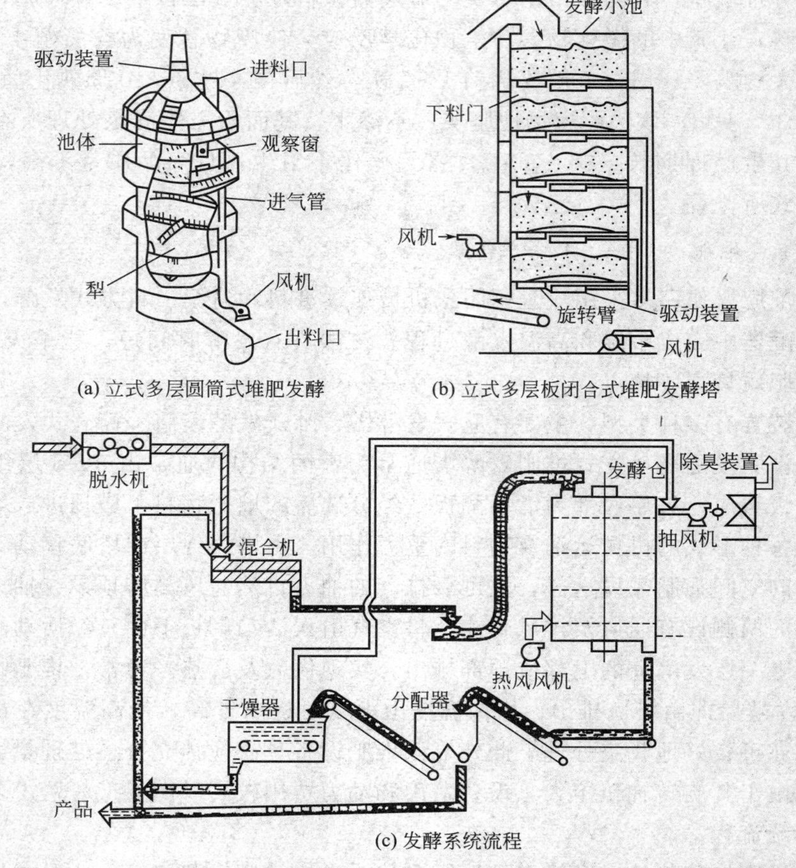

(a) 立式多层圆筒式堆肥发酵　　(b) 立式多层板闭合式堆肥发酵塔

(c) 发酵系统流程

图 6-5　立式多层发酵塔及发酵系统流程（引自许晓杰等，2015；彭长琪等，2004）

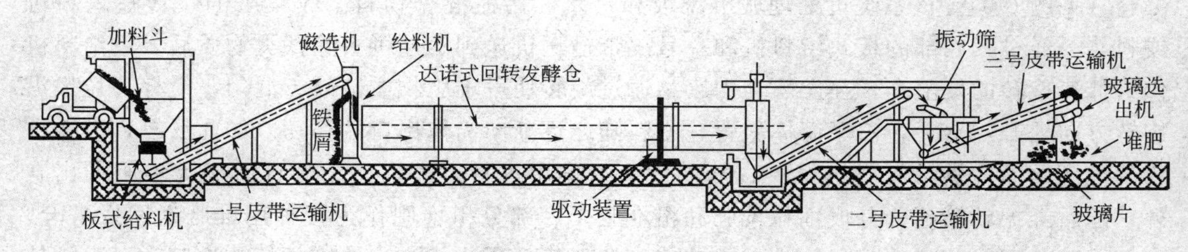

图 6-6　卧式回转圆筒形发酵仓（引自彭长琪等，2004）

6.3 厌氧消化

厌氧消化俗称沼气发酵，是指兼性菌和专性厌氧菌在无氧条件下常将溶解性和颗粒态的可生物降解有机物质转化成沼气的过程。沼气的主要成分是甲烷和二氧化碳，通常甲烷占60%左右，二氧化碳占40%左右，此外，还有少量氢气、硫化氢、一氧化碳、氮气和氨等。以厌氧消化为主要技术环节来处理各类有机废物（如有机垃圾、作物秸秆、畜禽粪便、污泥等）的沼气工程是集污水处理、沼气生产、资源化利用为一体的系统工程，从生态学角度而言，沼气系统可以看成是一个生态系统。沼气工程一般由原料收集系统、预处理系统、厌氧发酵系统、出料的后处理系统和沼气净化储存利用系统 5 部分组成。沼气工程一般以畜禽粪便和有机垃圾为原料。规模化养殖场的粪尿排泄物及废水中含有大量的氮、磷、悬浮物及致病菌，污染物数量大且集中，尤其以水质污染和恶臭对环境造成的污染最为严重。沼气工程一般采用中温厌氧消化，可以有效解决其污染问题。大中型沼气工程是指沼气池单体容积在 $50m^3$，或沼气池总体容积在 $100m^3$，日产沼气在 $50m^3$ 以上的，具有原料预处理及沼气、沼渣、沼液综合利用配套的系统工程。

人类很早就有了利用粪便沤制粪肥农用的经验，对厌氧消化处理技术的研究最初就是从处理人类粪便开始的。19 世纪末—20 世纪初，厌氧消化技术被应用于废水和粪便处理。1985 年英国人 Donald 设计了厌氧化粪池（见图 6-7），这是厌氧处理发展史上的里程碑，两年后沼气在当地被用于加热和照明。1906 年，德国人 Imhoff 对 Travis 池进行了改进，设计了 Imhoff 池，被称为双层池（见图 6-8），这种装置至今在排水工程中仍占有重要地位。然而，由于厌氧消化停留时间较长，处理效果较差等原因，在当时则主要用于污泥和粪肥的消化。直至 20 世纪 70 年代以后，随着环境问题和能源危机的日益加重，厌氧消化技术得到了各国的关注。1974 年荷兰 Wageninggen 农业大学的 Lettinga 等成功开发了升流式厌氧污泥层（upflow anaerobic sludge blanket）反应器，简称 UASB 反应器（见图 6-9）。该反应器具有高的处理负荷和效能，获得了广泛应用，对废水厌氧生物处理具有划时代的意义。随后，各种新颖的厌氧处理工艺不断被开发出来，如厌氧膨胀床（anaerobic expanded bed）、厌氧流化床（anaerobic fluidized bed）、厌氧生物转盘（anaerobic rotating biological reactor）、膨胀颗粒污泥床（expanded granular sludge bed，EGSB）反应器、上流式厌氧过滤床（upflow anaerobic bed-filter，UABF）反应器、内循环（internal circulation，IC）反应器等，这些反应器的出现，改变了过去厌氧处理工艺处理效能低，需要较高温度、较高废水浓度和较长停留时间的被动局面。高效能的厌氧处理可适应不同的温度、原料浓度和原料种类的多样化。目前，在废水处理中应用最广泛的是 UASB 工艺，该方法在废水厌氧生物处理中占 67%左右，并已开发了第二代高效厌氧处理系统，如 EGSB 工艺。

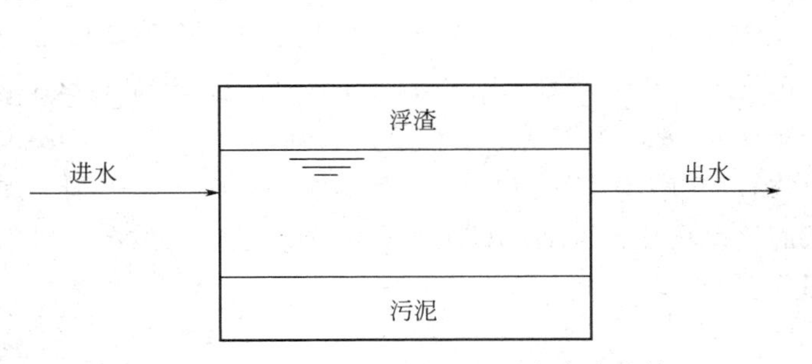

图 6-7 Donald 设计的厌氧化粪池（引自李来庆等，2013）

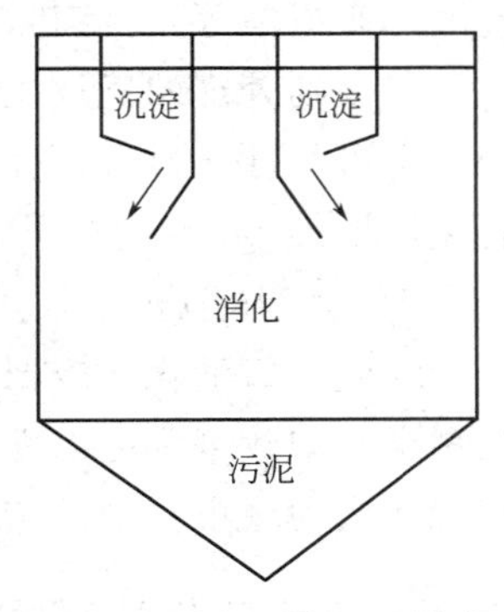

图 6-8 Imhoff 池（双层池）

在有机垃圾处理中，厌氧消化的发展是从 20 世纪 70 年代能源危机开始的，特别是近 20 年发展速度很快。而在我国，有机固体废物，尤其是城市有机垃圾的处理问题仍是一项技术难题，进行好氧堆肥的运行成本高，而且肥料质量难以保证；进行填埋也会产生大量的垃圾渗沥液及恶臭问题。近年来，德国、瑞士、奥地利、丹麦、芬兰和瑞典等国家，逐渐将厌氧消化技术应用于处理有机垃圾，如餐厨垃圾、园艺垃圾、畜禽粪便和农业废物等，这些工作取得了较大进展。通过对有机垃圾的厌氧消化，人们在处理垃圾废物的同时，可获得沼气、沼肥（沼液和固体有机肥等），沼气可用作燃料或用于发电，沼肥农用，从而最大程度

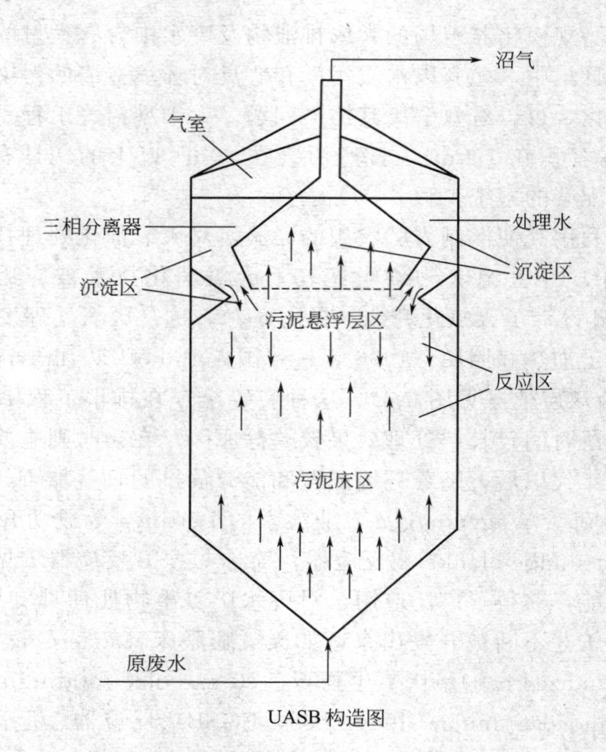

图 6-9 升流式厌氧污泥层反应器（UASB）

上实现了有机垃圾的无害化处理和资源化利用。大力推行厌氧消化技术已成为有机垃圾处理的一种新趋势。

一般而言，城市生活有机垃圾的固体含量约为 30%～40%，含有溶解性物质（如糖、氨基酸、有机酸等）、淀粉、纤维素、脂肪、蛋白质等，这些有机物质可以采用厌氧生物处理。厌氧生物处理的优点主要有：工艺稳定、运行简单、减少剩余污泥处置费用，具有生态和经济上可行性。最近研究表明，在 1997—2007 年，采用厌氧消化技术集中处理城市垃圾的处理厂增加了 750%，并已成功市场化，出现了像德国的 Haase 工程公司、瑞士 Kompogas 公司、比利时 Organic Waste Systems 公司等著名的工程公司。到 2006 年为止，德国大约有 520 座厌氧消化反应器，其中约有 49 座用于城市垃圾处理。相比较而言，美国、加拿大在制定基本政策制度以促进厌氧消化市场化方面还有较大差距。随着城市的发展，厌氧消化装置将成为城市基础设施的一部分。

6.3.1 厌氧消化的基本原理

厌氧消化（anaerobic digestion，AD）是一个复杂的微生物学过程，即废弃物中可生物降解的有机物在厌氧条件下，有控制地被各类厌氧微生物分解，最终转化为甲烷、二氧化碳、水、硫化氢和氨等稳定物质的生物化学过程。在厌氧消化过程中，大部分有机物被分解，其能量储存在富含甲烷的沼气中，仅有一小部分有机物被氧化，释放出作为微生物生长和繁殖所需的能量。

畜禽粪便废水的厌氧发酵过程如图 6-10 所示。其中，有五大类群的细菌参与了沼气发酵活动，即：①发酵菌；②产氢产乙酸菌；③耗氢产乙酸菌；④食氢产甲烷菌；⑤食乙酸产

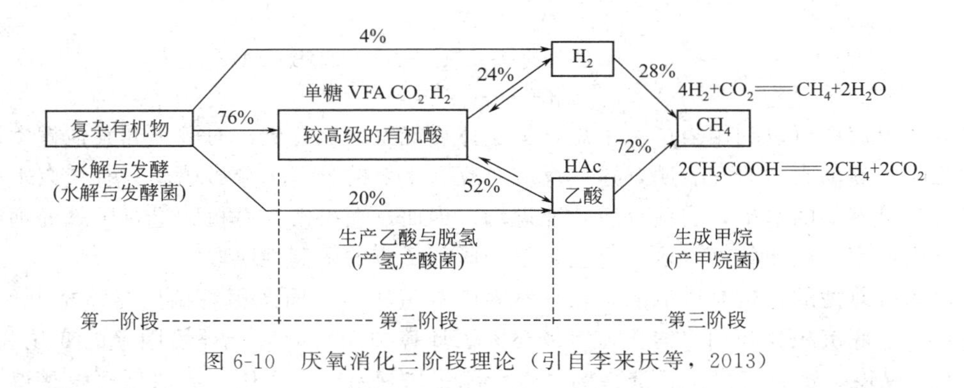

图 6-10　厌氧消化三阶段理论（引自李来庆等，2013）

甲烷菌。厌氧发酵过程中，上述五类细菌构成一条食物链，从各类细菌的生理代谢产物和对料液 pH 值的影响来看，可分为水解、产酸和脱氢、产甲烷三个阶段。

6.3.1.1　水解阶段

畜禽粪便的主要化学成分为多糖、脂类、蛋白质，其中多糖类物质是发酵原料的主要成分，它包括淀粉、纤维素和半纤维素。这些复杂的有机物大多数在水中不能溶解，必须被发酵性细菌分泌的胞外酶水解为可溶性糖类、肽、氨基酸和长链脂肪酸后才能被微生物吸收利用。这一阶段主要是促使有机物的增溶和缩小体积的反应，它受到细菌释放到水中的胞外酶的催化。通常蛋白质和多糖类的水解速率比较快，脂肪的水解速率要慢得多，因而脂肪的水解对不溶性有机物在厌氧处理时的稳态程度起控制作用，使水解反应成为整个厌氧反应过程的速率限制性阶段。

6.3.1.2　产酸和脱氢阶段

水解形成的可溶性小分子有机物被产酸细菌作为碳源和能源利用，最终产生短链的挥发酸。产氢产乙酸细菌能利用挥发酸生成乙酸、氢和二氧化碳。由于产氢产乙酸菌的存在，使氢能部分地从废水中逸出，导致有机物内能下降，所以在产酸阶段，废水的 COD 值有所下降，但这种菌只有在乙酸浓度低、液体中氢分压也很低的条件下才能反应。而耗氢产乙酸菌在沼气池中的作用则在于增加了形成甲烷的直接前体物质——乙酸，同时由于其在产 H_2 和 CO_2 的代谢时要消耗氢，而在分解有机物时又不产生氢，因而这一过程保持了沼气池中较低的氢分压。生成的有机酸种类与厌氧发酵过程中的氢的调节作用有关。氢分压低时，产酸菌活动的结果主要是生成乙酸；氢分压高时，除乙酸积累外，还有丙酸、丁酸等较长链的有机酸生成。这一阶段的反应速率很快，当厌氧反应器污泥平均停留时间小于产甲烷细菌生长的时间时，大部分有机物已转化为挥发酸了。因此，可以认为，产酸和产氢阶段不会成为整个厌氧反应过程的速率限制性阶段，同时，通过有机酸成分及含量的测定，可以知道厌氧发酵过程的进行是否正常。

6.3.1.3　产甲烷阶段

产甲烷的厌氧生物处理过程中，有机物的真正稳定发生在反应的第三阶段，即产甲烷阶段。产甲烷的反应由严格的专性厌氧菌来完成，这类细菌包括食氢产甲烷菌和食乙酸产甲烷菌，它们在厌氧条件下将产酸阶段产生的短链挥发酸（主要是乙酸）和 H_2/CO_2 转化成气体产物——CH_4/CO_2，使有机物在厌氧条件下的分解作用得以顺利完成，其中食氢产甲烷菌数量极少。有机物产甲烷的主要反应如下：

$$C_6H_{12}O_6 \longrightarrow 3CH_4 + 3CO_2$$

$$蛋白质 \longrightarrow CH_4 + CO_2 + H_2S + NH_3$$

$$脂肪 \longrightarrow CH_4 + CO_2$$

食氢产甲烷菌可以利用氢产生甲烷，受氢体可能是二氧化碳。对醇类和其他挥发性酸类转化为乙酸的热动力学研究表明，这些反应对废水中氢的分压十分敏感，只有当废水中氢的分压保持在足够低的水平，这些反应才能进行。因而，在可溶性有机物进行厌氧处理时，产甲烷的反应速率一般比较慢，这一反应是整个厌氧反应的限制性阶段。

消化菌有兼性的，也有厌氧的，在自然界中数量较多。而产甲烷菌则是严格的厌氧菌，通常存在于水底沉积物和动物消化道等极端厌氧环境中，它们对于环境因素的变化和影响，如 pH 值、碱度、重金属离子、洗涤剂、氨、硫化物和温度的变化，比消化菌敏感得多，并且生长缓慢（世代周期长）。所以必须注意，避免将产甲烷菌从处理构筑物中排走过多，采用回流污泥的办法有利于保持产甲烷菌的数量。由于产甲烷菌对氧高度敏感，环境中的氧化还原电位高于 −0.33 V 时，产甲烷菌则不能生长。饱和了空气的水氧化电位为+0.8V。在沼气池中，产甲烷菌和其他产酸菌生活在一起，特别是发酵性细菌的代谢活动，不仅可以将氧气消耗殆尽，且可以产生大量的还原性物质，使环境氧化还原电位下降，为产甲烷菌的生长繁殖创造条件。在厌氧污泥的微生态颗粒中，产甲烷菌生存于颗粒内，处于产酸菌及胶体物质的包围之中，因而在低氧化还原电位条件下得到保护。厌氧消化过程特征见表 6-3。

表 6-3　厌氧消化特征表（引自徐文尤等，2006）

厌氧消化类型	电子受体	参加酶类	产物	产生能量
分子内无氧呼吸（又称发酵）	基质氧化后的中间产物	脱氢酶、脱羧酶、还原酶等	CO_2、CO、CH_4、RCOOH、ROH、NH_3、胺化物、H_2S、PO_4^{3-}	最少
分子外无氧呼吸	无机氧化物中的氧原子（如 NO_3^-、NO_2^-、SO_4^{2-} 等氧化物中的氧原子）	脱氢酶、脱羧酶、特殊的氧化酶、还原酶等	CO_2、CH_4、N_2、H_2S	中

在沼气池中 70%以上的甲烷是由乙酸裂解形成的，而其余的大多数来自 H_2 对 CO_2 的还原。因而，乙酸是沼气池中最重要的产甲烷前体物质，无论中温消化器还是高温消化器均是如此。

在稳定运行的沼气池内，产酸与分解酸产生甲烷的速度处于一个相对平衡状态，发酵液既无过多的有机酸积累，又可以保持较高的甲烷产率。如果发酵液内可分解的有机物浓度过高，则产酸菌繁殖旺盛，产酸过快，会造成有机酸的积累，使发酵液酸化，pH 值下降，产甲烷菌的活性受到抑制。这样就打破了产酸与产甲烷的速度平衡，导致沼气发酵运行过程的失败。如果发酵液中有机物浓度过低，酸的生成满足不了产甲烷菌的需求，则也会使沼气发酵的速率降低。从表 6-4 可见，葡萄糖的酸化阶段细菌繁殖最快，且底物浓度 K_s 为 0.4g/L 时，可达到最高繁殖速度，即每天繁殖 7.2 代。乙酸甲烷化阶段细菌的 $\hat{u}$ 值最低，每天只繁殖 0.49 代，其中 K_s 为 4.2g/L，也就是说，裂解乙酸的产甲烷菌可能出现的最大繁殖速度比酸化葡萄糖的产酸菌的要慢得多，产酸菌的繁殖速度大约是产甲烷菌的 15 倍。这种在繁殖速度上产酸菌与产甲烷菌的差别，是造成产酸与产甲烷速度失调的主要原因。

表 6-4　在中温条件下的 $\hat{u}$、K_s 常数（引自齐岳和郭宪章，2011）

细菌类群	$\hat{u}$/(代/天)	K_s/(g/L)
葡萄糖酸化	7.2	0.4
污泥酸化	3.84	26.0
纤维素粉酸化	1.7	36.8
乙酸甲烷化	0.49	4.2

注：$\hat{u}$ 为细菌在适宜条件下的最高繁殖速度（各种细菌繁殖速度不同）；K_s 为底物浓度。

在实际运行中，可以通过控制消化器内底物浓度和细菌总量来调整产酸与产甲烷的速度平衡。例如，在消化器启动时，一是投入原料底物的浓度不能太高，特别是含葡萄糖类等易生成有机酸的物质不能太多；二是要投入大量厌氧活性污泥，使发酵启动一开始，消化器内就具有较多的产甲烷菌群。在消化器运行阶段，一是要控制消化器负荷，即每单位体积消化器每日投入有机物的量不能使消化器负荷波动太大；二是设法使消化器内生长的活性污泥，特别是污泥中的产甲烷菌保留于消化器内，减少其在出料时的流失。

6.3.2　厌氧消化运行的影响因素

厌氧消化是厌氧微生物一系列生命活动的结果，即微生物不断进行新陈代谢和生长的结果。保持厌氧细菌良好的生活条件，才可能有较高的沼气生产率和污水净化效果。影响厌氧消化的因素主要有厌氧发酵的原料、厌氧消化活性污泥、消化器负荷、消化温度、pH 值、碳氮比、有害物的控制及搅拌等。

6.3.2.1　温度

温度是影响微生物生命活动过程的重要因素，主要通过对酶活性的影响而影响微生物的生长速率与对基质的代谢速率。据 Zinder 报道，产甲烷化可以在 2℃（海底沉淀物中）到高于 100℃（地热环境中）范围内进行。总体上，整个消化反应每升高 10℃，反应速率增加一倍，但是在 60℃以上时，反应速率迅速下降。

厌氧消化应用的三个主要温度范围：20～25℃称常温消化，30～40℃称中温消化，50～65℃称高温消化。中温消化、高温消化是两个生化速度最高和产气率最大的温度区间。

高温消化的微生物与中温消化的不同，前者对温度变化更为敏感，通常在中温下不会存活。但中温消化液可以直接升温进行高温消化，其微生物菌种可利用率约为 40%，且需要适当的培养时间。例如，在高温下，当反应器中的乙酸盐浓度小于 1mmol/L 时，乙酸盐通过两个阶段变化，即乙酸转化为氢和二氧化碳，紧接着形成甲烷。而在浓度更高时，中温反应器中乙酸盐转化的主要机理是甲基直接转化为甲烷。中温反应产生游离氨的比例大，进入高温阶段，高温反应器中氨的毒性更大。

大多数工业化的厌氧消化反应器是在中温或常温下操作。仅当反应器的大小相对于能耗的增加和操作的稳定性是厌氧消化主要的影响因素时，才考虑采用高温消化方式。虽然人们认为高温反应需要更多能量，但是热量损失可以通过有效的保温和热交换措施来降低。

在同一温度类型条件下，温度发生波动会给发酵带来一定影响。在恒温发酵时，于 1h 内温度上下波动不宜超过 ±(2～3)℃。短时间内温度升降 5℃，沼气产量明显下降，波动的幅度过大时，甚至停止产气。在进行中温发酵时，不仅要考虑产能的多少，还应考虑为保持中温所消耗热能的多少，选择最佳净产能温度。一般认为 35℃左右温度的处理效率最高。

池温在15℃以上时，厌氧发酵才能较好地进行。池温在10℃以下时，无论是产酸菌还是产甲烷菌都受到严重抑制。温度在10℃以上时，产酸菌首先开始活动，总挥发酸直线上升，可达4000mg/L。温度在15℃以上时，产甲烷菌的代谢活动才活跃起来，产气率明显升高，挥发酸含量迅速下降。在气温下降时必须考虑厌氧消化池的保温。通常，中温厌氧消化的最优温度范围为30～40℃，当温度低于最佳下限时，每下降1℃，消化速率下降11%。消化温度与消化时间的关系如图6-11所示。

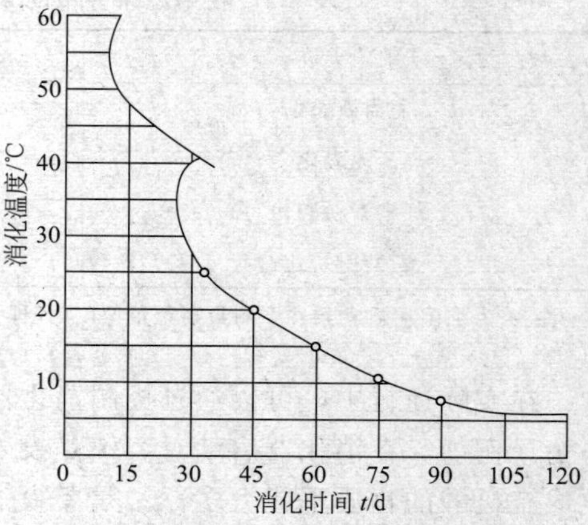

图6-11 消化温度与消化时间的关系

6.3.2.2 pH值

产甲烷菌的pH值范围为6.5～8.0，最适宜的pH值范围为6.8～7.2。如果pH值低于6.3或高于7.8，甲烷化速率降低。产酸菌的pH值范围为4.0～7.0，在超过产甲烷菌的最佳pH值范围时，酸性发酵可能超过甲烷发酵，结果反应器内将发生“酸化”。

影响pH值变化的因素主要有以下两点：一是发酵原料的pH值，畜禽场废水的pH值一般在6.5～7.5；二是在沼气池启动时，投料浓度过高，接种物中的产甲烷菌数量不足，以及在消化器运行阶段突然升高负荷，都会因产酸与产甲烷的速度变化而引起挥发酸的积累，导致pH值下降。这往往是造成沼气池启动失败或运行失常的主要原因。

沼气池在启动或运行过程中，一旦发生酸化现象应立即停止进料，如pH值在6.0以上，可适当投加石灰水、Na_2CO_3溶液加以中和，也可靠因停止进料，使产酸作用下降、产甲烷作用相对增强，这样可使积累于发酵液内的有机酸逐渐分解，pH值逐渐恢复正常。如果pH值降至6.0以下，则应在调整pH的同时，大量投入接种污泥，以加快pH值的恢复。

为防止沼气发酵酸化作用的发生，应当加强对消化器的检测，如果所产气体中CO_2比例突然升高或发酵液中挥发酸含量突然上升，都是pH值要下降的预兆，这时应采取措施减少进料，降低消化器负荷，即可避免酸化现象。一旦酸化现象发生，再进行补救就困难得多。

6.3.2.3 总固体含量

总固体含量（total solids content，TS）对反应器的设计、运行和操作有显著影响。

垃圾中的水分随季节性变化且受不同操作条件的影响（如稀释等）。含水量高不仅增加了消化器容积，而且单位体积垃圾还需要很多热量，不经济。另一方面，固体含量很高将会显著改变底质的流动性，经常会由于混合性差、固体沉降、堵塞和形成浮渣层而导致系统崩溃。

根据经验，高效生物膜反应器，包括UASB反应器、厌氧滤池、厌氧流化床等适用于总固体含量低于2%的物质，比如渗滤液、厌氧消化液等废水。对于完全混合反应器（CSTR）型的消化器而言，最佳总总固体含量（TS）在6%～10%。机械混合消化器总总固体含量的技术限制值为10%～12%，因为超过12%时搅动困难。从搅拌时液体的流动性、搅拌动力的关系考虑，污水处理厂的污泥是2%～5%，家畜粪尿是2%～8%，其他有机废水中的固形物浓度是8%。当总固体含量值达到20%时，则必须采用干式消化。

低总固体含量厌氧消化（TS：2%～10%）的设计需要提高停留时间（>15d），或需要进行悬浮固体的回流、浓缩。Rivard 等对比了低固体含量厌氧消化和高固体含量厌氧消化处理城市生活有机垃圾的效能，发现高固体厌氧消化在加料、混合和出料方面的优点和局限性都非常明显。厌氧消化反应过程中温度与有机物负荷、产气量的关系如图 6-12 所示。

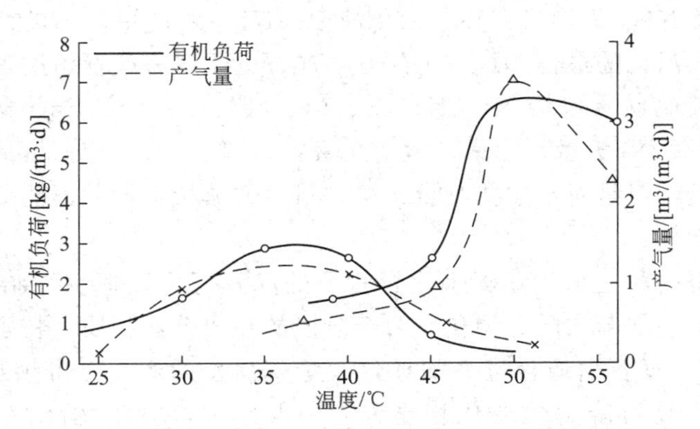

图 6-12　温度与有机物负荷、产气量的关系（引自唐受印和汪大翚，2002）

6.3.2.4　搅拌

在生物反应器中，生物化学反应依靠微生物的代谢活动而进行，这就要使微生物不断接触新的食料。在分批料发酵时，搅拌是使微生物与食料接触的有效手段；而在连续系统中，特别是高浓度产气量大的原料，在运行过程中，进料和产气时气泡形成和上升过程所造成的搅拌构成了食料与微生物接触的主要动力。

在无搅拌的消化器里，发酵液通常自然沉淀分成 4 层，从上到下分别为浮渣层、上清液层、活性层和沉渣层。在这种情况下，厌氧微生物活动较为旺盛的场所只限于活性层内。而其他各层或因可被利用的原料缺乏，或因条件不适宜微生物的活动，使厌氧消化难以进行。因此，在这类消化器里，采取搅拌措施促进厌氧消化过程的进行是必需的。对消化器进行有限的搅拌，可使微生物与发酵原料充分接触，同时打破分层现象，使活性扩大到全部发酵液内，加快消化速度，提高产气量。此外，搅拌还可以防止沉渣沉淀、阻止浮渣层结壳、保证池温的均匀性、促进气液分离等功能。但搅拌方式与强度尚存在不同的观点。例如，Leach Bed 工艺仅是利用消化液回流来完成新料的接种和降解具有抑制性的有机酸。Rivard 等发现，高固体含量厌氧反应器（TS：20%～30%）的搅拌能耗与低固体厌氧反应器（<10%）的类似，因为低固体反应器需要较高搅拌速度来防止泥渣层的形成和固体物质的沉淀。

6.3.2.5　营养物质

沼气发酵是微生物的培养过程，发酵原料或所处理的废水应看做是培养基，因而必须考虑微生物生长所必需的碳、氮、磷以及其他微量元素和维生素等营养物质。这些营养物质中最重要的是碳素和氮素两种营养物质，在厌氧菌生命活动过程中需要一定比例的碳素和氮素。原料 C/N 过高，碳素多，氮素养料相对缺乏，细菌和其他微生物的生长繁殖受到限制，有机物的分解速度就慢、发酵过程就长。若 C/N 过低，可供消耗的碳素少，氮素养料相对过剩，则容易造成系统中氨氮浓度过高，出现氨中毒。沼气发酵适宜的 C/N 值范围较宽，有人认为（13～16）∶1 最好，但也有试验说明（6～30）∶1 仍然合适。

在实际的厌氧消化过程中，氮的平衡是非常重要的因素。消化系统中由于细胞的增殖很少，只有很少的氮转化为细胞，大部分可生物降解的氮都转化为消化液中的氨氮，因此消化液中氨氮的浓度都高于进料中氨氮的浓度。氨有助于提高厌氧消化反应器缓冲能力，但也可能抑制反应。在高固体反应器中，即使原料的C/N正常，氨也可能产生毒性，因为氨随着消化的进行而在消化器表面聚积。研究表明，氨氮对厌氧消化过程有较强的毒性或抑制作用，氨氮以 NH_4^+ 及 NH_3 等形式存在于消化液中，NH_3 对产甲烷菌的活性有比 NH_4^+ 更强的抑制能力。因而，消化的最佳 NH_3-N 浓度为700mg/L，一般不超过1000mg/L。

反应所需要的其他物质包括Na、K、Ca、Mg、Cl、S、Fe、Cu、Mn、Zn、Ni等，其中Fe、Cu、Mn、Zn、Ni为微量元素。微量元素容易和P、S反应而沉淀，故微量元素可利用的部分也可能缺乏。但是对于这些微量元素，目前的分析手段并不能分清微生物可利用的部分和不能利用的部分。

有机大分子（蛋白质、脂肪和碳水化合物）的降解可导致挥发性脂肪酸（VFA）的形成，而挥发性脂肪酸是细菌在厌氧消化后两个阶段的主要营养物质。特别指出，脂肪含量高可显著提高VFA值，而蛋白质含量高却导致大量氨离子的产生。可生物降解物质的组成、均一性、流动性、生物可降解性变化相当大。一般来说，可生物降解有机物占总固体的70%～95%。当有机总固体少于60%时，通常不宜作为厌氧消化的有机底质。

6.3.2.6 停留时间

厌氧反应器的运行有两个不同概念的停留期，即固体滞留期（SRT）和水力滞留期（HRT）。SRT是指固体（微生物细菌）在厌氧反应器中被置换的时间（相当于停留时间）。而HRT则是指污水或污泥等消化液体在反应器中全部被置换的时间。在不可循环的悬浮反应器中，SRT和HRT相等。如果固体（微生物）的循环使用与整个消化系统运行相关联或被直接固定，SRT和HRT将会有很大的区别。由于产甲烷生长周期远长于需氧或者兼性厌氧细菌，典型的厌氧消化反应器SRT大于12d。如果SRT小于10d的话，大量产甲烷菌将可能被洗脱出系统。因此，相比HRT，SRT是更为重要的滞留参数。

适当延长SRT对厌氧消化反应是有利的，相对较长的SRT可以使物料消解效率最大化。与此同时，通过将SRT和HRT错开，也可以减小反应器的有效容积，使整个污泥污水消化系统免受突然加料的影响，提高系统对毒性物质的缓冲能力和对毒性环境的耐受力。

6.3.2.7 盐分

低浓度的无机盐对于微生物的生长具有促进作用，但高浓度的无机盐对于微生物有抑制。当厌氧消化反应器中的钠盐浓度小于5g/L时，有机垃圾厌氧消化并非受到抑制。但是当钠盐浓度大于5g/L时，甲烷的产量逐渐降低。

无机盐对于微生物的生长抑制主要表现为微生物外界中渗透压较高，造成微生物的代谢酶活性降低，严重时会引起细胞的质壁分离，甚至死亡。水中无机盐可改变氧在水中的溶解能力。对于一种无机盐，由于阴阳离子共存，所以阴阳离子中哪种离子对于生物处理的影响占主导作用仍然不清楚。在考察 Cl^- 和 $SO_4{}^{2-}$ 对厌氧微生物处理影响时发现，$SO_4{}^{2-}$ 的中等抑制浓度为500～1000mg/L，Cl^- 的中等抑制浓度为3500～4260mg/L。影响有机垃圾厌氧消化过程的无机盐浓度特征范围见表6-5。

6.3.2.8 接种物

有机物质厌氧分解产生甲烷的过程是由多种沼气微生物来完成的，因此在厌氧消化中，加入足够所需的微生物（亦称菌种）进行接种是极为重要的。有没有接种物决定了厌氧消化的成败，而接种物中的有效成分与活性直接关系消化过程的快慢。接种物中的有效成分是具

表 6-5 影响有机垃圾厌氧消化过程的无机盐浓度特征范围（引自徐文龙等，2006）

无机盐	刺激浓度/(mg/L)	中等抑制浓度/(mg/L)	强制抑制浓度/(mg/L)
Na^+	100～200	3500～5500	8000
K^+	200～400	2500～4500	10000
Ca^{2+}	100～200	2500～4500	8000
Mg^{2+}	75～150	1000～1500	3000
SO_4^{2-}	—	500～1000	2000
Cl^-	—	3500～4260	15000
总盐量	—	5000～10000	15000

有活性的微生物类群，不同来源的接种物，其微生物活性是不同的。如城市下水污泥、湖泊池塘底泥、粪坑底部沉渣都含有大量微生物类群，特别是屠宰场污泥、食品加工厂污泥，由于其有机物含量高，适于沼气微生物生长，是良好的接种物。

沼气池投料时若投料中的微生物数量和种类都不够，应人工向沼气池加入微生物。工业废水中没有或很少有沼气微生物，使用这类原料的沼气池启动时，如果没有接种物或接种物过少，投料后很长时间才能启动或根本就不能正常运转。一般粪便中含有一定量的沼气微生物，启动时如果不另添加接种物，在温度较高（料温高于 20℃）条件下，经过一段时间可以达到正常发酵，不过浪费了时间。农村沼气池启动时，若接种物足够多，投料第二天就可正常产气。沼气池彻底换料时，应保留少部分底脚沉渣作为接种物，可使停滞期大大缩短，很快开始正常产气。

大型沼气池投料时由于对接种物需要量大，通常可用污水处理厂厌氧消化池内里的活性污泥作接种物；农村沼气池可采用下水道污泥作接种物，接种量一般为发酵料液的 10%～15%，当采用老沼气池消化液作为接种物时，接种数量应占总消化料液的 30%以上，若以底层污泥作为接种物时，接种数量应占总消化料液的 10%以上。采用较多的秸秆作为消化原料时，其接种量一般应大于秸秆量。因此，在选择接种物时，不但要有占投料量 20%～30%的接种物，而且更要选择活性强的接种物。

6.3.2.9 添加剂和抑制剂

许多物质可以加速消化过程，而有些物质却抑制消化的进行，还有些物质在低浓度时可促进消化作用，而在高浓度时对其产生抑制作用。

能促进有机物质分解并提高产气量的各种物质统称为添加剂。添加剂量的种类很多，包括一些酶类、无机盐类等。

进料时加入一定数量的纤维素酶可起到加速物质分解、提高产气量的作用。添加黑曲霉可提高下水污泥的厌氧消化能力，使甲烷产量提高 1.4～1.6 倍。研究表明，在沼气发酵液中加 5mg/kg 的稀土元素（R_2O_3）可将产气量提高 17%以上。少量的 K、Na、Ca、Mg 对厌氧消化有促进作用。浓度为 100～200mg/L 的 Na、200～400mg/L 的 K、100～200mg/L 的 Ca 和 100～200mg/L 的 Mg，都能促进消化过程。添加少量的活性炭粉末可提高产气量 2～4 倍。在碳浓度为 500～4000mg/L 时，产气量的增加与浓度成正比，且气体中的甲烷含量增加，消化液中易挥发性固体减少。

在牛粪的厌氧消化中添加尿素、$CaCO_3$ 和饼粕的试验表明，添加尿素能得到较高的产气速率，较大的产气量（257mg/L）和分解率（36.92%）；添加 $CaCO_3$ 可促进沼气的产生和提高沼气中的甲烷含量；用饼粕作为有机氮，产沼气的速度回到原有水平。添加0.25%～0.5%醋酸钠，实际上是添加产甲烷的前体物质，可较大幅度提高产气量。

厌氧消化微生物的生命活动受很多因素的影响，很多物质都可抑制这些微生物的生命活动。沼气池内挥发酸浓度过高（中温消化在2000mg/L以上，高温消化在3600mg/L以上）时，对消化有抑制作用；氨态氮浓度过高时，对厌氧消化菌有抑制和杀伤作用；各种农药，特别是剧毒农药，有极强的杀菌作用，即使微量的剧毒农药也可使正常用的厌氧消化完全破坏。大多数重金属包括其有机或无机盐类，这些物质超过一定浓度时都对厌氧消化有强烈的抑制作用，如Hg、Pb、Ag、Zn、Cu等。因为重金属多是蛋白质的沉淀剂，当它们与蛋白质或酶结合时则使其变性，引起酶反应的抑制或细胞的死亡。研究表明，在含有重金属盐类条件下，厌氧消化的产气量不低于不含重金属盐类条件下的80%时，这时重金属浓度为允许浓度。各种重金属化合物的允许浓度见表6-6。

表6-6 沼气发酵液中重金属化合物的允许浓度（引自齐岳和郭宪章，2011）

化合物	允许浓度/(mg/kg)	化合物	允许浓度/(mg/kg)
$CuSO_4 \cdot 5H_2O$	700(以铜计178)	$Ni(NO_3)_2 \cdot 6H_2O$	200(以镍计40)
$CuCl_2 \cdot 2H_2O$	700(以铜计261)	$NiSO_4 \cdot 7H_2O$	300(以镍计63)
CuS	700(以铜计465)	$HgCl_2$	2000(以汞计1748)
$K_2Cr_2O_3$	500(以铬计88)	$HgNO_3$	$<$1000(以汞计$<$764)
Cr_2O_3	75000(以铬计73)		

6.3.3 厌氧消化工艺分类

厌氧消化工艺是指从消化原料到生产沼气的整个过程所采用的技术和方法，包括原料的收集和预处理、接种物的选择和富集、厌氧消化装置的发酵启动和日常操作管理及其他相应的技术措施。由于厌氧消化是由多种微生物共同完成的，各种有机物质的降解及发酵过程的生物化学反应众多交错，因而厌氧消化工艺也比其他消化工艺更为复杂。

根据厌氧反应器的操作条件，如进料总固体含量、运行阶段数、进料方式和温度等，厌氧消化工艺分类如图6-13所示。

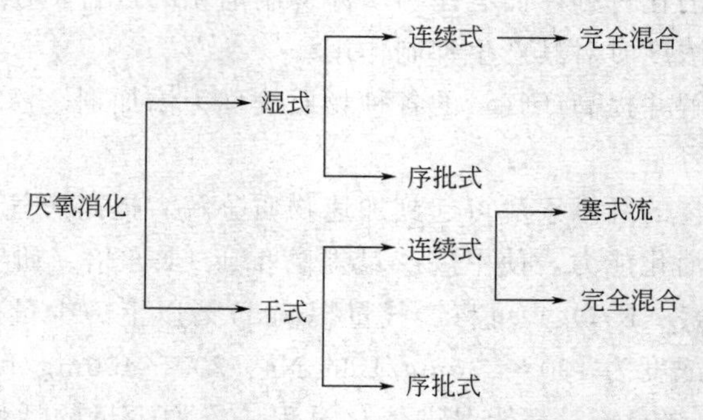

图6-13 厌氧消化系统分类一览图（引自徐文龙等，2006）

6.3.3.1 湿式和干式

根据废物中有机固体浓度的大小，厌氧消化工艺可分为湿式消化工艺和干式消化工艺。

湿式反应系统是指反应基质总固体含量为 10%～15%，干式反应系统是指反应基质总固体含量为 20%～40%。

在湿式厌氧消化工艺中，有机固体废物通常要用水稀释至进料中 TS 低于 15%，浆液处于完全混合状态，它与在废水中应用了几十年的污泥厌氧稳定化处理技术相似，但是在实际设计中有很多问题需要考虑。特别是对于机械分选的城市生活垃圾而言，分选去除粗糙的硬垃圾、将垃圾调成充分连续的浆状，浆状的预处理过程非常复杂。为达到既去除杂质，又保证处理的正常进行，有机垃圾需要采用过滤、筛分等复杂的处理单元。这些预处理过程会导致 15%～25%的挥发性固体损失。浆状垃圾并不能保持均匀的连续性，因为在消化过程中重物质沉降，轻物质形成浮渣层，导致在反应器中形成了三种明显不同密度的物质层。重物质在反应器底部聚集可能破坏搅拌器，因此必须通过特殊设计的水力旋流分离器或者粉碎机予以去除。

干式厌氧消化工艺，即保持固体废物的原始状态进行消化，反应器内消化物料的 TS 在 20%～40%之间，其对预处理的要求相对简单，一般不需要对进料进行稀释，仅仅在浓度特别高（TS>60%）的进料才用水稀释。它的难点在于：其一，生物反应在高总固体含量条件下消化系统内部非均匀性问题难以克服；其二，为满足废物高黏度的需求，干法所用的输送、搅拌固体流的设备比湿法昂贵，导致造价很高。但是在法国、德国已经证明，对于机械分选的城市生活有机垃圾的消化采用干式工艺是可靠的。如 Dranco 工艺中，消化的垃圾从反应器底部回流至顶部，垃圾总固体含量范围 20%～50%。与 Kompogas 工艺相似，只是采用水平式圆柱形反应器，内部通过缓慢转动的桨板使垃圾均质化，系统需要将垃圾总固体含量调到大约 23%。而 Valorga 工艺显著不同，同为在圆柱形反应器中水平塞式流是循环的，垃圾搅拌是通过底部高压生物气的射流而实现的。Valorga 工艺的优点是不需要用消化后的垃圾来稀释新鲜垃圾，缺点是气体喷嘴容易堵塞，维护比较困难。Valorga 工艺产生的回流水使反应器内保持 30%的总固体含量，且不能单独处理湿垃圾，因为在总固体含量 20%以下时重物质在反应器内发生沉降。通常干式消化工艺比湿式消化工艺具有更高的有机负荷率和产气效率，湿式、干式消化系统优缺点的比较见表 6-7。

表 6-7　湿式、干式消化系统优缺点比较（引自李来庆等，2013）

含固率	湿式	干式
	一般在 10%～15%	一般在 20%～40%
优点	1. 技术成熟。 2. 处理设施价格合理	1. 预处理中挥发性有机物损失少，很少用新鲜水稀释；有机物负荷高，抗冲击负荷较强。 2. 预处理相对便宜，反应器小。 3. 水的耗量和热耗较小，产生废水的量较少，废水处理费用相对较低
缺点	1. 预处理复杂。 2. 需要定期清除浮渣层；对冲击负荷敏感。 3. 水的耗量大，产生废水的量也大	1. 湿垃圾不能单独处理。 2. 设备造价高。 3. 由于在高固体含量下进行，输送和搅拌困难，尤其搅拌是技术难点

6.3.3.2　单相和多相

根据反应的阶段数厌氧消化工艺可分为单相和多相，其厌氧消化原理分别如图 6-14 和

图 6-15 所示。

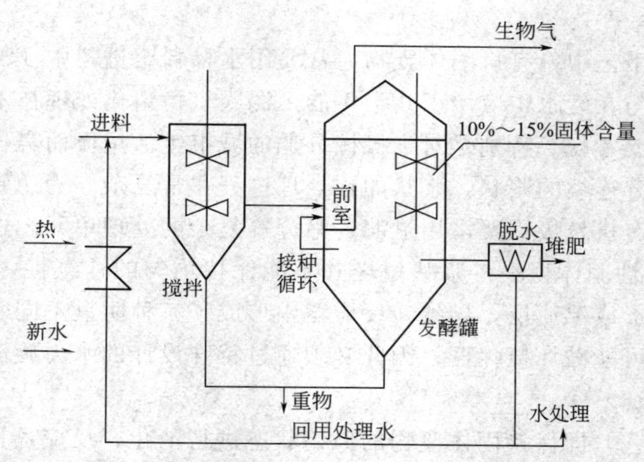

图 6-14 单相厌氧消化系统原理图（引自许晓杰等，2015；徐文龙等，2006）

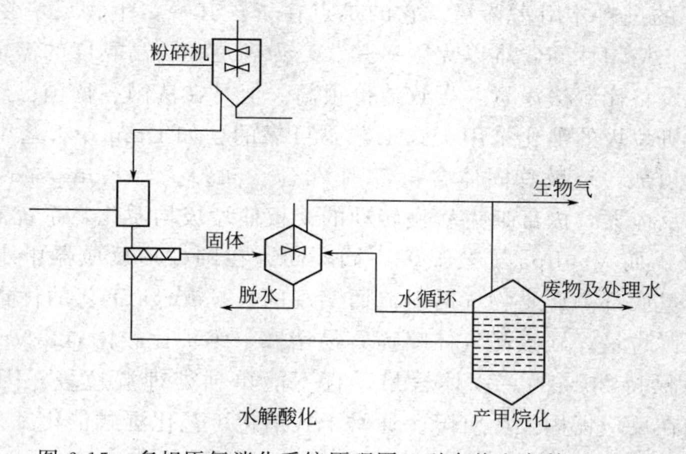

图 6-15 多相厌氧消化系统原理图（引自徐文龙等，2006）

单相消化工艺是指消化过程在一个反应器中进行，多种菌群在同一环境中生存，能够有效处理总固体含量在 20%～40%的有机固体废物。由于消化物料具有较高的浓度和高黏性，因而其在单相反应器一般是通过平推流动的方式移动的。在实际工程中，单相消化工艺系统具有操作方式简单、投资少和故障率低的特点，应用较为普遍。现在已经有多种能够大规模应用的有效工艺，如 Dranco、Kompogas、Valorga。我国农村完全混合式沼气发酵装置和现在建设的大中型沼气工程大多采用这单相消化工艺。

两相厌氧消化工艺是 20 世纪 70 年代初期由 Pohland 和 Ghosh 等提出的，由两个分离的中温厌氧反应器组成，第一个为水解酸化反应器，第二个为产甲烷反应器。在水解酸化器中发酵产生大量的挥发性脂肪酸（某些情况下，这些挥发性脂肪酸的浓度达到 40000mg/L），通过渗滤，这些酸转入有大量的乙酸化菌和产甲烷菌的产甲烷反应器中。这样，能为两类微生物菌群分别提供各自适宜的生存环境，降低反应器中不稳定因素的影响，提高整个厌氧消化器的负荷和产气效率。水解酸化器可采用连续或间歇式进料（浆液原料）和批量投料（固态原料），并控制固体物和有机物的高浓度和高负荷，固态原料用干发酵；产甲烷反应器中的固体物负荷率低，可溶性有机物负荷率高。后来，Dague 又提出了温度分级的两相厌氧消化工艺，即高温下运行厌氧消化反应器的第一级，中温下运行第二级，使污泥首先在高温下得以厌氧消化，随后采用中温运行，从而缩短操作的停留时间，使之比单级单相厌氧消化缩短30%。

然而，在实际的市场运作中，两相消化并没有表现出优越性（见表6-8）。在欧洲固体垃圾厌氧消化中，两相消化所占的比重比单相消化要小得多，原因是两相消化系统需要更多的投资，以及运转维护也更为复杂。目前，工业上一般用单相工艺系统，因为其设计简单，一般不会发生技术故障。对于大部分有机垃圾而言，只要设计合理、操作适当，单相系统具有与多相系统相同的效果。

表6-8　单相和两相厌氧消化的比较

项目	单相	两相
优点	1. 投资少 2. 易控制	1. 系统运行稳定 2. 提高了处理效率(如减少了停留时间) 3. 加强了对进料的缓冲能力
缺点	反应器可能出现酸化现象导致产甲烷菌受到抑制,厌氧消化过程受到影响	1. 投资高 2. 运行维护复杂,操作控制困难

6.3.3.3　序批式和连续式

按照进料方式分为序批式和连续式。序批式是指将有机固体废物分批次投入反应器中，接种后密闭直至完全降解，之后清空反应器，再投入下一批新鲜固体物料（见图6-16）。连续式是指将新鲜物料连续进料，完全分解的物质连续从反应器底部排出（见图6-17）。

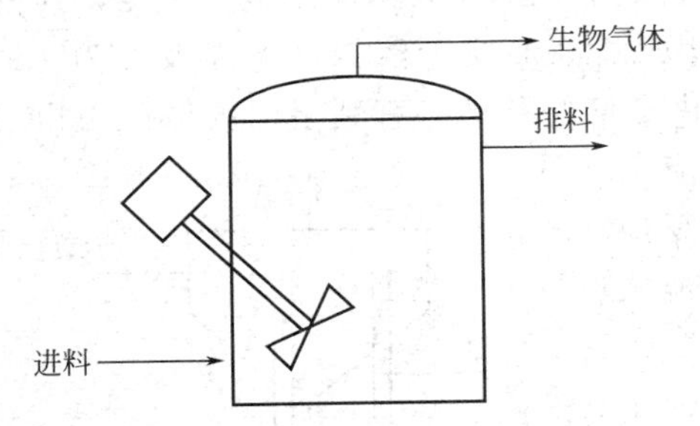

图6-16　序批式反应器（引自徐文龙等，2006）

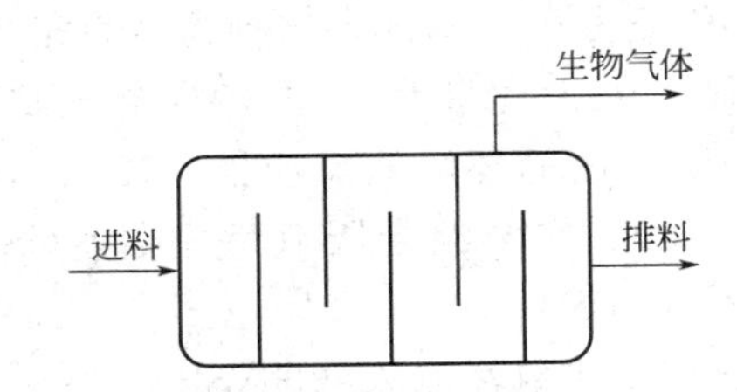

图6-17　连续式反应器（引自徐文龙等，2006）

目前，序批式消化工艺的市场应用比例还不大，主要原因在于其产气效率比较低，而且序批式系统通常比连续系统占地面积大，但其设计简单，容易控制，对粗大杂质适应能力强，投资少，这些特点使其适应于在发展中国家推广应用。

6.3.3.4　常温消化、中温消化和高温消化

高温消化是指50～60℃温度下进行的厌氧消化生化反应，实际控制温度多在50～65℃。维持高温消化的办法有很多，最常见的是锅炉加温，运行过程中应尽量减少热量的散失，特别是在冬季，要提高新鲜原料进料的温度。高温消化速度很快，一般都采取连续进料和连续出料。高温厌氧消化反应器产气率高，停留时间短（12～14d），反应器容积小，但维修成本高。

中温消化是指30～40℃温度下进行的厌氧消化生化反应，温度维持在33～37℃。与高温消化相比，这种工艺消化速度稍微慢一些，产气率低一些，但维持中温消化的能耗较少，

沼气产量能总体维持在一个较高的水平，产气速率比较快，料液基本不结壳，可保证常年运行稳定。中温厌氧消化反应器反应温度较低，所以降解相同水平的有机物，一般停留时间要较长（15～30d）。虽然中温厌氧反应器的生物反应过程比较稳定，但长停留时间需要更大的容积和更高的成本。

常温消化，也称自然温度消化，是指在环境温度下进行的厌氧消化生化反应，消化温度受气温影响而变化。我国农村户用沼气池基本采用这种工艺。这种埋地式的常温消化沼气池结构简单，成本低廉，施工容易，便于推广。其特点是消化料液的温度随气温、地温的变化而变化，其优点是不需要对消化液温度进行控制，节省保温和加热投资，沼气池本身基本上不消耗热量；缺点是在同样条件下，一年四季产气率相差较大。南方农村沼气池建设在地下，一般料液温度最高为25℃，最低仅为10℃，冬季产气效率虽然较低，但在原料充足的情况下还可以维持用气量。但北方地区的地下沼气池冬季料液温度仅达到5℃，无论产酸菌和产甲烷菌，其活性都受到了严重抑制，产气率不足0.01$m^3/(m^3 \cdot d)$，当消化温度在15℃以上时，产气率明显升高，可达0.1～0.2$m^3/(m^3 \cdot d)$。因此，北方的沼气池为了确保安全越冬维持正常产气，一般需建在太阳能暖圈或日光温室下。

6.3.4 厌氧消化系统

厌氧消化系统包含厌氧消化反应器以及进出料系统、搅拌系统、加热系统、气体收集净化和利用系统五大系统。

6.3.4.1 厌氧消化反应器

厌氧消化反应器主要分为柱形和蛋形消化池，柱形消化池在我国应用最为广泛，其由中部柱体（径高比为1）和上下锥体组成，底部设计成圆锥形便于清扫，下部坡度为1.0～1.7，顶部为0.6～1.0。这种构型为完全内循环提供了良好条件，有利于池内保持均相。沼气工程厌氧消化装置主要有升流式厌氧污泥反应器（UASB）、内循环厌氧反应器（IC）、升流式固体反应器（USB）、完全混合厌氧反应器（CSTR）和塞流式反应器（PFR）。

升流式厌氧污泥床（UASB）主体分为上、下两个区，即反应区和气、液、固三相分离区，在下部的反应区内是沉淀性能良好的厌氧污泥床，如图6-9所示。

内循环厌氧反应器（下称IC反应器）的构造特点具有很大的高径比，高径比一般为4～8，反应器的高度可达16～25m。在外形上看，IC反应器实际上是个厌氧生化反应塔。该反应器集中了UASB和流化床厌氧反应器的优点，利用反应器内所产生的沼气的提升力实现发酵料液的内循环。其基本构造如图6-18所示。

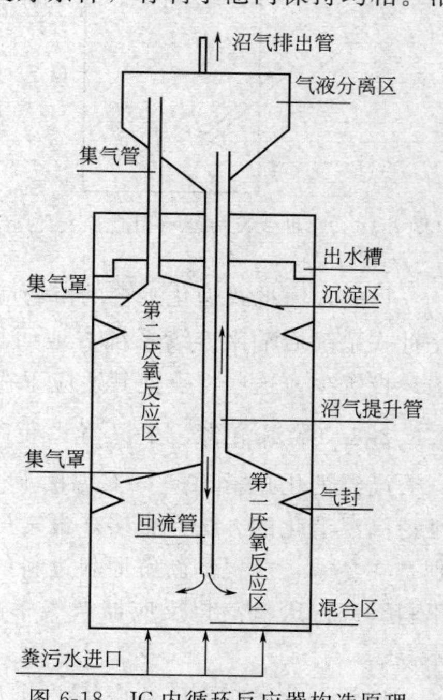

图6-18 IC内循环反应器构造原理
（引自唐艳芬和王宇欣，2013）

升流式固体反应器（USR）是一种结构比较简单、特别适合于高悬浮固体原料的厌氧反应器。需要处理的物料从底部管道进入厌氧反应器内，与反应器中的厌氧活性污泥接触，使发酵料液中高浓度有机物得到快速消化分解。USB反应器内不设三相分离器，不需要污泥回流，也不需要搅拌装置。未被分解的有机物和厌氧活性污泥颗粒，靠重力作用沉降滞留于反应器内，上清液从厌氧反应器上部排出，这样可以得到比水力滞留期（HRT）高得多的固体滞留期（SRT）和微生物滞留期（MRT），从而达到较高的固体有机物分解率（见图 6-19）。

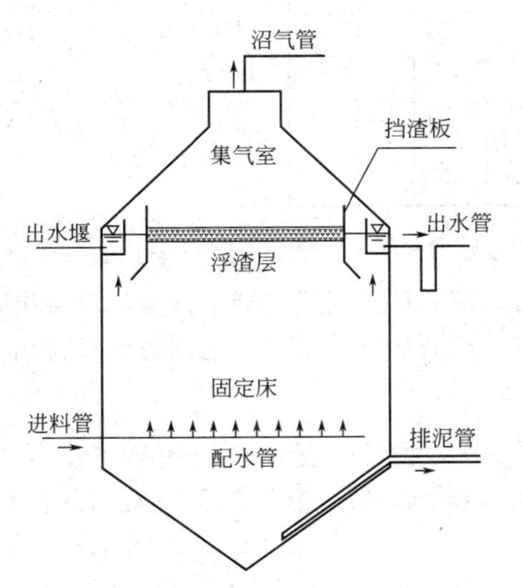

图 6-19　升流式厌氧固体反应器（USR）示意图
（引自唐艳芬和王宇欣，2013）

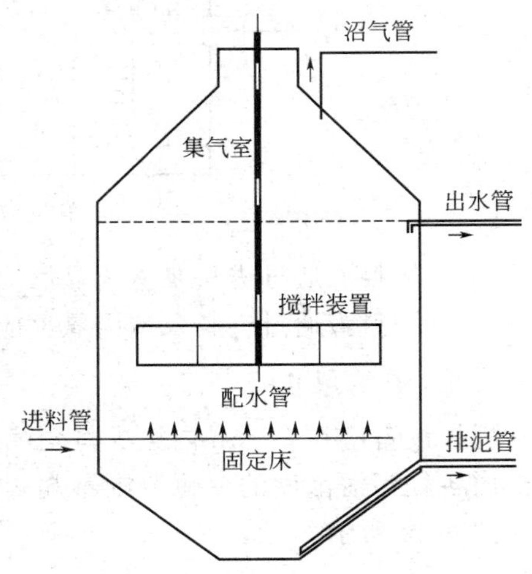

图 6-20　完全混合厌氧反应器（CSTR）
（引自唐艳芬和王宇欣，2013）

完全混合厌氧反应器（CSTR）是在常规厌氧反应器内安装搅拌装置，使进入反应器的发酵料液和厌氧微生物处于完全混合状态（见图 6-20）。完全混合厌氧反应的 HRT、SRT 和 MRT 完全相等，适应高悬浮固体料液，反应器内物料分布比较均匀，由于搅拌作用避免了分层现象和浮渣、结壳、堵塞的产生。CSTR 要求水力滞留期较长，一般要求 15d 或更长的时间。中温发酵时的负荷（以 COD 计）一般为 4.0kg/(m^3·d)。表 6-9 为 CSTR 污染物去除率（%）情况。

表 6-9　完全混合式厌氧反应器污染物去除率　　单位：%

化学需氧量(COD_{Cr})去除率	五日生化需氧量(BOD_5)去除率	悬浮物(SS)去除率	氨氮(NH_3-N)去除率	总氮(TN)去除率	总磷(TP)去除率
80～95	70～90	85～95	10～20	60～80	60～90

资料来源：中华人民共和国国家环境保护标准《完全混合式厌氧反应池污水处理工程技术规范》(HJ 2024—2012)。

塞流式厌氧反应器（PFR）也叫推流式厌氧反应器，它是一种非完全混合反应器，高浓度悬浮有机固体原料从反应器一端进入，从另一端流出，原料在反应器内的流动呈活塞式推流状态，料液掺混程度低。塞流式厌氧反应器在进料口一端呈现较强的水解酸化作用，甲烷的产量随着物料向出料口方向的流动而逐渐增多。塞流式厌氧反应器构造如图 6-21 所示。

6.3.4.2　进出料系统

厌氧反应器进出料系统形式主要有以下三种。

① 发酵料液通过进料泵从厌氧反应器上部进料，沼渣、沼液直接从厌氧反应器下部出料管排出；

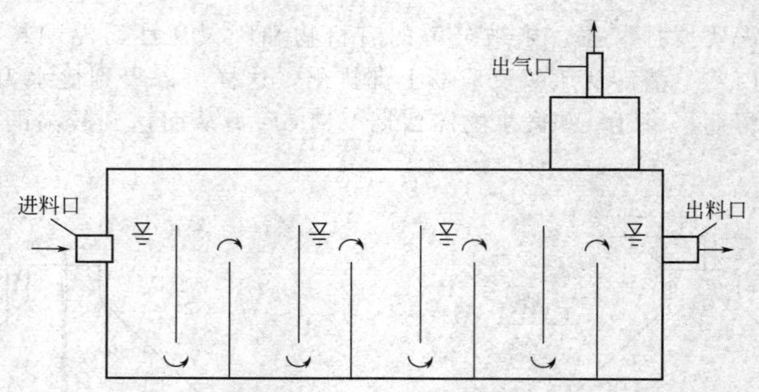

图 6-21 塞流式厌氧反应器示意图（引自唐艳芬和王宇欣，2013）

② 发酵料液通过进料泵从厌氧反应器上部进料，沼液从厌氧反应器上部溢流口排出；

③ 发酵料液通过进料泵从厌氧反应器下部进料，沼液从厌氧反应器上部溢流口排出。

6.3.4.3 厌氧消化搅拌

搅拌设备应在 2～5h 内至少将全池的污泥搅拌一次，搅拌能耗在 5.2～40W/m^3。一般当池内各处污泥浓度的变化范围不超过 10%，即认为搅拌均匀。沼气工程中常用的搅拌方法如图 6-22 所示。

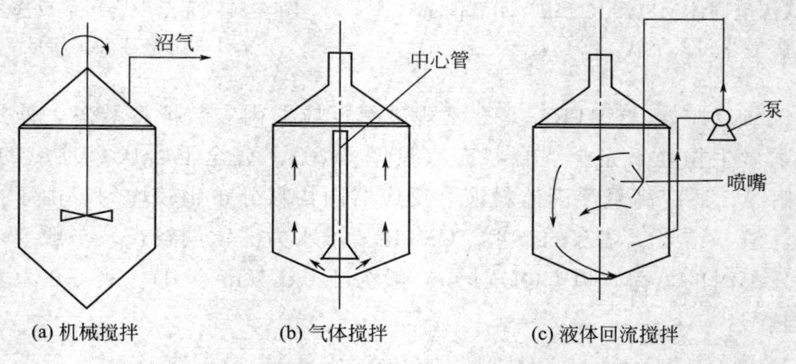

图 6-22 沼气工程中常用的搅拌方法（引自廖利等，2010）

① 机械搅拌 在沼气池内安装机械搅拌装置，定位于上、中、下层皆可，若料液浓度偏高，安装要偏下点。机械搅拌形式有立式搅拌、侧式搅拌和斜式搅拌。

② 沼气回流搅拌 将沼气池内产生的沼气抽出来，加压后通过输送管道从池底冲入，从而在池内产生较强的气流，达到搅拌的目的。这种搅拌方式可以提高沼气产量，国外一些大型沼气工程采用这种搅拌方式。

③ 液体回流搅拌 用抽渣器从沼气池的出料间将消化液抽出，再通过进料管注入沼气池内，产生较强的料液回流，以达到搅拌和菌种回流的目的。

机械搅拌设计简单，运行故障率低，但效果一般，适合小的消化池；液体回流搅拌或沼气回流搅拌一般管线设计比较复杂，其故障率也比机械搅拌高，但效果好，适合大、中型沼气工程。

6.3.4.4 厌氧消化加温

厌氧消化反应要在一定温度下进行，加温方式主要有池内加热和池外加热两类。内加热为直接在厌氧反应器内对发酵料液进行加热。反应器内加热又可分为热水循环和蒸汽直接加热两种方法（见图 6-23）。盘管加热法热效率低，循环热水盘管外表面则易结壳，导致传热系数降低。反应器内蒸汽直接加热法热效率较高，但热蒸汽不利于厌氧微生物生长，同时产生凝结水，降低料液浓度。池外加热则有发酵料液预热和循环加热两种方法（见图 6-23）。前者系发酵料液在预热池内首先加热到所要求的温度，再用泵送入厌氧反应器；后者系将池内发酵料液抽出，加热至发酵需要的温度后再用泵送回厌氧反应器内。另外，螺旋板式换热器加热，这种方法不易堵塞，尤其适于污泥处理以及直接蒸汽加热等方式。目前，采用沼气锅炉加温或利用沼气发电余热作为厌氧消化池热源应用较多。

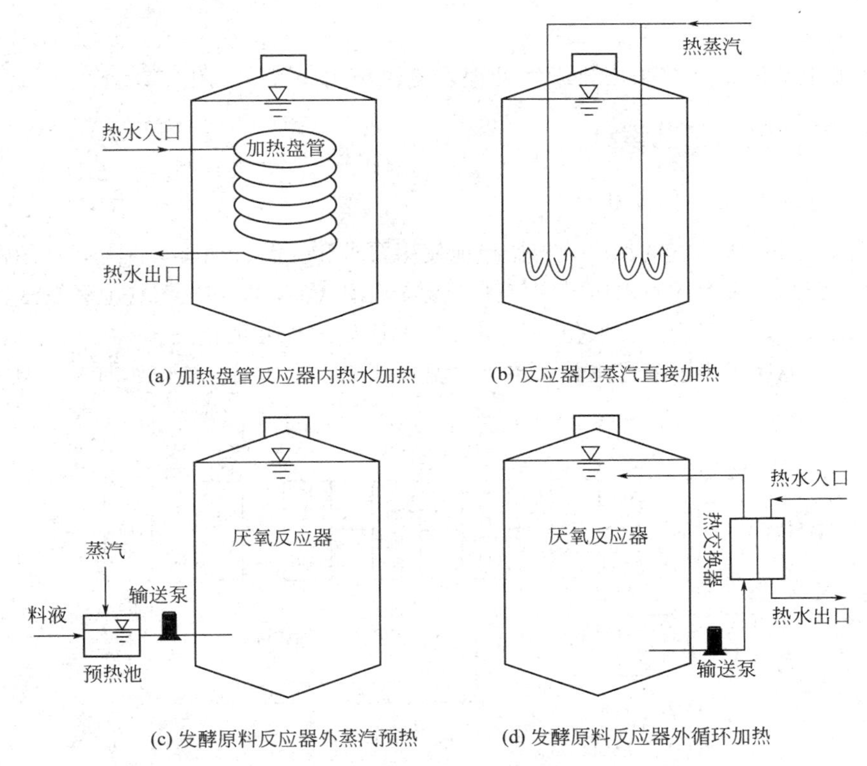

(a) 加热盘管反应器内热水加热　　(b) 反应器内蒸汽直接加热

(c) 发酵原料反应器外蒸汽预热　　(d) 发酵原料反应器外循环加热

图 6-23 厌氧反应器常用的加热方式（引自唐艳芬和王宇欣，2013）

6.3.4.5 沼气净化、存储与利用

沼气中含有水分（H_2O）和硫化氢（H_2S），利用前必须进行脱硫、脱水处理。沼气中硫化氢占 0～1.0%，可采用化学脱硫（湿式、干式脱硫塔）和生物脱硫方式除掉。干式脱硫是沼气以 0.4～0.6m/min 的速度通过脱硫剂，接触时间一般为 2～3min。脱硫剂一般 3 个月需要再生一次。湿式脱硫采用含量 2%～3%的碳酸钠溶液从脱硫塔顶喷淋，沼气逆流接触，除去硫化氢。化学脱硫法存在运行费用高、设备复杂、管理不便、脱硫产物回收利用困难等缺点。生物脱硫法是在有氧条件下，通过硫细菌的代谢作用将硫化氢转化为单质硫。生物脱硫的优点是：不需要催化剂、不需要处理化学污泥，生物污泥产生量少、耗能低、可回收单质硫、去除效率高。在我国，生物脱硫方面的研究才刚起步。

贮气柜对整个系统具有气量调蓄和稳压的作用。贮气方式主要有两种：湿式贮气和干式贮气。贮气柜的容积一般为日均产气量的 25%～40%。通常，干式柜的工作压力为 0.4～

0.6MPa，湿式柜的工作压力是0.2～0.3MPa。

目前沼气的用途主要分以下几种形式。

① 沼气锅炉直接为消化池提供热能，沼气锅炉的热效率较高，一般在90%以上；

② 沼气发电机发电供污水处理厂内部使用，发电效率34%～36%，加上余热利用，热效率可达到80%～85%；

③ 沼气发电机发电直接作为污水处理厂的鼓风机或水泵动力，余热还可为消化池提供热能；

④ 沼气提纯工艺，提纯的沼气供生产车使用或作为生活燃气。

6.3.4.6 消化上清液处理

消化污泥上清液中磷多采用化学法处理，氨氮采用厌氧氨氧化工艺处理。

6.3.5 沼气工程的工艺设计

6.3.5.1 户用沼气池工艺设计

随着我国农村户用沼气的推广，根据当地使用要求和气温、地质条件等，户用沼气池的形式多种多样，归总起来大体由水压式沼气池、浮罩式沼气池、半塑式沼气池和罐式沼气池四种基本类型变化形成。与我国农村四位一体生态型大棚模式配套的沼气池一般为水压式沼气池。户用水压式沼气池属于半连续进出料，单级常温发酵工艺，其工艺流程如图6-24所示。

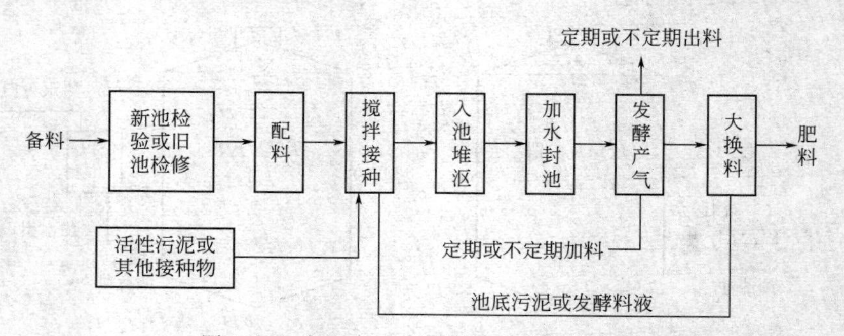

图6-24 户用水压式沼气池发酵工艺流程

（1）户用水压式沼气池工作原理 它是一种埋设在地下的立式圆筒形发酵池，池盖和池底是具有一定曲率的壳体，主要由加料管、发酵间、出料管、水压间、导气管等部分组成。圆形结构的沼气池受力均匀，比相同容积的长方形池表面积约小20%，可节省设备用料。此外池内无死角，容易密封，有利于甲烷菌的活动，对产气作用有利。该类沼气池的缺点是气压不稳定，影响产气；池温低，严重影响产气量；原料利用率低（10%～20%）；产气率低；大换料不方便且密封性能较差。因气压不稳使燃烧器的设计困难。水压式沼气池工作原理如图6-25所示。

图6-25（a）是启动前的状态。新料刚加入，尚未产生沼气。此时发酵间与水压间的液面在同一水平，发酵间液面为O—O液面，发酵间尚存的空间为死气箱容积（V_0）。

图6-25（b）为启动后状态。发酵池开始产气，发酵间气压开始上升，随产气量增大，水压间液面不断高于气压间液面，当贮气量达最大值（$V_{贮}$）时，发酵间液面降至最低A—A液面，同时水压间液面升至最高B—B液面。此时沼气池达到极限工作状态，两液面差最大，这一液面差称为极限沼气压强，其值可表示如下：

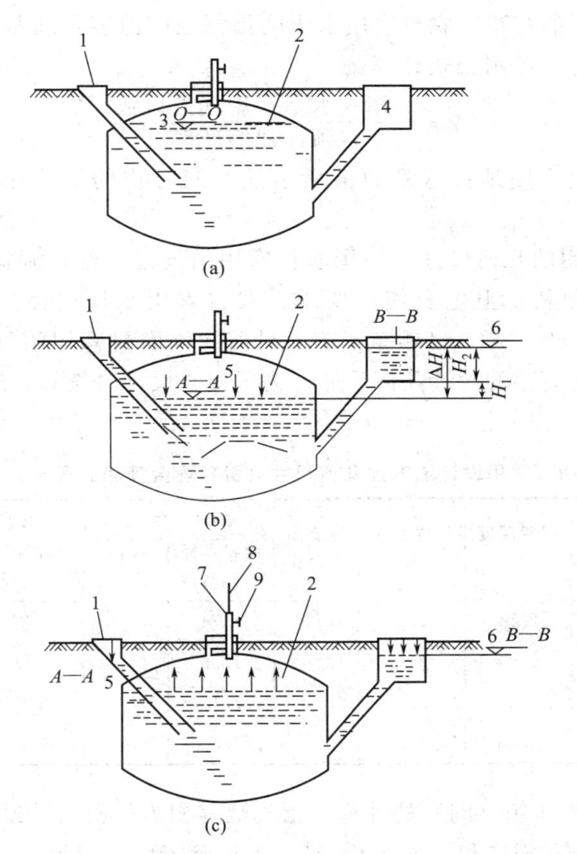

图 6-25　水压式沼气池工作原理示意图（引自芈振明等，1993）

1—加料管；2—发酵间（贮气部分）；3—池内液面 $O—O$；4—出料间液面；5—池内料液液面 $A—A$；6—出料间液面 $B—B$；7—导气管；8—沼气输气管；9—控制阀

$$\Delta H = H_1 + H_2 \tag{6-1}$$

式中，H_1 为发酵间液面下降最大值；H_2 为水压间液面上升最大值；ΔH 为沼气池最大液面差。

图 6-25（c）是在使用沼气时，沼气池发酵间压力逐渐减小，液面渐渐回升，水压间液面随之下降，产气又继续进行。如此不断进行产气用气，发酵间和水压间液面交替上升下降，使厌氧发酵得以继续。

（2）户用水压式沼气池设计

① 设计需掌握的主要参数

a. 气压：以 7480Pa，即 80cm 水柱为宜。

b. 池容产气率：指每立方米发酵池容积一昼夜的产气量，单位为 $m^3/(m^3 \cdot d)$。我国通常的池容产气率有 $0.15m^3/(m^3 \cdot d)$、$0.2m^3/(m^3 \cdot d)$、$0.25m^3/(m^3 \cdot d)$、$0.3m^3/(m^3 \cdot d)$ 四种。

c. 贮气量：指气箱内最大沼气贮量。农村家用水压式沼气池的最大产气量一般以 12h 产气量为宜，其值与有效水压间的容积相等。贮气量（$V_{贮}$）可用公式计算：

$$V_{贮} = 池容产气率 \times 池容 \times \frac{1}{2} \tag{6-2}$$

d. 池容：指发酵间的容积。农村家用水压间沼气池的池容积通常有 6m³、8m³、10m³、12m³ 四种。池容（$V_{容}$）可用公式计算：

$$V_{容}=\frac{用气水平\times用气人口数}{预计池容产率} \tag{6-3}$$

e. 投料率：指最大限度地投入的料液所占发酵间容积的百分比，一般以 85%～95% 为宜。

② 沼气池一般采用的几何尺寸　我国农村家用沼气池已经达到标准化、系列化和通用化，满足沼气发酵、肥料、卫生及使用要求。农村家用水压式沼气池的国家标准 GB/T 4750—2002、GB/T 4752—2002 已颁布实施。目前我国农村家用沼气池的设计尺寸，一般采用“矮壁圆柱削球壳盖”的设计几何尺寸。为了便于设计时查阅，现将沼气池各主要尺寸列于表 6-10，供参考。

表 6-10　常用设计沼气池几何尺寸（引自董金锁和薛开吉，1999）　　单位：m

池型容积 /m³	用地范围		埋置深度 (h)	池内直径 (D)	池墙高 (H)	削球形池盖		削球形池底		出料间(水压箱)	
	长	宽				曲率半径 (ρ_1)	矢高 (f_1)	曲率半径 (ρ_2)	矢高 (f_2)	长 (d_1)	宽 (d_2)
6	4.58	2.88	2.14	2.4	1.0	1.74	0.48	2.55	0.30	1.0	0.8
8	4.88	3.18	2.24	2.7	1.0	1.96	0.54	2.86	0.34	1.2	1.0
10	5.18	3.48	2.34	3.0	1.0	2.18	0.60	3.18	0.38	1.3	1.0
12	5.38	3.78	2.40	3.2	1.0	2.32	0.64	3.40	0.40	1.4	1.0

③ 沼气池容积和水压箱（间）的计算　沼气池容积为气箱（拱顶池盖）、发酵间（圆柱体池身）和池底三部分容积之和（见图 6-25）。根据确定的几何尺寸计算沼气池容积和水压箱容积。

沼气池容积计算如下。

a. 拱顶池盖容积(V_1)：$V_1=\frac{\pi}{3}f_1^2(3\rho_1-f_1)$ (6-4)

b. 池底容积(V_2)：$V_2=\frac{\pi}{3}f_2^2(3\rho_2-f_2)$ (6-5)

c. 圆柱形池身容积(V_3)：$V_3=\pi R^2H$ (6-6)

式中，R 为池内半径，$R=(D/2)$；H 为池墙高。

d. 沼气池容积(V)：$V=V_1+V_2+V_3$ (6-7)

上述各式的有关参数的物理意义见表 6-10。

水压箱容积计算：

$$V_{水压箱}=\frac{\pi}{4}d_1d_2\Delta H \tag{6-8}$$

式中，ΔH 为水压间的高度［见图 6-25（b）］，即沼气池最大液面差，$\Delta H=H_1+H_2$；H_1 为发酵间液面最大下降值；H_2 为水压间液面最大上升值。

④ 沼气池表面积的计算　沼气池表面积是指沼气池内壁的面积。用沼气池各部位表面积乘以相应部位的厚度，就可得出这个部位的用料量，这就是计算沼气池表面积的目的。

池盖表面积(S_1)：$S_1=2\pi\rho_1f_1$ (6-9)

池底表面积(S_2)：$S_2=2\pi\rho_2f_2$ (6-10)

池身表面积(S_3):$S_3=2\pi RH$ (6-11)

整个池体表面积(S):$S=S_1+S_2+S_3$ (6-12)

上述各式的有关参数的物理意义见表6-10。

⑤ 确定进料管、出料管安装位置 水压式沼气池进出料管的水平位置通常设置在发酵间直径的两端，其垂直位置一般设置在发酵间的最低设计液面高度处，这个位置的计算方法如下。

a. 计算死气箱（贮气间）拱的矢高（$f_{死}$）：即池盖拱顶点到发酵间最高液面（$O—O$ 位置）的距离（见图6-26）。

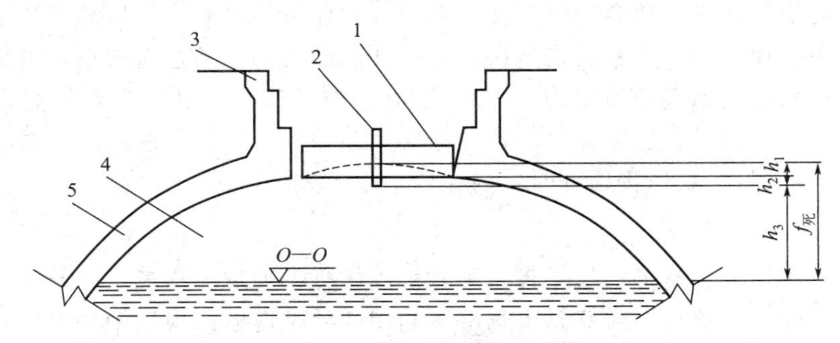

图6-26 死气箱矢高（引自芈振明等，1993）

1—活动盖；2—导气管；3—蓄水圈；4—死气箱；5—固定拱盖

$$f_{死}=h_1+h_2+h_3 \tag{6-13}$$

式中，h_1 为池盖拱顶点到活动盖下缘平面的距离，对于65cm直径的活动盖，取 $h_1=10\sim15$cm；h_2 为导气管下露出的长度，取 $h_2=3\sim5$cm；h_3 为导气管下口到 $O—O$ 最高液面的距离，取 $h_3=20\sim30$cm。

b. 计算死气箱容积（$V_{死}$）：

$$V_{死}=\pi f_{死}^2\left(\rho_1+\frac{f_{死}}{3}\right) \tag{6-14}$$

式中，$f_{死}$、ρ_1 分别为死气箱矢高、池盖曲率半径。

c. 计算投料率：

$$投料率=\frac{V-V_{死}}{V}\times100 \tag{6-15}$$

式中，V 为沼气池容积。

d. 计算最大贮气量（有效气箱容积，$V_{贮}$）：

$$V_{贮}=池容\times池容产气率\times\frac{1}{2} \tag{6-16}$$

e. 计算气箱总容积（$V_{气}$）：

$$V_{气}=V_{死}+V_{贮} \tag{6-17}$$

f. 计算池盖容积（V_1）：

$$V_1=\frac{\pi f_1(3R^2+f_1^2)}{6} \tag{6-18}$$

g. 计算发酵间最低液面位 $A—A$：一般情况下，$V_{气}>V_1$，即 $A—A$ 液面位置在圆筒形池身范围内。要确定进、出料管的安装位置时，应先计算出气箱在圆筒形池身内的部分容积

($V_{筒}$)，然后再计算气箱在圆筒形池身内的部分高度 ($h_{筒}$)。

$$V_{筒}=V_{气}-V_1=\pi R^2 h_{筒} \tag{6-19}$$

$$h_{筒}=\frac{V_{筒}}{\pi R^2} \tag{6-20}$$

因此，发酵间液面可下降到的最低液面 $A—A$ 应位于池盖和池身交接平面以下的 $h_{筒}$ 位置上，这个位置也就是进、出料管应安装的位置。

农村户用沼气池的进料口通常设置在畜圈内靠近厕所的地方，进料口的大小根据原料的类型来定。一般情况下，以畜禽粪便为主要原料的沼气池，进料口可适当小些，以农作物秸秆为主要原料的沼气池进料口要适当大些。在沼气池建造中，对进料口总的要求是既要保证进料，又要利用搅拌管理。进料管是连接进料口和发酵间的一条进料通道，进料口下端开口位置的上沿应在从池底到气箱顶盖的 1/3～1/2 处。池子浅时，进料管要安装在池底到气箱顶盖的 1/3 处。池子深时，进料管要安装在池底到顶盖的 1/2 处。进料管的内径一般要达到 30cm 左右，日常进料为农作物秸秆时，内径要不小于 35 cm。

6.3.5.2 沼气工程工艺设计

(1) 沼气工程规模分类 沼气工程是集有机固体废物处理、沼气生产、资源化利用为一体的系统工程，而厌氧消化反应器是生物资源利用的关键设备。根据中华人民共和国农业行业标准《沼气工程规模分类》(NY/T 667—2011)，沼气工程规模分类如表 6-11 所示。

表 6-11 沼气工程规模分类指标 (引自唐艳芬和王宇欣，2013)

工程规模	日产沼气量 $Q/(m^3/d)$	厌氧反应器单体容积 V_1/m^3	厌氧反应器总体容积 V_2/m^3
特大型	$Q \geqslant 5000$	$V_1 \geqslant 2500$	$V_2 \geqslant 5000$
大型	$5000>Q \geqslant 500$	$2500>V_1 \geqslant 500$	$5000>V_2 \geqslant 500$
中型	$500>Q \geqslant 50$	$500>V_1 \geqslant 300$	$1000>V_2 \geqslant 300$
小型	$50>Q \geqslant 5$	$300>V_1 \geqslant 20$	$600>V_2 \geqslant 20$

(2) 沼气工程工艺流程 在沼气工程建设中，发酵原料、场地条件、气候环境、技术水平以及沼气、沼液和沼渣的利用模式决定了发酵工艺的不同。因此，进行沼气工程设计时，必须根据任务要求和实际情况，选定工艺类型，根据发酵原料资源量和发酵工艺参数，确定反应器的容积和结构形式。在沼气工程中常用的厌氧反应器则按物料流态分为完全混合厌氧消化器 (CSTR)、卧式推流厌氧消化器 (HCPF)、升流式厌氧污泥床 (UASB) 等。另外，适合高浓度原料厌氧发酵的工艺，如覆膜干式厌氧消化反应器和一体化两相厌氧发酵技术等。厌氧消化反应器是沼气工程的核心组成。沼气工程工艺基本流程见图 6-27。

(3) 厌氧消化反应器工艺设计 发酵原料的厌氧消化是在无氧环境条件下依靠厌氧微生物，使有机物降解的生物处理方法，它适用于高浓度有机料液的处理。沼气工程的工艺设计要根据沼气工程的建设目的和环境条件，按照沼气发酵工艺参数要求，选择工艺类型和发酵温度 (常温发酵、中温发酵或高温发酵)，最后确定厌氧反应器的总体容积和结构形式。工艺选择原则是在生产沼气同时，必须考虑沼渣、沼液的资源化利用，满足环境要求，实现农业的可持续发展。

① 沼气工程产气量估算 根据发酵料液有机物化学组分来预测甲烷、二氧化碳的产量，巴斯威尔 (Buswell 和 Mueller) 提出了以下的化学方程式：

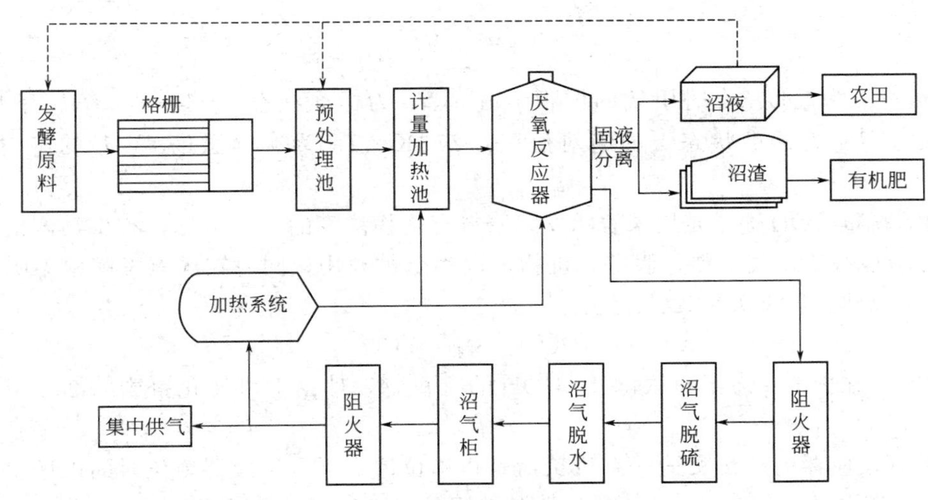

图 6-27　沼气工程工艺流程图（引自唐艳芬和王宇欣，2013）

$$C_nH_aO_b+\left(n-\frac{a}{4}-\frac{b}{2}\right)H_2O\longrightarrow\left(\frac{n}{2}-\frac{a}{8}+\frac{b}{4}\right)CO_2+\left(\frac{n}{2}+\frac{a}{8}-\frac{b}{4}\right)CH_4$$

有关试验证明，当 $n>\left(\frac{a}{4}+\frac{b}{2}\right)$，水就参加反应；当 $n\leqslant\left(\frac{a}{4}+\frac{b}{2}\right)$，有机物被降解，同时还生成水。事实上，只有已知参与厌氧反应的有机物其组成成分时，产气量才可以进行理论计算。以葡萄糖分子（$C_6H_{12}O_6$）为例，在厌氧发酵中如不考虑微生物的增殖，葡萄糖的产甲烷气量计算可简化为：

$$\begin{array}{ll} C_6H_{12}O_6 \longrightarrow & 3CH_4+3CO_2 \\ 180 & 3\times 22.4L \\ 1000 & X \end{array}$$

任何一种 1mol 气体在标准状态下的体积均为 22.4L，则每 1000g 葡萄糖可产甲烷：

$$X=\frac{1000}{180}\times 3\times 22.4L=373.3L \tag{6-21}$$

表 6-12 为几种有机物的沼气产气量。实验表明，有机物实际测定的产气量与理论计算值之间存在差异，这不仅与有机物本身的分子结构有关，也与微生物发酵环境有关。由于发酵原料组分的复杂性，厌氧反应中，甲烷的产量还与发酵料液的 COD 浓度有关，COD 浓度越低，单位有机物的甲烷产率越低。此外，产气率还与厌氧反应中硫酸盐还原菌、反硝化细菌的活动有关，这些细菌与产甲烷菌争夺碳源，从而影响甲烷产气率。因此，在预测厌氧反应器产气率时，需要综合考虑各种因素对产气率的影响。

表 6-12　几种有机物的沼气产气量

有机物	产气量/(mL/g)	CH_4 含量/%	CO_2 含量/%
碳水化合物	790	50	50
脂肪	1250	68	32
蛋白质	704	71	29

资料来源：申立贤．高浓度有机废水厌氧处理技术．北京：中国环境科学出版社，1991．

在任一温度条件下，甲烷产量可以按下式进行计算：

$$V_1=\frac{T_1}{T_0}V_0 \tag{6-22}$$

式中，V_1 为温度 T_1 时甲烷的体积，m^3；V_0 为标准状态（0℃，1 atm）下甲烷的体积，m^3；T_0 为标准状态下的绝对温度，273K；T_1 为实际温度 t℃时的绝对温度，$t+273$K。

化学需氧量COD通常是用来表示发酵原料有机物浓度的一种指标，有机物浓度高，其COD值相应也高。根据资料，假定有机物可以完全被利用，同时在厌氧发酵中不吸收外部的氧，则可以建立以下关系式：

$$[COD_{进}-COD_{出}]_{液相}=[COD_{CH_4}]_{气相} \tag{6-23}$$

经计算，在标准状态下每去除1g COD的有机物，理论上可转化得到0.25g甲烷，即0.35L甲烷。

② 厌氧反应器的有机负荷　有机负荷是指单位体积厌氧反应器单位时间内所承受的有机物的量。单位是 $kg/(m^3 \cdot d)$，有时也用总固体（TS）和悬浮固体（SS）来表示有机物的量。

厌氧反应器有机负荷是影响厌氧消化效率的一个重要参数，直接影响产气量和处理效率。大中型沼气工程厌氧反应器的正常运行取决于系统内微生物产酸与产甲烷反应速率的相对平衡。一般情况下，产酸微生物生长速率大于产甲烷菌，若厌氧反应器有机负荷过高，则产酸率将大于耗酸（产甲烷）率，挥发酸的积累使pH值下降，抑制产甲烷阶段的正常进行。

③ 厌氧反应器的容积负荷　容积负荷是厌氧反应器设计和运行的重要参数之一。容积负荷与厌氧处理工艺，废水性质和浓度、消化温度等有关。根据容积负荷设计时，反应器COD容积负荷的计算如下：

$$N_v=\frac{qs_0}{V_0} \tag{6-24}$$

式中，N_v 为反应器有机容积负荷（以COD计），即单位反应器容积每日接受的发酵料液中有机物的量，$kg/(m^3 \cdot d)$；q 为厌氧反应器进料设计流量，m^3/d；s_0 为发酵料液中可生物降解有机物浓度（以COD计），kg/m^3；V_0 为厌氧反应器容积，m^3。

④ 厌氧反应器的水力负荷　水力负荷是厌氧反应器单位容积单位时间所处理粪污水的体积，$m^3/(m^3 \cdot d)$。在同样容积有机负荷条件下，发酵原料不同，投料体积则不一样，这就构成不同的水力负荷。发酵原料有机物浓度高则水力负荷低，否则水力负荷高。当有机物浓度基本稳定时，水力负荷则成为大中型沼气工程设计工艺控制的主要条件。

⑤ 厌氧反应器的水力滞留期　水力滞留期是根据水力计算所得出的发酵料液在厌氧反应器内的停留时间（d）。如果只从提高反应器利用效率来考虑，则水力滞留过短就会导致厌氧反应器内的微生物过度流失而使发酵失败。目前一些采用低浓度废水的高效厌氧反应器，水力滞留期已偏短至12 h。水力滞留期的计算方法是用沼气池容积除以每天进料量的体积：

$$HRT=\frac{V_0}{q} \tag{6-25}$$

式中，HRT为水力滞留期，d；V_0 为厌氧反应器有效容积，m^3；q 为厌氧反应器进料设计流量，m^3/d。

⑥ 厌氧反应器的原料投配率　反应器原料投配率指每天进入原料料液量与厌氧反应器

容积之比，原料投配率在一定程度上反映了发酵原料在厌氧反应器中的停留时间（投配率的倒数就是发酵原料在反应器中的平均停留时间）。

⑦ 厌氧反应器的有机物去除率　有机物去除率用于表明沼气池在去除污染方面所能达到的水平。用进料有机物浓度与出料有机物浓度之差除以进料浓度（质量分数,%）表示。计算公式如下：

$$D=\frac{s_0-s}{s_0}\times 100\% \tag{6-26}$$

式中，D 为厌氧反应器有机物去除率,%；s_0 为厌氧反应器进料有机物浓度，kg/m^3；s 为厌氧反应器出料有机物浓度，kg/m^3。

有机负荷在一定范围内变化，厌氧反应随着其有机负荷的增大，反应器内单位质量物料的产气量下降，而反应器容积产气率则增多。对于具体发酵工艺，厌氧反应器进料的有机物浓度是一定的，有机负荷的提高意味着水力滞留期缩短，则反应在一定时间内有机物分解率下降，势必影响单位质量物料的产气量。但因反应器相对的粪污处理量增多了，其单位容积的产气量将提高。农作物秸秆、干清粪猪舍粪便等原料发酵时其浓度可以稀释调节。根据有关资料表明，在总固体含量不高于40%的条件下，厌氧发酵都能进行，只是速度较慢。一般情况下，沼气工程所采用的发酵料液浓度为5%～8%。表6-13列出了我国大中型沼气工程中应用较多的几种厌氧反应器的主要设计参数。

表6-13　厌氧反应主要设计参数（中温发酵）

项目	升流式厌氧污泥床	完全混合厌氧反应器	塞流池
温度/℃	约35	约35	约35
水力滞留期/d	8～15	10～20	15～20
总固体含量/%	3～5	3～6	7～10
COD_{Cr}去除率/%	60～80	55～75	50～70
COD_{Cr}负荷/[kg/(m^3·d)]	5～10	3～8	2～5
投配率/%	7～12	5～10	5～7

资料来源：中华人民共和国农业部《规模化畜禽养殖场沼气工程设计规范》(NY/T 1222—2006)。

⑧ 厌氧反应器容积的确定　厌氧反应器的设计应考虑发酵条件、发酵温度、水力滞留期、总固体浓度（%）、COD_{Cr}去除率（%）、COD_{Cr}负荷[kg/(m^3·d)]和投配率（%）等。

a. 根据容积负荷计算厌氧反应器的容积：

$$V_0=\frac{qs_0}{N_v} \tag{6-27}$$

式中，V_0 为厌氧反应器容积，m^3；q 为厌氧反应器进料设计流量，m^3/d；s_0 为发酵料液中可生物降解有机物浓度（以COD计），kg/m^3；N_v 为反应器有机容积负荷（以COD计），即单位反应器容积每日接受的发酵料液中有机物的量，kg/(m^3·d)。

b. 根据水力滞留期（HRT）计算厌氧反应器的有效容积：

$$V_0=\mathrm{HRT}\cdot q \tag{6-28}$$

式中，V_0 为厌氧反应器有效容积，m^3；HRT为水力滞留期，d；q 为厌氧反应器进料设计流量，m^3/d。

沼气池设计时每天的进料体积是确定的。因此，只要确定了水力滞留期，所需要建造的沼气池容积也就确定了。例如某沼气池计划采用30℃发酵，进料浓度为10%（总固体），每天进料为$40m^3$，水力滞留期选15d，则沼气池的容积就是$40\times15=600$（m^3）。

6.3.6 厌氧消化技术

有机固体废物厌氧消化是一种具有应用前景的技术，因为通过对有机废物的厌氧消化产生沼气可以得到可再生能源和肥料。中温消化、高温消化都是可行的技术，实际运行的处理厂，中温消化占62%；在干湿方面，湿式、干式系统各占一半；而单相消化、两相消化的比重相差大，其中两相消化占10.6%，原因是两相消化工艺需要更多的投资、运转维护也更为复杂。

从城市污泥厌氧消化处理技术的发展趋势图（见图6-28）就可以看出这一点来。在过去的40年间，在池型、搅拌等方面取得了长足的进步，建成的厌氧消化装置也都能稳定运行。其中，分级的厌氧生物反应器将是未来发展的方向之一。

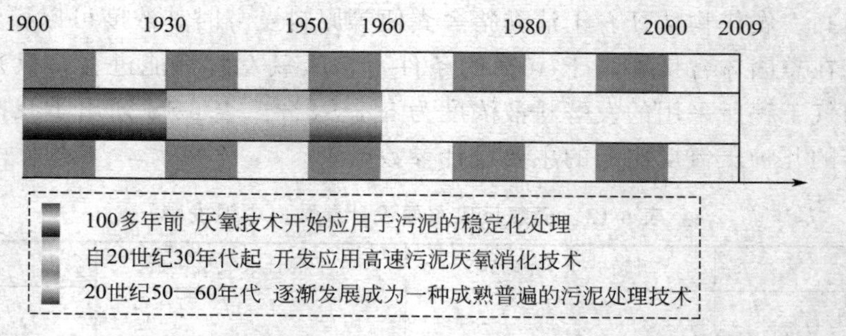

图6-28 城市污泥厌氧消化处理技术的发展趋势图（引自彭光霞和李彩斌，2011）

6.3.6.1 高含固污泥厌氧消化技术

高含固污泥厌氧消化技术是通过高温高压热水解预处理（thermal hydrolysis pre-treatment），以高含固的脱水污泥（含固率15%～20%）为对象的厌氧消化技术（见图6-29和图6-30）。工艺采用高温（155～170℃）、高压（600kPa）对污泥进行热水解与闪蒸处理，使污泥中的胞外聚合物和大分子有机物发生水解，并破解污泥中微生物的细胞壁，强化物料的可生化性，改善物料的流动性，提高污泥厌氧消化池的容积利用率、厌氧消化的有机物降解率和产气量。同时，该技术通过高温高压预处理，可改善污泥的卫生性能及沼渣的脱水性能，进一步降低沼渣的含水率，有利于厌氧消化后沼渣的资源化利用。

此工艺已在欧洲国家得到规模化工程应用，其产气效率比传统厌氧消化方法高出30%，但高含固厌氧消化技术本身存在以下难点。

① 反应基质浓度高，造成反应中间产物与能量在介质中传递、扩散困难，易形成反馈抑制。

② 水分含量低影响细胞移动或酶扩散，增大启动难度。

③ 搅拌阻力大，能耗高。

6.3.6.2 厌氧消化强化预处理技术

（1）Cambi处理工艺　由Purac开发的Cambi工艺中，通过水解过程使污泥中的有机成分从不溶解状态转化为溶解状态，使有机物可用于生物降解，即厌氧消化（见图6-31）。

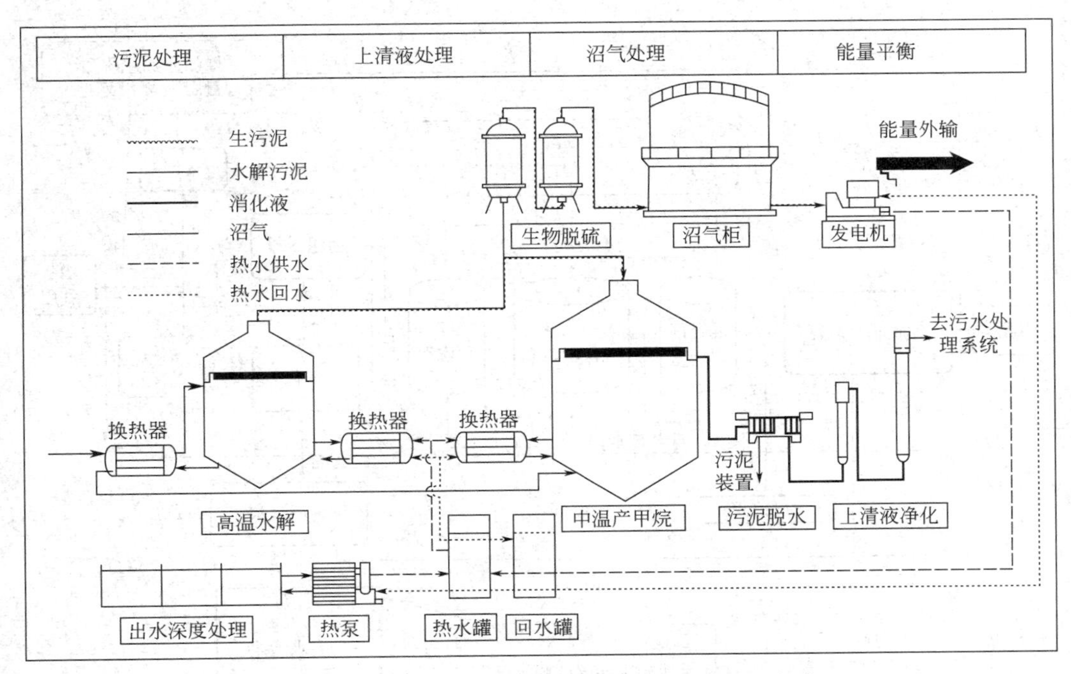

图 6-29 TS/BP 厌氧消化工艺系统图（引自彭光霞和李彩斌，2011）

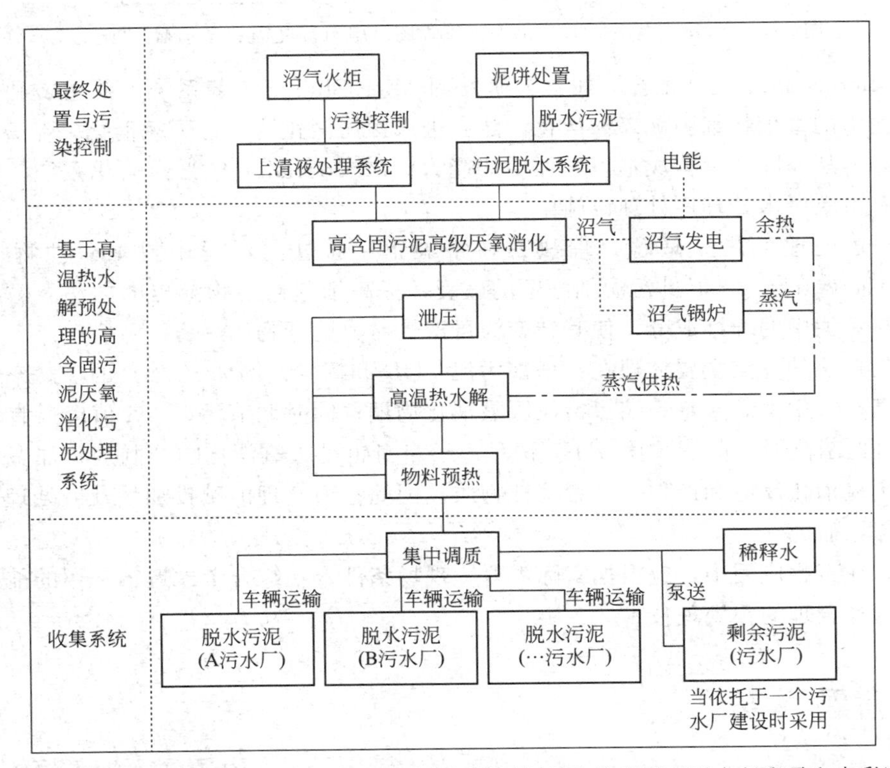

图 6-30 基于高温高压热水解预处理的高含固城市污泥厌氧消化流程图（引自彭光霞和李彩斌，2011）

热解处理法通过对污泥进行加热，使污泥中的部分细胞受热膨胀而破裂，释放出蛋白质和胶质、矿物质以及细胞膜碎片，进而在高温下受热水解、溶化，形成可溶性聚缩氨酸、氨氮、挥发酸以及碳水化合物等，从而实现细胞内溶物的水解。

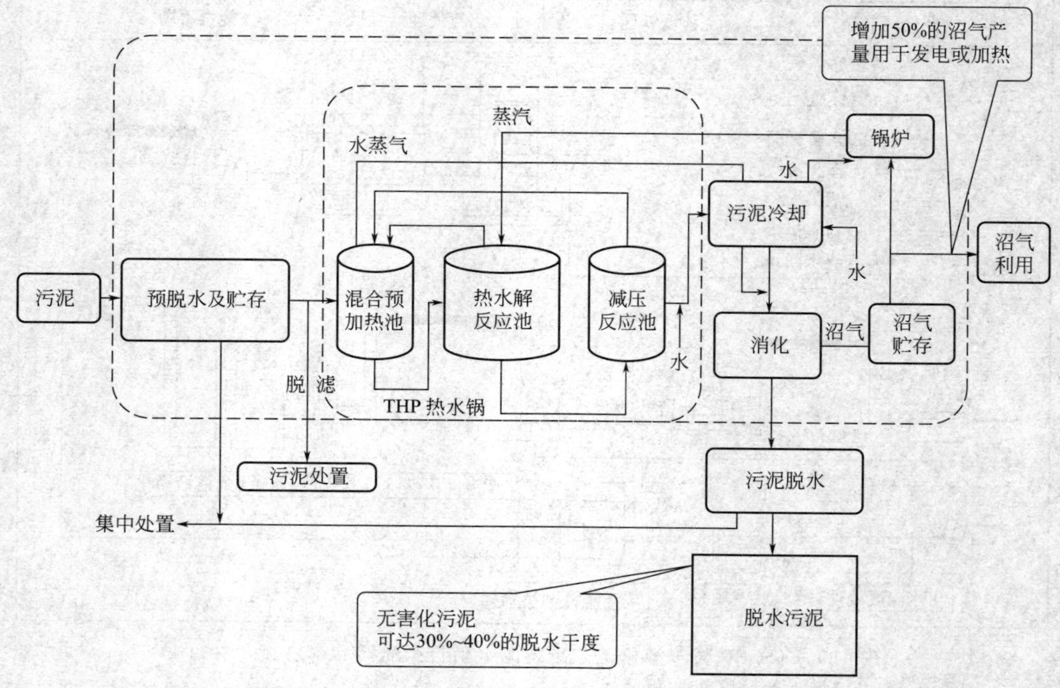

图 6-31 Cambi 高级厌氧消化工艺流程图（引自彭光霞和李彩斌，2011）

（2）MicroSludge 处理工艺 加拿大研发的 MicroSludge 工艺系统，使用碱和高压使剩余活性污泥中的微生物细胞破碎和液化，然后进入污泥消化池进行厌氧消化，显著改善了厌氧降解工艺，从而降低运营成本、增加生产能力。MicroSludge 作为模块化系统，可方便地安装在现有市政污水处理厂处理设施中。

（3）碱解处理工艺 碱解处理法是在常温下，通过向污泥中投加碱性物质［常用 NaOH 或 Ca（$OH)_2$］，促进污泥细胞壁的破裂，提高细胞内溶物溶出的方法。碱液预处理能有效溶解污泥中的纤维成分，使其转变为可溶性有机化合物。

碱解处理法的优点主要体现在：增加污泥 COD 和挥发性固体（VS）的降解率，增大产气量，提高产气中甲烷含量；缩短污泥厌氧消化周期；同时调节污泥 pH 值以适宜于厌氧消化的 pH 值控制范围。但 Na^+ 和 OH^- 两种离子自身也是厌氧消化的抑制剂，加碱预处理过程会抑制厌氧消化反应和产生一些难溶性物质。因此，最合理的碱投加量及碱处理法的负面效应尚待深入研究。

总之，在工程应用中，应根据实际需要、现场条件，在综合考虑运行费用的前提下，因地制宜地选择合理的预处理技术。

思考题

1. 试述固体废物的定义。为什么说固体废物是“放错地点的资源”？
2. 固体废物好氧微生物降解过程依据温度变化大致分成几个阶段？
3. 简述好氧堆肥的基本工艺过程。

4. 影响好氧堆肥的因素有哪些？如何控制？
5. 结合单相和两相厌氧消化工艺的优缺点，谈谈它们各自的应用前景。
6. 厌氧消化反应器有哪些？其各自的优缺点如何？

参考文献

[1] 鲍艳宇，陈佳广，颜丽等. 堆肥过程中基本条件的控制 [J]. 土壤通报，2006，37（1）：164-169.
[2] 陈世和，张所明. 城市垃圾堆肥原理与工艺 [M]. 上海：复旦大学出版社，1990.
[3] 董金锁，薛开吉. 农村沼气实用技术. 石家庄：河北科学技术出版社，1999.
[4] 胡华锋，介晓磊主编. 农业固体废物处理与处置技术. 北京：中国农业大学出版社，2009.
[5] 李长生. 农家沼气实用技术 [M]. 北京：金盾出版社，2003.
[6] 李来庆，张继琳，许靖平等. 餐厨垃圾资源化技术及设备 [M]. 北京：化学工业出版社，2013.
[7] 廖利，冯华，王松林. 固体废物处理与处置 [M]. 武汉：华中科技大学出版社，2010.
[8] 林宋，承中良，张冉等. 餐厨垃圾处理关键技术与设备 [M]. 北京：机械工业出版社，2013.
[9] 芈振明，高忠爱，祁梦兰，吴天宝. 固体废物处理与处置. 北京：高等教育出版社，1993.
[10] 彭长琪. 固体废物处理工程. 武汉：武汉理工大学出版社，2004.
[11] 彭光霞，李彩斌. 城市污泥厌氧消化处理技术. 全国污水处理厂污泥减排及污泥无害化、资源化处理高峰研讨会. 全国污水处理厂污泥减排及污泥无害化、资源化处理高峰研讨会论文集（2011/07），224-233.
[12] 乔岳，郭宪章. 沼气工程系统设计与施工运行 [M]. 北京：人民邮电出版社，2011.
[13] 申立贤，高浓度有机废水厌氧处理技术 [M]. 北京：中国环境科学出版社，1991.
[14] 唐受印，汪大翚. 废水处理工程. 北京：化学工业出版社，2002.
[15] 唐艳芬，王宇欣. 大中型沼气工程设计与应用 [M]. 北京：化学工业出版社，2013.
[16] 杨世关. 内循环（IC）厌氧反应器实验研究 [D]. 郑州：河南农业大学，2002.
[17] 苑瑞化. 沼气生态农业技术 [M]. 北京：中国农业出版社，2003.
[18] 徐文龙，卢英方，Rudolf Walder，徐海云. 城市生活垃圾管理与处理技术 [M]. 北京：中国建筑工业出版社，2006.
[19] 许晓杰，冯向鹏，张锋，李冀闽. 餐厨垃圾资源化处理技术. 北京：化学工业出版社，2015.
[20] 张全国. 沼气技术及其应用 [M]. 第3版. 北京：化学工业出版社，2013.
[21] 张壬午，卢兵友，孙振钧. 农业生态工程技术 [M]. 郑州：河南科学技术出版社，2000.
[22] 中华人民共和国国家环境保护标准：完全混合式厌氧反应池污水处理工程技术规范. HJ 2024—2012.
[23] 中华人民共和国农业行业标准：沼气工程规模分类. NY/T 667—2011.
[24] 中华人民共和国农业部规模化畜禽养殖场沼气工程设计规范. NY/T 1222—2006.
[25] 周少奇. 固体废物污染控制原理与技术 [M]. 北京：清华大学出版社，2009.
[26] George Tchobanoglous，et al. Wastewater Engineering：Treatment and Reuse [M]. 北京：清华大学出版社，2003.
[27] Robert R. Monitoring Moisture in Composting Systems [J]. Biocycle，2000，41（10）：53-58.

第7章 生物质处理及利用工程

教学目的 了解生物质的概念、组成和特点，生物质的物理、化学处理及生物化学处理方法，生物质的材料化和能源化利用的原理、技术与方法；能够根据不同生物质的原料特点选择合理的处理和利用方法，扩大其在环境生态工程上的视野。

重点、难点 本章重点是生物质的处理方法和利用技术；难点是生物质的组成和结构特点与其理化处理效率以及可利用性之间的关系。

7.1 生物质处理及利用概述

7.1.1 生物质的定义、特点和分类

生物质目前还没有严格的定义，不同的专业对其定义也有所不同。一般多指源自动植物的、积累至一定量的有机类资源，包括多种多样的物质。“生物质”（biomass）原本是生态学专业用来表示生物量（即生物现存量）的专业词汇。生物质超越生态学用语范围，变成含有“作为能源的生物资源”意义是在石油危机以后。根据能量资源的观点，采用“一定累积量的动植物资源和来源于动植物废弃物的总称”作为生物质定义的较多。因此，生物质不仅包括农作物、木材、海藻等农林水产资源，而且还包括纸浆废物、造纸黑液、酒精发酵残渣等工业有机废物，厨房垃圾、纸屑等一般城市垃圾以及污水处理厂剩余污泥等。但是有的国家把城市垃圾划分为生物质，有的则没有，所以在查阅统计资料时要加以注意（日本能源学会，2007）。

生物质有多种分类方法，可以根据其来源或含水率等以及按资源利用价值和用途对生物质进行分类，也可以按生物学观点分类，即根据生物质在地球生态循环系统中的生存状况加以分类，一般分为生产者（植物）、大型消费者（动物、捕食者）和微型消费者（微生物、腐生生物）。从资源有效利用的角度考虑，更多地将植物（与微生物）作为对象，以植物生物学或根据物种将生物质分为陆生生物质和水生生物质，其中陆生生物质又可分为林业生物质、农业生物质和废弃物生物质，或者直接分为木本生物质和草本生物质。后一分类方法更加普遍。

7.1.2 生物质的化学组成

生物质是多种多样的，其组成成分也多种多样，其主要成分有纤维素、半纤维素、木质素、淀粉、蛋白质、烃类（包括萜类）等。树木主要由纤维素、半纤维素、木质素组成，草本作物也基本由上述三种主要成分组成，但组成比例不同。而谷物含淀粉较多，污泥和家畜粪便则含有较多的蛋白质和脂质。从能源利用的角度来看，利用潜力较大的是由纤维素、半纤维素组成的全纤

维素类生物质。上述组成成分，由于化学结构的不同，其物理、化学反应特性也不同。因此，根据生物质的组成特性选择相应的转化利用方式十分重要（日本能源学会，2007）。

（1）纤维素　纤维素是由 D-葡萄糖通过 β-葡萄糖苷键连接而成的多糖。其分子式以 $(C_6H_{10}O_5)_n$ 表示，n 为聚合度，为几千至几万。纤维素完全水解后生成 D-葡萄糖（单体），部分水解则生成纤维素二糖［β-D-葡萄糖基-(1,4)-β-D-葡萄糖，二糖］、纤维三糖（三糖）等以及 $n=4\sim10$ 的多糖。纤维素具有晶体结构，不溶于水，对酸和碱的耐受性也很强。棉花几乎 100%由纤维素组成；而木材中还含有半纤维素和木质素，纤维素平均含量为 40%～50%。图 7-1（a）为纤维素的结构式。

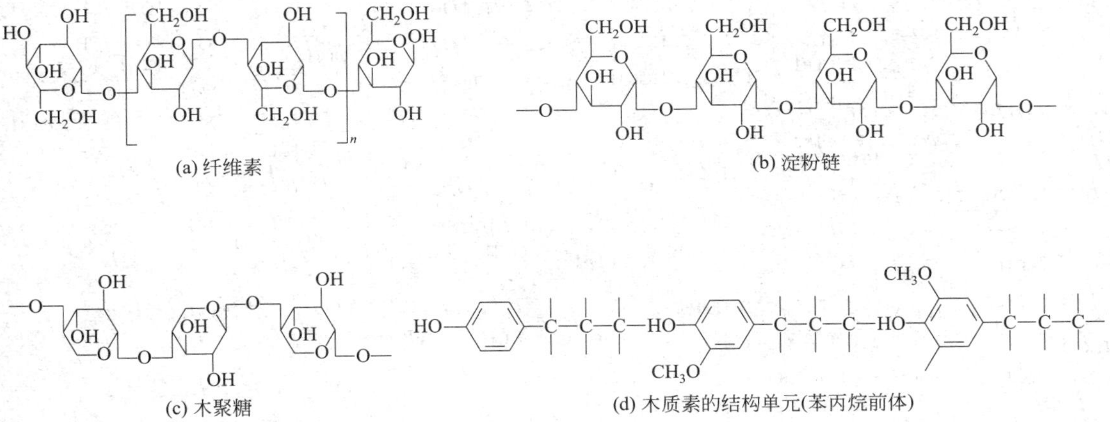

(a) 纤维素

(b) 淀粉链

(c) 木聚糖

(d) 木质素的结构单元(苯丙烷前体)

图 7-1　生物质代表性成分的化学结构

（2）半纤维素　纤维素是仅由 D-葡萄糖结构单元构成的多糖，而半纤维素是由 D-木糖、D-阿拉伯糖（以上均为戊糖，五碳单糖）、D-甘露糖、D-半乳糖、D-葡萄糖（以上均为已糖，六碳单糖）等结构单元构成的多糖。戊糖多于已糖，平均分子式表示为 $(C_5H_8O_4)_n$。与纤维素有规律的链状结构不同，半纤维素含有支链结构，聚合度为 50～200，低于纤维素的聚合度。因此，半纤维素与纤维素相比，易于分解，大多可溶于碱溶液。半纤维素中含量较多的是木聚糖［见图 7-1（c）］，它是 D-木糖经 1,4-糖苷键缩合而成的产物。半纤维素中还含有葡糖甘露聚糖（D-葡萄糖和 D-甘露糖以 3∶7 的比例结合而成）、半乳糖葡糖甘露聚糖（D-半乳糖、D-葡萄糖和 D-甘露糖以 2∶10∶30 的比例结合而成，该比例随部位的不同而有所不同）等。木聚糖在针叶树中含量为 10%，阔叶树则含 30%（均以干重为计算基准）；而甘露聚糖在针叶树中含量为 15%，在阔叶树中则难以检出。

（3）木质素　木质素是由苯丙烷及其衍生物为结构单元经三维立体结合而成的化合物，这种结合极其复杂，其结构还未完全了解。图 7-1（d）为木质素的结构单元，图 7-2 为推测的木质素结构式的一部分。木质素在木材中含量为 20%～40%（以干重为计算基准），在甘蔗渣、玉米芯、花生壳、米糠等中含量为 10%～40%。由于木质素具有立体结构，而且难以被微生物及化学试剂分解，所以具有构成植物骨架和保护植物的功能。

（4）淀粉　淀粉与纤维素一样，是由 D-葡萄糖（和一部分麦芽糖）结构单元构成的多糖，纤维素是以 β-葡萄糖苷键结合而成，而淀粉是以 α-葡萄糖苷键结合而成［见图 7-1（b）］。此外，纤维素不溶于水，而淀粉则分为在热水中可溶和不溶两部分，可溶部分称为直链淀粉，占淀粉 10%～20%，分子量 1 万～6 万；而不溶部分称为支链淀粉，占淀粉

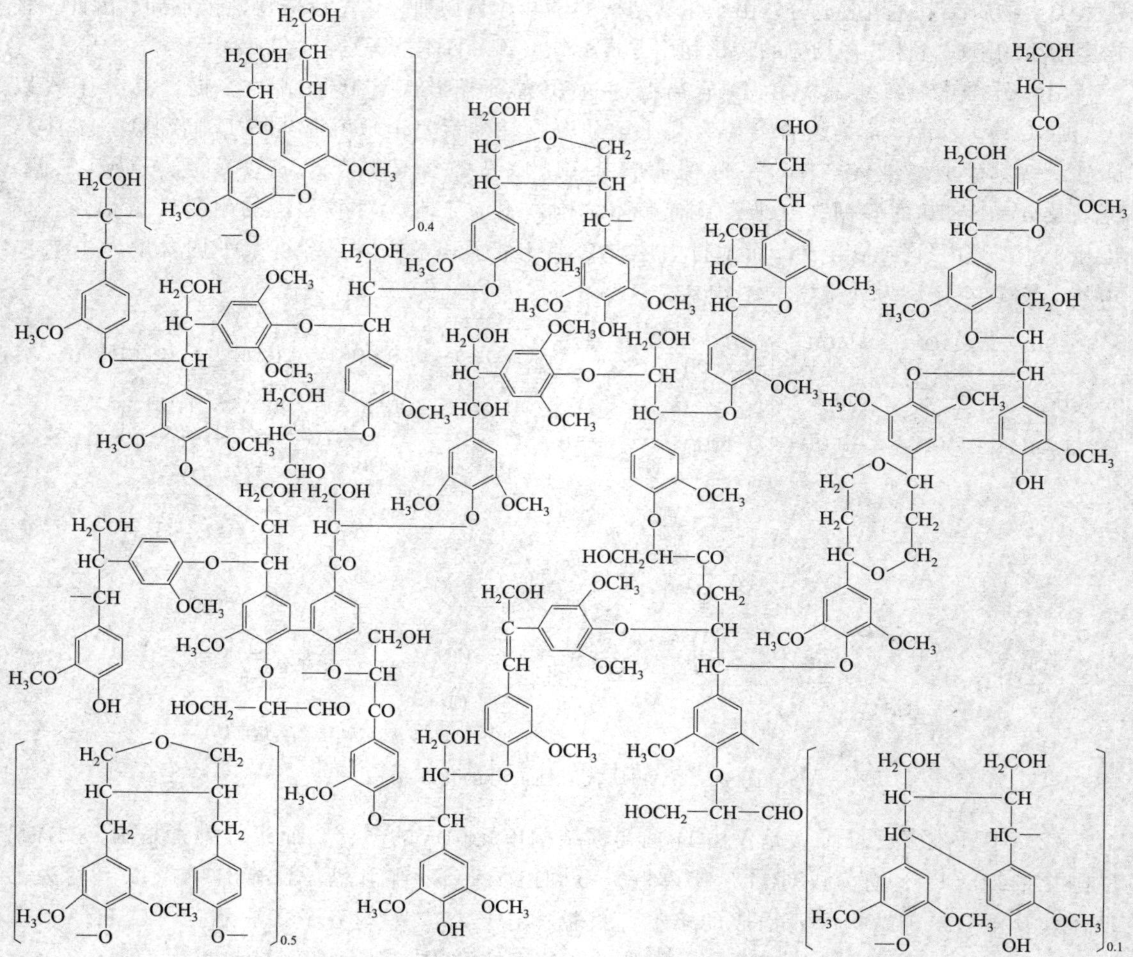

图 7-2 木质素的推测结构举例（由 Nimz 建议的桃树木质素结构式）

80%～90%，分子量 5 万～10 万，支链淀粉具有分支状结构。淀粉在种子、块状（根）茎及其他部位以微粒状态存在，存在于玉米、大豆、山芋、米、麦等农产品中。

（5）蛋白质 蛋白质是氨基酸高度聚合而成的天然高分子化合物，随着所含氨基酸的种类、比例和聚合度的不同，蛋白质的性质也不同。蛋白质与前述的纤维素和淀粉等碳水化合物组成成分相比，在生物质中所占的比例较低。生物质中粗蛋白含量约相当于该物质中氮含量的 6.25 倍。

（6）其他有机成分 纤维素、半纤维素、木质素几乎是所有生物质的组成成分。与这些多糖类碳水化合物相比，生物质中含量较少（在不同的物种中含量有差别）的物质是甘油酯，它是甘油的脂肪酸酯，根据所结合的脂肪酸基团的数目，可分为甘油单酯、甘油二酯、甘油三酯，其中甘油三酯，作为脂肪（油脂），在生物质中含量最多。构成甘油三酯的脂肪酸，几乎都是偶数碳的直链饱和脂肪酸，代表性的有 C_{12} 的月桂酸、C_{14} 的豆蔻酸、C_{16} 的棕榈酸、C_{18} 的硬脂酸、亚油酸和亚麻酸（亚油酸和亚麻酸为不饱和脂肪酸）。生物质中还含有少量的生物碱、色素、树脂、甾醇、萜烃、类萜、石蜡。它们虽然含量较低，但大多具有生物学特性，作为化学品和药品的价值较高。

（7）其他无机成分　虽然生物质是高分子有机物，但也含有微量的无机成分（灰分）。灰分中含有Ca、K、P、Mg、Si、Al、Ba、Fe、Ti、Na、Mn、Sr等金属，而金属含量则与生物质的种类有关，如柳枝稷中含Si和K较多。树木和草本植物燃烧后的残余灰分可以作为肥料使用，有利于生物质生产的循环。另外，废弃物类生物质的灰分，由于含有来自工业制品的金属和无机物，对其后处理会造成一些问题。

表7-1为代表性生物质组分分析举例。除极少数极端例子外，陆生生物质主要成分含量的顺序依次为纤维素、半纤维素、木质素和蛋白质；水生生物质的组成则有较大差别，如大型海带中纤维素极少，木质素和半纤维素未检出，相反含有较多的灰分、甘露糖醇和粗蛋白，而淡水中的凤眼莲，其有很高的半纤维素与灰分。另外，就灰分而言，树木中含量极少，草本生物质、水生生物质和废弃物类生物质中则含量较高。

表7-1　代表性生物质组分分析举例（引自日本能源学会，2007）　单位：%

成分＼生物质	海洋	水生植物	草本植物	树木			废弃物
	大型海带	凤眼莲	百慕大草	白杨	梧桐	松树	RDF
纤维素	4.8	16.2	31.7	41.3	44.7	40.4	65.6
半纤维素	—	55.5	40.2	32.9	29.4	24.9	11.2
木质素	—	6.1	—	—	—	—	—
甘露糖醇	18.7	—	—	—	—	—	—
褐藻酸	14.2	—	—	—	—	—	—
葡聚糖	0.7	—	—	—	—	—	—
岩藻低聚糖	0.2	—	—	—	—	—	—
粗蛋白	15.9	12.3	12.3	2.1	1.7	0.7	3.5
灰分	45.8	22.4	5.0	1.0	0.8	0.5	16.7
合计	100.3	112.5	89.2	77.3	76.6	66.5	97.0

注：合计中数据超过100%，表示有测量误差。

7.1.3　生物质处理及利用的内涵和特点

生物质由于物理形态和化学成分的差异，其利用途径也有多种。总体来说，生物质可以有材料化利用、能源化利用、药品化利用、饲料化利用等利用方向。生物质处理和利用就是要根据生物质原料的特点经过一定的物理、化学和生物化学处理，为其进一步材料化、能源化、饲料化利用作准备。由于利用目的不同，其处理和利用特点各异。限于篇幅，本章仅介绍生物质材料化利用（以生物质转化制备吸附剂为例）和能源化利用的相关内容。

7.2　生物质的化学处理及生物化学处理

生物质主要成分是三素（纤维素、半纤维素、木质素）。由于三素中纤维素的化学性质相对最为稳定，生物质材料化利用和能源化利用中主要的利用对象就是纤维素。为此，往往需要采用一定的物理、化学或生物化学的手段，将三素中的半纤维素和木质素加以去除。将生物质中的半纤维素、木质素等非纤维素物质（统称为胶质）去除的过程称为脱胶（王德骥，1984）。脱胶方法主要包括化学脱胶、微生物脱胶和酶法脱胶等。

7.2.1　化学脱胶技术

化学脱胶的基本原理就是利用纤维素和胶质等成分对碱、无机盐以及氧化剂的作用稳定性不同，采用化学试剂如强碱等处理材料以去除胶质，保留纤维素成分的方法。一般化学脱胶试剂主要是强碱（氢氧化钠），强碱处理法是纤维素预处理中比较成熟的方式，它的处理效果取决于碱的溶解形式、碱的浓度、体系的温度、处理的时间、材料的张力等。氢氧化钠可以使植物生物质中的部分果胶、木质素和半纤维素等杂质溶解，还可以使微纤旋转度减小、分子取向度提高，纤维素表面变得粗糙。同时在氢氧化钠的作用下，材料中纤维原纤化，纤维束分裂成更小的纤维，纤维的直径降低，长径比增加，与基体的有效接触表面增加，从而提高化学改性过程中化学试剂的可及度和改性效率。木质纤维素常采用高浓度的NaOH溶液（18%～20%）浸泡来处理。比如，用氢氧化钠对凤眼莲纤维素预处理较为普遍。利用20%的NaOH溶液处理凤眼莲茎叶干样，在磁力搅拌器中于30℃搅拌反应90min，后经离心洗涤，得到碱化纤维素。通过比较凤眼莲茎叶以及经氢氧化钠碱化的凤眼莲碱化纤维素的FTIR光谱发现，经碱化处理后，凤眼莲茎叶中的半纤维素和木质素部分或全部被碱溶解。但是，利用化学脱胶方法对材料进行处理，会消耗大量浓度很高的碱、酸等化工原料和能源，同时在碱化过程中，会产生大量的废碱液，如果这些无法得到有效处理，会严重污染环境，带来一系列的环境问题。

采用化学试剂进行预处理的方式还有液氨、氯化锌、胺类等。在用液氨处理纤维素后，材料中纤维素Ⅰ和纤维素Ⅱ（为一般纤维素形态）在处理后形成了第3种结晶变体——纤维素Ⅲ，结晶度也有一定程度的下降。液氨处理能改善纤维素碱化、羧甲基化、硅烷化和酶降解的反应活性，但是使用成本比较高。采用氯化锌、胺类试剂、丙酮等有机试剂也可以造成纤维素分子氢键的持久性减弱或破坏，纤维素的可及度增加，达到对植物材料预处理的要求。

7.2.2 生物脱胶技术

生物脱胶法主要包括微生物脱胶和酶法脱胶两种。微生物脱胶原理是利用微生物或微生物产生的酶来分解植物原料中的胶质，从而去除半纤维素和木质素等，得到较纯纤维素的方法（蓝广芊等，2010；Chen，et al，2007）。酶法脱胶则是采用果胶酶、半纤维素酶、木质素降解酶等酶类，通过降解材料中的果胶类、半纤维素、木质素等物质而得到较纯纤维素的方法。

（1）微生物脱胶　不同的脱胶菌所产生的脱胶酶的种类、数量和脱胶能力不同。要有效地降解胶质，脱胶菌所产生的酶应种类齐全，具有较高的酶活性。以苎麻脱胶为例，由于苎麻胶质含有半纤维素、木质素和果胶等，因此，较好的脱胶菌应该要有产生半纤维素酶、果胶酶和木质素酶的潜能（谭晓明，2010；Sharma，et al，2009）。由于生物脱胶的目的是获取较纯的纤维素，为了保证植物材料中纤维素不被降解，脱胶菌不得产生纤维素酶。

通过从腐烂的凤眼莲中采集和筛选大量菌株后得到一株优良菌株，并对其产酶特性和对凤眼莲的降解性能进行了初步研究，发现该菌株不仅对凤眼莲有较好的降解能力，还能产生大量的纤维素酶，对凤眼莲的进一步降解利用有一定的应用价值。利用刚果红平板染色法从凤眼莲茎叶及其生长的水体底泥中筛选出透明圈较大的菌株（A_1），通过测定菌株分泌的果胶酶、木聚糖酶活性和脱胶率，确定A_1菌为理想的凤眼莲脱胶菌；按照接种量4%、35℃、pH 7.0，145r/min振荡条件下发酵凤眼莲72h，木聚糖酶活性为75.05μg/(mL·min)，果胶酶活性为45.72μg/(mL·min)，对凤眼莲的一次脱胶率可达到33.4%（马丽晓，2009）。

在生物脱胶过程中，脱胶废液还可以重复利用，脱胶废液的回用相当于在新脱胶液中接入脱胶菌种，有利于提高水资源和脱胶菌种的利用率，减少废水的排放量、降低脱胶的生产成本。与传统的化学脱胶相比，生物脱胶具有高效、优质、低消耗、低污染等特点，是一种具有较好发展前景的产业。

（2）酶法脱胶　酶法脱胶是指利用果胶酶和半纤维素酶等对植物材料中的果胶和半纤维素等具有降解效果的脱胶酶类，在适宜的温度、pH等条件下，处理植物原料，去除果胶和半纤维素等非纤维素物质，提取纤维素的方法。一般来说，酶法脱胶采用的酶类主要是果胶酶和半纤维素酶，这是因为植物纤维被果胶质、半纤维素、木质素包覆，其中果胶质作为连接半纤维素、木质素以及纤维素的骨架，最易被溶解。在果胶质被脱去后，植物材料中纤维素、半纤维素和木质素等裸露出来，更易从植物材料上脱落，此时半纤维素酶等与原本镶嵌在果胶中的半纤维素的接触频率增多，对半纤维素的降解起到促进作用。也有研究认为，在植物材料中果胶质的去除后，由于失去了果胶的交联，纤维素和半纤维素等的连接被切断，半纤维素和木质素等非纤维素物质的去除效果增加，植物材料的脱胶效率增加。

果胶酶是能降解果胶质的一组酶复合物的总称，主要包含有果胶酯酶、多聚半乳糖醛酸酶、裂解酶、原果胶酶等多种成分。果胶酶按作用方式可以分为聚酶和果胶酯酶两大类。果胶酶广泛存在于植物的果实和微生物中，动物细胞通常不能合成这类酶，作为工业应用的果胶酶都是从微生物中得到的。用果胶酶处理苎麻等植物原料，并不能完全去除其中的果胶物质，但能使胶质等在分子结构上发生很大变化，胶质复合体的稳定性也受到很大的破坏。当部分果胶大分子被降解后，果胶大分子对半纤维素、木质素等的胶黏作用大大降低，使得植物材料中的纤维素等裸露出来，更易于化学改性。

酶法脱胶具有以下几个优点：①高选择性，这主要是由酶类所具有的高专一性特点决定的，酶法脱胶中酶的选择性超过了任何人造催化剂，例如果胶酶只能将果胶迅速转化成果胶酶与果胶的复合物，而对其他反应没有活性。②高效率，它比一般人造催化剂等的效率高出10^9～10^{15}倍。③反应条件温和，一般在常温常压下进行。另外，酶法脱胶不需要强酸强碱，废水易处理，对环境污染小；酶法脱胶还有设备投资少，易于工业化生产等特点。

除了以上介绍的化学和生物预处理方法外，物理方法如超声波和微波处理、液氮处理，以及电晕、低温等离子体辐射等放电技术、蒸汽闪爆技术等也是纤维素预处理的有效手段。超声波和微波处理可使纤维素活化，提高纤维素可及度，当超声波频率和功率一定时，随着超声波处理时间的增加，纤维素的暴露程度增加，晶体表面被活化，纤维素表面积增加，可及度增加，同时分子间氢键作用也会减弱。液氮处理也可较大提高纤维素分子的化学试剂可及度，其处理的纤维素羧甲基化反应，取代基沿分子链的取代分布和失水葡萄糖单元上3个羟基的取代分布都比较均一。电晕处理技术是一种表面氧化作用，该作用通过大量激活纤维素表面的醛基，进而改变纤维素的表面能。低温等离子体技术能使纤维素大分子的多肽链被击断，纤维素内部结构变得松散，结晶度下降。蒸汽闪爆技术可使纤维的形态结构破坏，纤维素分子内氢键断裂。

7.3 生物质吸附剂应用

生物质材料化利用的一个重要方面是将生物质经过一定的物化、生化处理（即改性）后作为重金属、油类等污染物的吸附剂。因植物秸秆中的纤维素、半纤维素、木质素、果胶等富含羟基，能交换吸附一定量的阳离子，从而具有吸附性，但吸附量较低，需做改性。纤维素基离子交换剂因具有较大的比表面积、成本低、交换速率快、用量少、淋洗体积小、使用方便等优点，近年来引起了人们的关注。较低成本生物质吸附剂（包括林业和农业的废弃物）：树皮、甲壳素、死的生物体、苔藓、海草/海藻/褐藻酸、废弃的茶叶、稻壳、羊毛、棉花等，这类生物质对重金属有较强的吸附能力，如甲壳素对Cd、Hg、Pb分别为558mg/g、1123mg/g、796mg/g。

7.3.1 生物质吸附剂分类

按来源的不同，生物质吸附剂可分为如下3类。

（1）动物类生物质材料　甲壳素（chitin）是一类重要的动物类生物质材料，主要来源于虾壳、蟹壳、昆虫壳等，是地球上仅次于纤维素的第二大可再生资源，是唯一的含氮碱性多糖。壳聚糖（chitosan）是甲壳素脱去55%以上的*N*-乙酰基的产物，甲壳素和壳聚糖的化学结构如图7-3所示。它们的主链类似于纤维素β-1,4-葡聚糖，只是在C_2上的O分别被$-NHCOCH_3$和$-NH_2$取代。

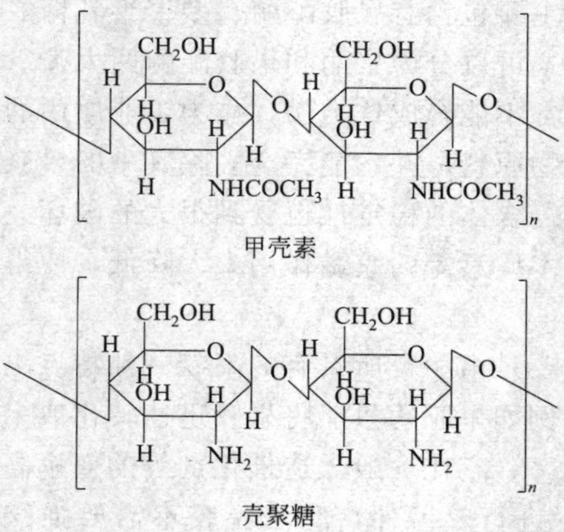

甲壳素

壳聚糖

图7-3　甲壳素和壳聚糖的结构

甲壳素，特别是壳聚糖衍生物能与重金属离子形成稳定螯合物。这是由于壳聚糖分子结构中含有大量的伯氨基，此基团中N上的孤对电子，可配位重金属离子，形成稳定的五环状螯合物，使直链的壳聚糖形成交联的高聚物，从而较强吸附Zn^{2+}、Cu^{2+}、Cd^{2+}、Ag^{+}、Cr^{3+}、Ni^{2+}、Hg^{2+}、Pb^{2+}等重金属离子。

（2）植物类生物质材料　植物类生物质材料包括木质素、活性炭、竹炭、植物单宁（植物多酚）、农林废弃物等，其中木质素是树木的重要组分（约占20%～30%），在甘蔗、棉秆、稻草中含量也很丰富。木质素是一种芳香类生物聚合物，是含有负电基团的多环高分子有机物，对重金属离子吸附能力与其羟基、氨基等配位基含量有关。农业废弃物原料包括制糖甜菜废丝、甘蔗渣、稻草、玉米芯、树皮等，其纤维素、半纤维素、果胶、木素和蛋白质具有天然交换能力和吸附特性，其结合重金属离子的活性部位是巯基、氨基、邻醌和邻酚羟基。通过共聚和交联作用等化学改性方法可以提高其对重金属的结合能力。

（3）微生物类生物质材料　发酵工业或各种活性污泥中细菌、酵母、真菌和藻类等可利用的微生物在去除水中重金属方面有广阔的应用前景。微生物细胞壁化学功能团（氨基、羟基、磷酸基等）可与重金属离子形成离子键或共价键，利用这种吸附作用，可以把重金属转化为毒性较低的产物从水中分离出来，从而达到去除废水中低浓度重金属的目的。

7.3.2 纤维素的化学改性

（1）纤维素的化学结构　纤维素分子链除两个端基外，每个葡萄糖基都有三个羟基，由于纤维素是线形长链分子，具有为数众多的羟基，在一定条件下分子内和分子间可形成大量氢键，这些氢键对纤维素的物理、化学性质有重大影响。纤维素是由长度不等即不同聚合度的分子链组成的高聚物，分子量分布具多分散性。实际测得天然纤维素的平均聚合度为

10000左右，再生纤维素平均聚合度一般为200～800。纤维素的分子量及其分布影响到纤维素材料的物理和机械性能（强度、耐折度等），纤维素溶液的性质（溶解度、黏度、流变性等）以及纤维材料的降解、老化反应等。纤维素的化学结构见图7-4。

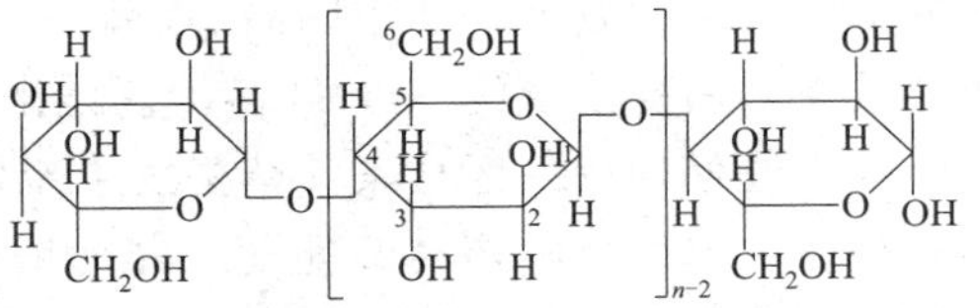

图7-4 纤维素的化学结构（陈家楠，1995）

纤维素是无数微晶体与非晶区交织在一起形成的多晶，其结晶程度视纤维品种而异，天然纤维素如苎麻纤维的结晶度略高于70%，而再生纤维素如黏胶纤维的结晶度在45%左右。具有一定构象的纤维素分子链按一定的秩序堆砌。纤维素微晶体的组成单元称为晶胞，在纤维素中存在着化学组成相同而单元晶胞不同的同质多晶体，常见有纤维素Ⅰ、Ⅱ。

三个羟基可以缔合成分子内和分子间的氢键，它们对纤维素的形态和反应性有着深远的影响，尤其是C_3羟基与邻近分子环上的氧化所形成的分子间键不仅增强了纤维素分子链的线性完整性和刚性，而且使其分子键紧密排列而成高序列的结晶区，其中也存在着分子链疏松堆砌的无定形区。另外可及度，即反应试剂抵达纤维素羟基的难易程度是反映纤维素反应活性的一个重要指标，在多相反应中，可及度主要受纤维素结晶区与无定形区的比率影响。对于高度结晶纤维素，小分子试剂只能抵达其中的10%～15%，大多数试剂只能穿透到纤维素的无定形区，而不能进入结晶区。

（2）天然纤维素对重金属的吸附 天然的植物纤维可吸附水中的重金属。例如，果渣主要含有纤维素、半纤维素、木质素，且每一种果渣的这几种成分的含量也不同，其对重金属Pb、Cd、Cu、Zn的吸附量不同。通过分离果渣的主要成分，并分别测定其对金属的吸附量，发现纤维素在这些成分中对吸附起主要的作用。各种树叶吸附重金属铬离子的能力一般在2.74～3.22mg/g，其中落叶松、银杏、水松等显示出很强的吸附铬离子能力。树叶中除了色素、蛋白质和多酚之外，最主要的就是纤维素。研究了橄榄加工业废弃物对重金属离子的吸附后发现也是纤维素在起主要作用。此外，水果核、苔藓对重金属的吸附都是纤维素在起作用。

（3）纤维素改性预处理 通常纤维素的原料几乎都是来自植物纤维状的纤维素，这些天然纤维素的高度结晶和难溶性，决定了多数的化学反应都是在多相介质中进行。这类反应的特点是：其一，固态纤维素仅悬浮于液态的反应介质中。其二，纤维素本身是非均质的，不同部位的超分子结构体现不同的形态，故对同一化学试剂便表现出不同的可及度。加上纤维素分子内和分子间氢键的作用，造成了多相反应只能在纤维素的表面进行。纤维素这种局部区域的不可及性，妨碍了多相反应的均匀进行。因此，为了克服内部反应的非均匀倾向和提高纤维素的反应性能，在进行多相反应之前，纤维素材料通常要经过前处理。纤维素经由物理和化学方法预处理，可引起其聚集态结构发生深刻的改变，比如结晶度下降，微晶区尺寸减小，微孔增加、聚合度下降，分子间和分子内氢键断裂，使反应试剂的可及度提高，并对随后纤维素的酯化、醚化、水解、接枝共聚等反应起增加反应性、提高均一性的作用。

碱处理法是纤维改性的一个古老方法，目前已广泛用于天然植物纤维的表面处理。碱处理法使植物纤维中的部分果胶、木质素和半纤维等低分子量杂质被溶解以及使微纤旋转角减小、分子取向提高。这样，纤维表面的杂质被除去，纤维表面变得粗糙，使纤维与树脂界面之间黏合能力增强。另一方面，碱处理导致纤维原纤化，即复合材料中的纤维束分裂成更小的纤维，纤维的直径降低，长径比增加，与基体的有效接触表面增加。碱处理法取决于碱的溶解形式、碱的浓度、体系的温度、处理的时间、材料的张力以及所用的添加剂等。对于木质纤维常采用高浓度的 NaOH 溶液浸泡来处理。

超声波处理后的纤维素其结构发生变化，可使纤维素活化，提高可及度。当超声波的频率和功率一定时，随超声波处理时间的增加，纤维素初生壁及次生壁外层（S1 层）破坏程度提高，具有高反应活性的次生壁中层（S2 层）暴露程度增加，晶体表面被活化，纤维素表面积增加，可及度也增加，从而提高了非均相高碘酸盐氧化纤维素的反应活性。经超声波处理后，纤维素的结晶度及晶区尺寸略有降低或变化不大。在超声波作用下，水对纤维素的润胀作用大大加强，可断开纤维素分子链间的氢键，打开微孔结构，大大增加纤维素的内表面积，提高试剂对其的可及度和纤维素的化学反应活性。例如，超声波活化处理能显著提高纤维素与高碘酸盐的氧化反应活性。纤维素试样经超声波处理后，分子间氢键大为减弱，没有新的官能团产生，仍然保持结晶区与非结晶区共存的状态。

液氮处理可较大提高纤维素的可及度，提高其醚化反应速度，特别是初期提高较快。液氮处理的纤维素羧甲基化反应，取代基沿分子链的取代分布和失水葡萄糖单元上三个羟基的取代分布都较均一。

放电技术包括电晕、低温等离子体、辐射等方法。电晕处理技术是加强表面氧化作用最有效的方法之一，这种反应可以大量激活纤维素表面的醛基，进而改变纤维素的表面能。例如，木质纤维的表面活性随着醛基的增加而增加。低温等离子体处理技术，依据所用气体的不同，可以进行系列化的纤维表面交联，使纤维表面产生自由基和官能团。低温氧等离子体处理使蚕丝纤维大分子的多肽链被击断，大分子发生重组，纤维内部结构变得松散。部分结晶区也因氧等离子体的侵蚀作用而被部分氧化或分解，从而使结晶度下降。

蒸汽闪爆后纤维素的形态和超分子结构受到破坏，其游离羟基和可及度增加，纤维素分子内氢键断裂，从而使天然纤维素可直接溶解于一定浓度的碱溶液中，如果在碱溶液中加入合适的润胀剂，将更有利于纤维素在稀碱溶液中的溶解。蒸汽闪爆还会引起纤维素分子中氢键重排。

（4）纤维素化学改性　人们通过对纤维素的化学改性已研制出性能和用途各异的纤维素基吸附剂。根据现有的文献报道，可将纤维素的化学改性方法归纳为以下两种：①酯化、醚化；②接枝共聚。

直接醚化法中纤维素的醚化程度很低，目前多采用间接酯化醚化法：通过环氧氯丙烷、1,3-二氯-2-丙醇（朱伯儒等，1996）、二甲基二氯硅烷（DMCS）等活化剂和纤维素分子上的羟基在控制条件下反应活化，活化后的纤维再和需要引进的官能团反应。有人将纸浆等含纤维素物质用环氧氯丙烷活化后再和二甲胺、二乙胺反应生成碱性吸附树脂可用于染料和金属离子的吸附。

纤维素接枝共聚物的合成多为自由基聚合。自由基聚合是指活性单体即带单个电子的自由基进行的连锁聚合。根据引发方式及活性物种产生方式的不同，自由基聚合又可分为多种类型，而纤维素的接枝共聚以化学引发聚合、辐射聚合、光聚合及多种引发混合使用居多。

（5）纤维素基吸附剂的应用研究　纤维素经过不同方法的化学改性得到了许多具有不同功能的吸附剂。目前主要是通过酯化、醚化、接枝共聚等方法中的一种或几种，以制备高吸水、吸油、吸附重金属等高吸附性纤维素材料（宋贤良等，2002）。这些吸附剂已经广泛地应用于生物医学、生物化工、环境保护等方面，其中在环境保护方面，以吸附重金属的应用为主，以下重点讨论重金属吸附剂。

研究发现，纤维素的某些共聚物具有吸附结合或螯合重金属的能力，可用于海水中回收铀、金等贵重金属，或用于污水中重金属的处理。如含有二氨基、二羧基以及与EDTA二酸酐交联的纤维素衍生物都可以吸附Cu^{2+}、Zn^{2+}、Mn^{2+}、Ni^{2+}等离子。一些改性的纤维素材料，如掺和硫、MnO_2的醋酸纤维素和由二步法合成的亚氨二醋酸纤维素是选择性地吸附Co^{2+}、Ni^{2+}、Cu^{2+}和Pb^{2+}的好材料。用EDTA二酸酐与泡沫状纤维素交联，制备的EDTA纤维素材料能够非常迅速吸附Ca^{2+}，其螯合物在高酸度下表现出高度的稳定性。

利用金属化合物作为路易斯酸和纤维素上的羟基（路易斯碱）起反应，破坏纤维素分子中存在的氢键，成功地制得了纤维素-金属氧化物的复合物，这一材料表现出良好的吸附性能并容易对其再修饰。如以微晶纤维素为基质，经与有机铝反应，制备了Al_2O_3涂敷的纤维素铝复合物，再与γ-氨丙基三乙基氧基硅烷反应，制得具有氨基的纤维素铝硅复合物，该复合物对水溶液中Hg^{2+}、Cu^{2+}的吸附容量分别为203.4mg/g和91.3mg/g。

此外，国内外众多研究者以多种植物纤维为原料生产出化学改性的纤维素离子交换剂。将甘蔗渣纤维素碱化后，与CS_2反应，制备了甘蔗渣纤维素黄原酸酯。产品对Zn^{2+}的吸附能力为22.88mg/g。也有人分别利用甘蔗渣、稻草和豆渣制备了纤维素黄原酸酯。制备这一黄原酸酯的预处理技术也有新的发展，除传统的碱处理外，也有利用闪爆处理后甘蔗渣来制备纤维素黄原酸酯，这样可大大提高反应效率。用纤维素黄原酸酯来处理含铜20mg/L的废水，出水铜浓度可降低到0.05mg/L。对171mg/L的含铬废水的去除率可达99.9%。纤维素黄原酸盐不但对多种金属离子有很强的吸附能力，而且对悬浮物、色度也有一定的去除效果，更重要的一点是生产简单，原料价格低廉。

除了主要生产阳离子交换剂外，也有两性离子交换剂的研制：以甘蔗渣纤维素为原料，对其先进行醚化反应，得到带有季铵阳离子基团的阳离子纤维素，然后在催化剂Fe^{2+}-H_2O_2的存在下，与甲基丙烯酸反应，又使纤维素的分子上引入了羧基官能团，得到两性甘蔗渣纤维素，这种吸附剂同时对Pb^{2+}、Zn^{2+}、Cu^{2+}、$Cr_2O_7^{2-}$有较好的去除效果。改性后的产品对酸性黄染料、阳离子翠蓝染料、金属离子的交换吸附能力均好于活性炭，并具有再生容易、再生率较高、性能稳定的特点。

案例7-1：纤维素黄原酸盐的制备与吸附作用（周文兵，2007）

本案例重点介绍纤维素基吸附剂的制备过程及其吸附作用原理。

黄原酸盐，又名黄药，是在碱性条件下，CS_2和醇反应所生成的有机盐的总称。1815年由Zeise首先合成。黄药的用途很广，橡胶工业用作硫化促进剂，分析化学中用乙基黄原酸钠做铜、镍等的沉淀剂和比色剂，冶金工业中用作溶液中沉淀Cu、Ni的试剂，纤维素黄原酸钠可以制人造纤维。一般认为黄药用作浮选捕收剂始于1924年，由Keller在美国登记专利（百熙，1981）。1929年Foster发表了制造黄药及其他硫代黄原酸盐的方法。黄药是目前世界上使用最为广泛的捕收药剂。我国1949年开始制造液体黄原酸钠，1950年生产出固体黄原酸钠，1958年又成功制备了丁基及戊基黄原酸盐，开始了各种黄原酸盐的大规模生产。植物纤维素与CS_2在碱性条件下合成的黄原酸盐简称为纤维素黄原酸盐，纤维素相当于醇，纤维素的每个糖单元结构中C_2、C_3、C_6各含有一个羟基，均能与CS_2反应。纤维素黄原酸盐结构有别于一般醇类和CS_2的反应形成的结构，前者在引入了—CS_2—等官能团的同时保留了纤维素的特征结构。

天然植物体中除了含有纤维素外，还含有木质素、半纤维素、色素等，这些物质的存在增加了CS_2消耗量，且影响产品性能，应预先除去。这些杂质具有一定水溶性，在NaOH

与纤维素分子中的羟基起反应生成碱性纤维素的过程中，色素、半纤维素、木质素等杂质从纤维素中溶出而除去。

植物秸秆纤维素经 NaOH 碱化后，与 CS_2 在碱性条件下反应，可制得纤维素黄原酸酯。反应可由两种途径反应完成。早些研究认为，首先由反应性能小的 CS_2 与 NaOH 反应，生成高反应性能的离子化水溶性的二硫代碳酸酯，该酯自发与纤维素反应，生成纤维素黄原酸酯，即纤维素黄原酸钠（高洁和汤烈贵，1996）。其反应如下：

$$CS_2 + NaOH \longrightarrow HCS_2ONa$$

$$HCS_2ONa + Cell—OH \longrightarrow Cell—OCS_2Na + H_2O$$

$$HCS_2ONa + NaOH \longrightarrow CS_2O^{2-} + 2Na^+ + H_2O$$

后来发现，溶于碱的 CS_2 也可直接与碱化纤维素反应生成黄原酸钠：

$$CS_2 + Cell—ONa \longrightarrow Cell—OCS_2Na$$

此外，二硫代碳酸酯也会分解成三硫代碳酸酯、硫化物碳酸盐以及不稳定的硫化羰（COS）：

$$2CS_2 + 2OH^- \longrightarrow COS + CS_3^{2-} + H_2O$$

$$COS + 3OH^- \longrightarrow CO_3^{2-} + SH^- + H_2O$$

$$CS_2 + SH^- \longrightarrow CS_3H^-$$

$$CS_3H^- + OH^- \longrightarrow CS_3^{2-} + H_2O$$

$$CS_2O^{2-} + 2OH^- \longrightarrow 2SH^- + CO_3^{2-}$$

纤维素黄原酸钠盐不稳定，易于分解，需用 Mg 盐处理将其转化成难溶性纤维素黄原酸镁盐。

$$2Cell—OCS_2Na + Mg^{2+} \longrightarrow (Cell—OCS_2)_2Mg\downarrow + 2Na^+$$

反应的初始阶段存在两种反应机制，即在纤维素的无定形区 CS_2 黄原酸化进行得非常迅速，而吸附于纤维素结构基元的 CS_2 则缓慢与结晶纤维素发生黄酸化反应。在通常的技术条件下，约有 75%的 CS_2 用于黄酸化反应，25%用于副反应。尽管羟基参与反应的速度不同，但黄原酸基可与葡萄糖环上的三个羟基反应，因为 C_2 和 C_3 位上的羟基都易于黄酸化，所以半数反应发生在 C_2 和 C_3 位上，但 C_6 位上生成的酯更稳定。纤维素黄原酸酯可溶于 40%的 NaOH，温度高于 60℃会分解。

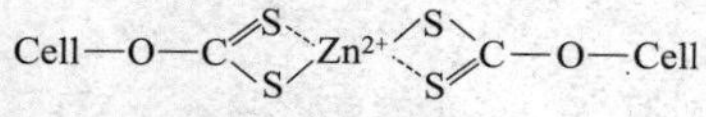

经改性后的纤维素黄原酸盐对重金属具有很强的离子交换能力，其去除重金属的原理为：黄原酸根阴离子官能团为 sp^2 杂化，具有 $\pi_4{}^6$ 共轭体系，使得硫原子的负电荷能在较大的空间上分散，即可在较大的范围呈现负电场，捕集重金属阳离子，生成溶解度小的螯合物或盐。纤维素黄原酸盐结合 Zn^{2+}、Fe^{3+} 后的结构见图 7-5。

纤维素黄原酸锌

（二价锌为 sp^3 杂化，为四面体结构）

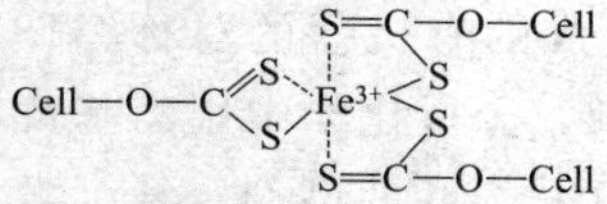

纤维素黄原酸铁

（三价铁为 d^2sp^3 杂化，为八面体结构）

图 7-5　纤维素黄原酸锌、纤维素黄原酸铁的结构图

不同金属元素与纤维素黄原酸盐亲和力不同，遵循 Cu≈Pb＞Cd＞Ni＞Zn＞Mn＞Mg＞Ca＞Na，纤维素黄原酸盐中的镁和钠均可被重金属离子取代。

纤维素黄原酸盐在处理重金属废水中，因重金属离子性质不同而发生如下不同的反应。

（1）离子交换反应

$$2Cell—O—\overset{\overset{\displaystyle S}{\|}}{C}—SNa + Zn^{2+} \longrightarrow (Cell—O—\overset{\overset{\displaystyle S}{\|}}{C}—S)_2Zn\downarrow + 2Na^+$$

能进行以上反应的离子有：Zn^{2+}、Ag^{+}、Au^{+}、Ni^{2+}、Mn^{2+}、Cr^{3+}、Fe^{2+}、Cd^{2+}、Pb^{2+}等。

（2）氧化还原反应　纤维素黄原酸钠（或镁）盐能与Cu^{2+}、Fe^{3+}、CrO_4^{2-}发生氧化还原反应，生成的Cu^{+}、Fe^{2+}、Cr^{3+}，再与纤维素黄原酸钠（或镁）发生离子交换反应生成相应的纤维素黄原酸盐。

$$4\text{Cell—O—}\overset{\overset{\text{S}}{\|}}{\text{C}}\text{—SNa} + 2Cu^{2+} \longrightarrow 2\text{Cell—O—}\overset{\overset{\text{S}}{\|}}{\text{C}}\text{—SCu}\downarrow + \text{Cell—O—}\overset{\overset{\text{S}}{\|}}{\text{C}}\text{—S—S—}\overset{\overset{\text{S}}{\|}}{\text{C}}\text{—O—Cell} + 4Na^{+}$$

7.4 生物质能源化应用

使用可再生的、清洁的低碳燃料是节能减排、保护环境的重大措施之一。生物质能是新能源和可再生能源的重要组成部分，是唯一可以转化为气、液、固三相燃料的含碳资源。生物质能的规模化应用可以起到缓解化石燃料紧缺、减少二氧化碳及大气污染物的重要作用。

7.4.1 生物质能的定义及特点

光合作用指绿色植物利用空气中的二氧化碳和土壤中的水，将太阳能转换为碳水化合物这一化学能并释放氧气的过程，即

$$x\,CO_2 + y\,H_2O \longrightarrow C_x(H_2O)_y + x\,O_2$$

生物质是指由光合作用而产生的各种有机体，是除化石燃料外的所有来源于动、植物的可再生物质。生物质能则是以生物质为载体将太阳能以化学能形式储存在生物中的一种能量形式。在各种可再生能源中，生物质是独特的、唯一可再生碳源，其具有储量巨大、分布广泛、低硫、低氮的特点。

地球上每年通过光合作用固碳量达2×10^{11}t，含能量达3×10^{21}J，相当于全世界每年能耗量的10倍，相当于目前人类消耗矿物能的20倍，也相当于世界现有人口食物能量的160倍。在世界能耗中，生物质是继煤、石油和天然气后的第4位能源，约占总能耗的14%，在不发达地区占60%以上，生物质能占全世界约25亿人生活能源的90%以上。

7.4.2 生物质能源化利用的途径

生物质能源化利用的途径主要包括沼气工程产业化技术、生物质气化及发电技术、生物质成型燃料技术、生物质非粮燃料乙醇技术、生物质生物柴油技术等。

7.4.2.1 沼气工程产业化技术

沼气工程的原理是沼气发酵，又称厌氧消化，是指在没有溶解氧、硝酸盐和硫酸盐存在下，微生物将各种有机物质进行分解并转化为甲烷、二氧化碳、微生物细胞以及无机营养物质等的过程，这一过程所获得的可燃性气体称为沼气。其中生物化学过程主要包括分解、水解、产酸、产乙酸和产甲烷化5个步骤。各种复杂有机质，无论是固体还是溶解状态，无论是复杂有机物质，还是成分相对单一的纯有机物质，都可以经过该生物化学过程产生沼气。

适宜沼气发酵的原料种类较多，沼气发酵是适用对象最广的有机废物处理方式。不同的生物质有不同的原料特性，其分类见表7-2。除高固体高木质素原料外的生物质一般均可以采用沼气发酵进行处理，而高固体高木素原料难以消化分解，适宜用热化学方法进行处理。

表 7-2 沼气发酵原料的类型（李海滨等，2012）

类型	(悬浮)固体物含量/%	举 例
溶解性原料	<1	酒醪滤液,豆制品、啤酒、柠檬酸废水
低固体原料	1～6	酒醪,丙丁醪,鸡和猪舍冲水、污泥
中固体原料	6～20	猪粪、牛粪、鸡粪
高固体低木素原料	>20	城市生活有机垃圾
高固体中木素原料	>20	稻秸、麦秸、玉米秸、草
高固体高木素原料	>20	树枝、锯末

一般溶解性原料容易消化，有机物分解率可达90%以上，适宜采用上流式厌氧污泥床、颗粒膨胀床、内循环流化床、厌氧滤器、纤维填料床、复合厌氧反应器等厌氧反应器进行处理。低、中固体原料一般所含固体物较细碎，纤维素和木质素含量较低，比较容易分解，分解率通常在60%以上，这些原料适宜采用完全混合式反应器、厌氧接触工艺反应器、升流式固体反应器、塞流式反应器进行处理。高固体原料一般含有大量纤维素，分解周期长，又难以用泵输送，适宜采用干发酵工艺和固体渗滤床两相厌氧发酵工艺进行处理。当然，有些原料可以通过粉碎加工及加水调节，使高固体原料变为中固体原料，中固体原料变为低固体原料进行厌氧发酵。

沼气作为能源应用在我国有近百年的历史。在20世纪70年代，由于农村生活燃料的缺乏，大力发展农村户用沼气。2000年以后，政府加大了对农村沼气建设的资金投入，在我国政府较强的财政激励和投资补贴的推动下，农村小型户用沼气（池容8～12m^3）得到迅速的发展。据2009年全国农村可再生能源统计资料，截至2008年年底，全国农村户用沼气池已达3048万户，年产沼气$1.14\times10^{10}m^3$，相当于同年天然气消费量的8.5%，超过1亿农村人口利用沼气进行炊事和照明。伴随农村户用沼气的发展，规模化、集约化、产业化沼气工程也得到了迅猛发展，不仅应用于畜禽养殖粪便处理，也应用于工业有机废水和城市生活污水污泥的处理，且沼气工程的技术水平、工程和设备质量及运行管理水平都得到迅速提高。截至2008年年底，全国已有2761处（其中2008年新增1192处）大中型沼气工程在稳定运行，为产业化沼气工程建设积累了经验。

案例 7-2：南阳酒精厂沼气工程（吴创之和马隆龙，2003）

南阳酒精总厂（现为天冠集团）是国家大型企业，主要采用薯类、玉米作为原料生产食用酒精，年产酒精能力1.0×10^5t。综合利用产品有：沼气$1.2\times10^7m^3$，二氧化碳2.5×10^4t、饲料2×10^4t，并建有6MW热电联产电站。

南阳酒精厂年排放废料液80多万吨，日排放2700～3000t。该厂建于20世纪80年代末，在60年代中期建成使用了20年的卧型池（2座2000m^3）旁建造了2座5000m^3的厌氧消化罐，$1\times10^4m^3$沼气贮气柜1座及冷却、脱硫、压送等配套设施，形成了日产$4\times10^4m^3$沼气的生产能力。

南阳酒精厂整个沼气系统工艺见图7-6，其中，厌氧消化采用厌氧接触工艺，高温（55℃）发酵，并在厌氧消化罐中采用了该厂自行研制的生物能搅拌装置。该装置利用产生的沼气进行搅拌，采用静态的挡板等措施，使发酵液既均匀搅拌，又增加厌氧污泥浓度。该设备结构简单，不用外动力，运行稳定，搅拌连续，提高了发酵速度。它克服了大型厌氧消化罐搅拌设备存在的易腐蚀、密封性差、搅拌不均匀、维修困难、带出厌氧微生物多、易堵塞、辅助设备多等缺点。两个厌氧消化罐并联运行，停留时间约5d，池容产气率为$4m^3/(m^3\cdot d)$，相当于

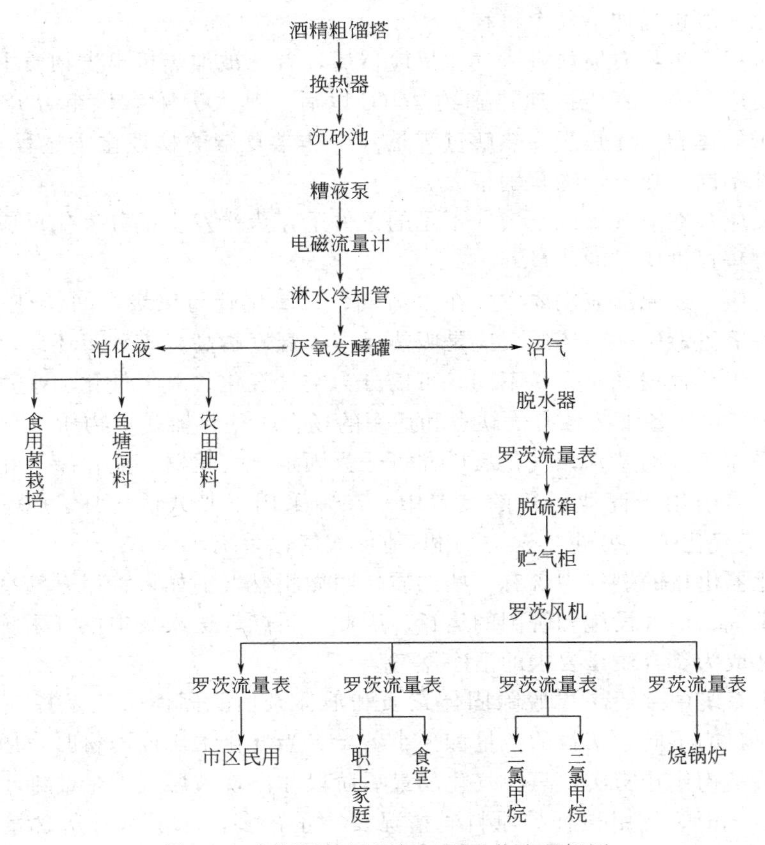

图7-6　南阳酒精厂沼气工程工艺流程框图

负荷（以COD计）10kg/(m^3·d)。

经厌氧发酵后的消化液，其污染值与发酵前糟液相比：COD由50000mg/L降至8000mg/L，去除率达84%，BOD由25000mg/L降至2300mg/L，去除率达90.8%，pH值由4.2升至7.2～7.5，悬浮物由20000mg/L降至700mg/L，去除率达96.5%。

沼气年转化量达33000t以上。由于40%的居民用上了沼气，少向大气排放二氧化硫、氮氧化物、烟尘燃煤灰分达400t以上，减少燃煤废渣6000t以上。

目前已形成日产沼气45800m^3的生产能力，沼气用户达49个单位，4000户以上，另外，每天还供应石化厂4000～5000m^3沼气作生产二氯甲烷、三氯甲烷的工业原料。供应本厂烧一台两吨锅炉及职工550户家庭用沼气。按4000户计算每月可节约原煤252t，年节约原煤2772t，将逐步供给南阳市20000户生活用沼气。

7.4.2.2　生物质气化技术

生物质气化是在一定的热力学条件下，将组成生物质的烃类化合物转化为含一氧化碳、氢气等可燃气体的过程。为了提供反应的热力学条件即为生物质气化提供能量，气化过程需要供给空气或氧气，使原料发生部分燃烧。气化过程和常见的燃烧过程的区别是燃烧过程中供给充足的氧气，使原料充分燃烧，目的是直接获取热量，燃烧后的产物是二氧化碳和水蒸气等不可再燃烧的烟气；气化过程只供给热化学反应所需的那部分氧气，而尽可能将能量保留在反应后得到的可燃气体中，气化后的产物是含氢、一氧化碳和低分子烃类的可燃气体。

生物质气化一般包括如下几个过程。

（1）干燥过程　生物质原料进入气化反应器后，首先被加热析出生物质中所含的水分。

（2）热解反应　当生物质被加热到约250℃以后，其大分子有机组分开始发生热解反应，得到小分子气体和固体焦炭。热解过程是一个非常复杂的物理化学过程，随加热速率、温度和热解条件不同，热解产物差别很大。

（3）燃烧反应　在氧气（或空气）不足的条件下，焦炭发生部分氧化反应，为生物质热解和还原反应过程提供所需的能量。

（4）还原反应　还原反应主要发生在水蒸气、二氧化碳与焦炭之间，进一步生成氢气、一氧化碳和甲烷等可燃气体。还原反应是吸热反应，温度越高越有利于还原反应进行。

生物质气化工艺根据气化介质不同，可以分为空气气化、氧气气化、水蒸气气化、空气（氧气）-水蒸气气化，各工艺各有优缺点和适用的场合。气化器是生物质气化工艺中最核心的设备，根据操作条件的差别，气化反应器可分为固定床气化器、流化床气化器、气流床气化器。据统计，目前用于商业运行的装置中，75％采用下吸式固定床，20％采用流化床，2.5％采用上吸式气化炉，另外2.5％采用其他形式气化系统。

生物质气化器出口的燃气中含有一些杂质，叫做粗燃气。如果将粗燃气直接送入集中供气系统会影响供气、用气设施和管网的运行。因此，粗燃气送入集中供气系统之前必须进行净化处理，使之成为符合质量要求的洁净燃气。

在燃气发生系统中主要考虑脱除固体杂质和液体杂质。固体杂质是指气化后的含炭灰粒。根据所用原料的不同，灰粒的数量和大小各异。当气化木炭或木材时，原料中含灰量很少，且原料中碳结构比较密实，只在气化的最后阶段才出现被燃气携带的细小炭粒，燃气中灰粒量为5～10g/m^3。使用秸秆类原料时情况要严重得多，除了秸秆灰含量较高外，其原料热解后的碳结构也较松散，很容易被气流携带。因此，秸秆气化后燃气中的固体杂质量较大且颗粒直径较大，燃气中灰分含量可能在每立方米数十克的数量级。

液体杂质主要是指常温下能凝结的焦油和水分。水分的清除是容易的，因为水的流动性很好，而焦油冷凝后是黏稠的液体，容易黏附在物体表面。焦油成分十分复杂，包含酚、萘、苯、苯乙烯等，根据气化方式和原料的不同，燃气中的焦油含量在每立方米数克到数十克的范围内。对于生物质气化集中供气系统来说，由于焦油的产量很小，难以提纯利用，相反它们会与水、灰结合在一起，沉积在气化设备、管道、阀门、燃气表、燃气灶等部位，影响系统的运行。另外，焦油燃烧产生的气体对人体是有害的。

离开气化器的粗燃气温度一般为300～400℃，在进行燃气净化的同时还要将燃气冷却到常温，以便于燃气输送。在粗燃气中焦油是蒸气态，随着温度的下降，先是重烃类凝结，轻烃类后凝结出来。焦油冷凝后与固体杂质混合，形成结实的灰垢，堵塞在管道里，很难清除。因此，利用燃气降温过程合理净化燃气，是能否得到洁净燃气的关键。一般采用在燃气温度显著下降前先脱除灰烬，然后逐步脱除焦油的流程。

生物质气化技术使固体生物质原料转变成气体燃料，提高了燃料的品位。与固体燃料相比，气体燃料的输送和使用都更为方便，用能过程清洁，气体燃料的燃烧效率也比固体燃料有较大提高。气体燃料有着广泛的用途，燃烧后将化学能转变为热能直接利用，可用于炊事、供热，茶叶、烤烟的烘干等；与内燃机、燃气轮机等结合产生动力，可以驱动机械设备或产生电力。

7.4.2.3　生物质气化发电技术

生物质能源利用方式多种多样，其中发电技术是目前应用最多、规模利用生物质能最有效的方法之一。生物质发电主要有生物质直接燃烧产生蒸汽进行发电和生物质气化发电两种。生物质直接燃烧发电技术在大规模下效率较高，但它要求废料集中，数量巨大，适于现代化大农场或大型加工厂的废物处理等，对农业废弃物较分散的地区不适合。而生物质气化发电具有在中小规模下效率较高、使用灵活的特点。我国现阶段农业生产现代化水平较低，农业废弃物比较分散，收集运输手段落后，决定了我国生物质发电以中小规模的生物质气化高效发电技术为主要发展方向。

生物质气化发电技术的基本原理是把生物质转化为燃气，再利用其推动燃气发电设备进行发电。气化发电工艺包括三个过程：一是生物质气化，把固体生物质转化为气体燃料；二是气体净化，气化得到的燃气都带有一定的杂质，包括灰分、焦炭和焦油等，需经过净化系统把杂质除去，以保证燃气发电设备的正常运行；三是燃气发电，利用燃气轮机/发电机机组或燃气内燃机/发电机机组进行发电，有的工艺为了提高发电效率，发电过程可以增加余热锅炉和蒸汽轮机，即先利用燃气轮机或内燃机发电，再利用系统的余热生产蒸汽，推动汽轮机发电，但由于内燃机发电效率较低，单机容量较小，应用受到一定的限制。燃气轮机发展前景较广阔，尤其是在大规模生产的情况下，但燃气轮机发电对燃气净化的要求较高。

生物质气化发电技术是生物质能利用中有别于其他途径的独特方式，具有三个方面特点。一是技术有充分的灵活性，由于生物质气化发电可以采用内燃机，也可以采用燃气轮机，甚至结合余热锅炉和蒸汽发电系统，所以生物质气化发电可以根据规模的大小选用合适的发电设备，保证在任何规模下都有合理的发电效率。这一技术的灵活性能很好地满足生物质分散利用的特点。二是具有较好的环保性，生物质本身属于可再生能源，不但能有效地减少 CO_2、SO_2 等有害气体的排放，而且气化过程一般温度较低（大约在700～900℃），NO_x 的生成量很少，所以能有效控制 NO_x 的排放。三是经济性，生物质气化发电技术的灵活性，可以保证该技术在小规模下有较好的经济性，同时燃气发电没有高压过程，设备简单，合理的生物质气化发电技术比其他可再生能源发电技术投资更小。总的来说，生物质气化发电技术是所有可再生能源技术中最经济的发电技术，综合发电成本已接近小型常规能源的发电水平，它既能解决生物质难于燃烧利用和分布分散的缺点，又可以充分发挥燃气发电技术设备紧凑而污染少的优点，是生物质能最有效、最洁净的利用方法之一。

近年来，国外以生物质燃气为燃料进行发电的技术发展较快，利用生物质燃气发电的规模不等。通常内燃机/发电机系统功率较小，燃气轮机/发电机系统或汽轮机/发电机系统功率较大，而联合应用燃气轮机/发电机系统和汽轮机/发电机系统功率最大。在规模上，一般认为小于500kW为小型，大于3000kW为大型，处于两者之间的视为中型。一般功率越大效率越高，小型和中型系统效率为12%～30%，大型发电机组的系统效率可达到30%～50%。小型生物质气化发电系统主要集中在发展中国家，特别是中南亚国家，小型生物质气化内燃机/发电机系统推广应用比较多的是印度。

我国在20世纪60年代初曾开展了生物质气化发电方面的研究工作，已有一定的基础。近30年，在原来谷壳气化发电的基础上，对生物质气化发电技术作了进一步的研究，主要针对不同生物质原料、不同发电规模进行了探索，先后研制完成的中小型生物质气化发电设备功率从几千瓦到10000kW。在“十五”期间，我国利用“863”计划研发了规模适度、经济上可行而效率又有较大提高的生物质气化联合循环发电系统，它以大型循环流化床为核心技术，以大型低热值燃气内燃机为关键设备，以余热利用为辅助手段，构成高效的农业废弃物气化发电系统。该技术与国外先进的同类技术相当，而设备已全部实现国产化，投资不到国外的2/3，运行成本比国外低50%左右，已建成的5.5MW生物质气化联合循环发电示范工程最高发电效率达到28%左右，是目前亚洲最大的农业废弃物气化发电厂，也是国际上第一个可以实现商业运行的中型农业废弃物气化联合循环电厂，系统性价比处于国际领先水平，综合技术性能达国际先进水平。

我国自主研发的中小规模生物质气化发电技术具有投资少、灵活性好等特点，其中生物质循环流化床发电系统对于较大规模地处理生物质具有显著的经济效益，在国内推广很快，并出口到泰国、缅甸、老挝等国，成为国际上应用最多的中型生物质气化发电系统。尤其是近10年来，我国的农业废弃物气化发电技术的研究和应用解决了流化床气化、焦油裂解、低热值燃气机组改造、焦油污水处理和系统控制及优化等各种核心技术，形成了具有中国特色的农业废弃物能源利用方式。我国在电力供应方面存在较大的缺口，因地制宜地利用当地生物质能资源，建立分散、独立的离网或并网生物质分布式电站拥有广阔的市场前景。

7.4.2.4 生物质成型燃料技术

生物质成型燃料技术就是将各类松散的生物质原料通过干燥、粉碎、压缩等工序加工成为密度较大的有一定固定形状的成型燃料，成型后的生物质具有形状完整，便于运输、贮存和燃烧利用的特点。不加处理的秸秆原料存在结构疏松、分布分散、不便运输及贮存、能量密度低等缺点，限制了其大规模利用的经济性与可行性。这是因为秸秆种类繁多，其化学组分相差不大，但物理性质却有较大的差别，其中密度是重要的物理特性参数，在很大程度上对生物质利用反应器的几何尺寸及其经济性有直接影响。生物质原料在粒度为15～25mm时，木柴等林业废弃物的堆积密度在250～300kg/m^{3}之间，而农业废弃物（除了棉秆）的堆积密度远小于林业废弃物，例如玉米秸秆的堆积密度相当于木材的1/4，小麦秸秆的堆积密度不足木材的1/10。秸秆原料的密度过低会带来贮存输送的困难，限制了其大规模利用的经济性与可行性。成型后的生物质燃料具有商品化能源属性，具备规模化、工业化利用推广的市场前景。

我国拥有丰富的生物质资源，理论资源量为50亿吨左右。现阶段可供利用开发的生物质成型燃料资源主要包括农业废弃物、树木枝桠和能源作物等。随着农村经济的发展，我国的农业废弃物产量逐年递增。我国农作物播种面积15亿亩，年产农业废弃物量约7亿多吨，除部分用于造纸原料和畜牧饲料外，大约3亿～4亿吨可作为燃料使用，折合约1.5亿～2亿吨标准煤；林木枝桠和林业废弃物年可获得量约9亿吨，大约3亿吨可作为能源利用，相当于2亿吨标准煤，其开发利用的潜力巨大。

在生物质物理性质中，生物质含水率的高低对生物质压缩成型影响较大，有必要对生物质中水分的存在状态进行研究。生物质中水分可以分为自由水和结合水两类，自由水存在于生物质的细胞腔中，结合水存在于细胞壁中。生物质中水分的存在状态按水分含量由高到低可分为饱和状态、秸秆状态、纤维饱和点状态、气干状态、绝干状态。当生物质含水率在纤维饱和点以下时，生物质中只有结合水，此时结合水与细胞壁无定形区（由纤维素非结晶区、半纤维素和木质素组成）中的羟基形成氢键。在压力作用下，粒子虽然发生了排列组合及变形，但在垂直于主应力方向上，由于摩擦力急剧增大，流动性极差，粒子不能很好地被延展，导致不能成型。当生物质含水率在纤维饱和点以上时，生物质中水分包括自由水和结合水两部分。当自由水过低时，在压力作用下，生物质细胞发生挤压变形，细胞中的导管易压紧变细，增加了水分传输阻力，再加上水分过低时扩散能力减弱，这时水分不能很好地移动，粒子流动性较差，粒子也不能较好地延展，导致成型效果较差；当自由水过高时，虽然基于浓度差的水分扩散能力增强，粒子流动性较好，粒子也能很好地被延展，但在平行于主应力方向上，由于过多的水分被排挤在粒子层之间，使粒子层间贴合不紧，也导致成型不好。所以，控制生物质含水率在适当范围，是生物质压缩成型的一个重要方面。

生物质之所以能够冷态压缩成型，其化学性质是一个极其重要的方面。研究生物质的化学成分和各自在压缩成型过程中所起的作用，对于探索冷态压缩成型机理至关重要。生物质的化学成分包括主要组分和少量组分，主要组分是构成生物质细胞壁和胞间层的物质，由纤维素、半纤维素和木质素 3 种高分子化合物组成，少量组分主要包括灰分和有机物等。3 种主要化学成分对细胞壁所起的物理作用有所不同。纤维素是以分子链聚集成排列有序的微纤丝束状态存在于细胞壁中，赋予生物质抗拉强度，起到骨架作用，故称为细胞壁的骨架物质；半纤维素以无定形状态渗透在骨架物质之中，已增加细胞壁的刚性，故称为基体物质；而木质素是在细胞分化的最后阶段才形成的，它渗透在细胞壁的骨架物质中，使细胞壁变得坚硬，被称为结壳物质或硬固物质。因此，根据生物质细胞壁这 3 种化学成分所起的物理作用特征，形象地将生物质的细胞壁称为“钢筋混凝土建筑”。

在生物质压缩成型过程中，上述 3 种主要化学成分所起到的作用各不相同。木质素被认为是生物质中最好的内在黏合剂，它是由苯丙烷结构单元构成、具有三度空间结构的天然高分子化合物。在自然条件下，木质素与水及其他有机溶剂几乎不溶解，100℃才开始软化，160℃开始熔融形成胶体物质。但在生物质压缩成型过程中，由于在压力和水分的共同作用下，木质素的大分子易碎片化，进而发生缩合或降解，溶解性质发生显著变化，生成可溶性木质素和不溶性木质素。此外，酚羟基和醇羟基的存在，促使碱性木质素溶解，木质素磺酸盐与水作用可形成溶胶物质，起到黏合剂作用，通过黏附和聚合生物质颗粒，进而提高了成型燃料的结合强度和耐久性。半纤维素由多聚糖组成，具有一定的分枝度，其主链和侧链上含有较多羟基、羧基等亲水性基团，是生物质中吸湿性较强的成分，在压力和水解共同作用下可转化为木质素，也可起到黏合剂的功能。纤维素由大量葡萄糖基组成的链状高分子化合物构成，不溶于水，主要功能基是羟基（—OH），通过—OH 之间或—OH 与 O—、N—和 S—等基团联结形成氢键，键合能量强于范德华力。在压缩成型过程中，由氢键连接成的纤丝在黏聚体内发挥了类似混凝土中的“钢筋”加强作用，成为提高成型燃料强度的“骨架”。

7.4.2.5　生物质非粮燃料乙醇技术

燃料乙醇是指加入改性剂后不可饮用的乙醇，是已投入能源市场的液体燃料，被誉为当前最直接、最有效、应用最广泛、社会认知度最高的石油燃料的替代品。2008 年，全球燃料乙醇的产量达到 655 亿升，在 15 个国家实现了以 5%～25%的比例与汽油掺混。中国是继美国和巴西后第三大燃料乙醇生产国。燃料乙醇的应用对于减少汽油用量，缓解化石燃料的紧张，减少 CO_2 及城市车辆尾气（颗粒物、一氧化碳、挥发性有机化合物等）的排放，拉动农业经济的发展都具有重要意义。用糖类或粮食生产燃料乙醇工艺简单，但是其产量的增加有一定的限制，成本也难以显著降低。目前能源市场上所应用的燃料乙醇几乎都来自于玉米和甘蔗，存在“与民争粮，与农争地”的问题，且成本过高，原料的资源潜力即可利用量和可持续性差，不能满足我国燃料乙醇长期发展的需要。

含木质纤维素的生物质废弃物是生产燃料乙醇的另一原料，它包括农作物秸秆、林业加工废料、甘蔗渣及城市垃圾中所含的废弃生物质等。开发纤维素原料生产燃料乙醇的工艺具有显著的经济意义和社会意义：①生物质资源在地理上比化石燃料分布得更均匀，故作为能源更有安全保证；②以木质纤维素生产乙醇燃料可减少生产食物、饲料与生产燃料乙醇之间对土地需求的矛盾；③生产木质纤维素原料在肥料、农药和能量方面的投入较低；④生产木质纤维素乙醇燃料所造成的净温室气体排放较少，对环境影响小；⑤生产木质纤维素燃料可为农村地区提供就业机会。

木质纤维素的主要成分包括纤维素、半纤维素和木质素三部分。纤维素大分子间通过大量的氢键连接在一起形成晶体结构的纤维素。这种结构使得纤维素的性质很稳定，它在常温下不发生水解，在高温下水解也很慢。只有在催化剂存在下，纤维素的水解反应才能显著地进行。常用的催化剂是无机酸和纤维素酶，由此分别形成了酸水解和酶水解工艺，其中的酸水解又可分为浓酸水解工艺和稀酸水解工艺。纤维素经水解可生成葡萄糖：

$$(C_6H_{10}O_5)_n + n\ H_2O \longrightarrow n\ C_6H_{12}O_6$$

理论上每162kg纤维素水解可得180kg葡萄糖，生成的葡萄糖继续发酵便可获得燃料乙醇。

半纤维素的聚合度较低，所含糖元数在60～200，也无晶体结构，故它较易水解，在100℃左右就能在稀酸里水解，也可在酶催化下完成水解。但因生物质里的半纤维素和纤维素互相交织在一起，故只有当纤维素被水解时，半纤维素才能水解完全。半纤维素的水解产物包括2种五碳糖（木糖和阿拉伯糖）和3种六碳糖（葡萄糖、半乳糖和甘露糖）。各种糖所占比例随原料而变化，一般木糖占一半以上，以农作物秸秆和草为水解原料时还有相当量的阿拉伯糖生成（可占五碳糖的10%～20%）。半纤维素中木聚糖的水解过程可用下式表示：

$$(C_5H_8O_4)_n + m\ H_2O \longrightarrow m\ C_5H_{10}O_5$$

故每132kg木聚糖水解可得150kg木糖，m为聚合度。

包裹在纤维素周围的木质素不能被水解，故其影响纤维素水解。

一般的酒精酵母除可发酵葡萄糖外，也可发酵半乳糖和甘露糖，这3种六碳糖的发酵过程可表示为：

$$C_6H_{12}O_6 \longrightarrow 2\ CH_3CH_2OH + 2\ CO_2$$

故1mol六碳糖可生成2mol酒精，或100g六碳糖发酵得51.1g酒精和48.9g CO_2。一般的酒精酵母不能发酵木糖和阿拉伯糖，以前曾把这两种五碳糖称为非发酵性糖，但目前人们已经发现能发酵木糖和阿拉伯糖的微生物。这两种五碳糖的发酵过程可表示为：

$$3\ C_5H_{10}O_5 \longrightarrow 5\ CH_3CH_2OH + 5\ CO_2$$

理论上100g五碳糖发酵可得51.1g乙醇。但微生物发酵五碳糖的途径比发酵葡萄糖复杂，发酵过程中所需消耗能量也较多，故五碳糖发酵中的实际乙醇得率常低于葡萄糖发酵。

以木质纤维素制乙醇技术在19世纪即已提出，并最先在美国和前苏联建有生产厂。目前世界上有40余座纤维素乙醇示范工厂，大都分布在美国、加拿大以及欧洲各国，该技术尚未实现工业化生产。主要原因是该类原料的生物乙醇转化存在预处理复杂、五碳糖乙醇转化率低、纤维素酶稳定性差、酶生产成本高等技术瓶颈，影响其工业化推广应用。因此，开发高效预处理和水解、发酵工艺和技术，筛选产生高活性纤维素酶、半纤维素酶和木质素酶的菌株，降低酶的生产成本，提高五碳糖的乙醇转化率，开发高效转化工艺系统等，已成为木质纤维素原料生产燃料乙醇技术的研究热点。

以木质纤维素类生物质生产燃料乙醇的方法主要是要把原料中的纤维素和半纤维素水解为单糖，再把单糖发酵成乙醇。

（1）预处理　预处理是纤维素原料水解工艺中一个重要课题。由于构成生物质主要成分的纤维素、半纤维素和木质素间互相缠绕，且纤维素本身存在的晶体结构会阻止纤维素水解酶接近纤维素表面，故生物质直接酶水解时效率很低。通过预处理可除去木质素，溶解半纤维素，或破坏纤维素的晶体结构，从而增大其可接近表面，提高纤维素的酶水解产率。很显然，纤维素酶水解产物转化率很大程度上要依赖预处理的效果。

常用的预处理方法主要有物理法、化学法和生物法。物理法主要是机械粉碎。可通过切、碾、磨等工艺使生物质原料的粒度变小，进而破坏纤维素的晶体结构，增加其和反应试剂的接触表面。此外，蒸汽爆裂、氨爆裂、CO_2 爆裂等都是在高温和高压下造成了木质素的软化，然后迅速降压，造成纤维素晶体的爆裂，使木质素和纤维素分离。高温液态水法（hot liquid water）又称自动水解法（autohydrolysis），是指完全以液态水来水解生物质中半纤维素的过程。在高温高压下，水会解离出更多的 H^+ 和 OH^-，具备酸碱自催化功能，从而完成半纤维素的水解。该法用于酶水解纤维素的预处理，与其他方法相比具有成本低廉、产物中发酵抑制物含量低、木糖回收率高等优点。

化学法包括碱处理、稀酸处理及臭氧处理等。碱处理法是利用木质素能溶于碱性溶液的特点，用稀氢氧化钠或氨溶液处理生物质原料，破坏其中木质素的结构。化学法中稀酸处理是目前经济性较好的预处理方法之一，由此形成的工艺反应速度快，但其对反应器材质要求较高、糖产物降解剧烈并存在排放污染。

生物法是利用自然界存在的褐杆菌、白杆菌和软杆菌等来降解木质素，从而提高半纤维素和纤维素水解效率的方法。其优点是条件温和，环境友好，但处理所需周期较长，部分半纤维素和纤维素也有降解，影响原料整体的乙醇转化率。

（2）水解 生物质经预处理后所得粗纤维素必须通过水解过程将纤维素和半纤维素水解为能被酵母或细菌发酵以生产乙醇的糖类物质。纤维素原料水解工艺包括酸水解和酶水解，酸水解又分为浓酸水解和稀酸水解。

① 浓酸水解 结晶纤维素在较低温度下可完全溶解于72%的硫酸或42%的盐酸中，转化为含几个葡萄糖单元的低聚糖，再经过加水稀释和一定时间加热后，即可得到较高收率的葡萄糖。为提高糖产率，可进行二步水解。浓酸水解的优点是糖的收率高，最高可达90%以上，但所需时间长，且酸必须回收。如能以经济的方法把酸和糖分离，则不但酸可回收利用，还方便了后续工艺，经济意义很大。浓酸水解技术始于19世纪20年代，第一个浓酸水解工艺由美国农业部（USDA）开发后经普渡大学和TVA（Tennessee Valley Authority）改进并应用，目前做这方面研究的主要有美国的Arkernol公司、Masada Resource Group和TVA。

② 稀酸水解 稀酸水解一般指用10%以内的硫酸或盐酸等无机酸为催化剂将纤维素、半纤维素水解成单糖的方法，一般温度为100～240℃，压力大于液体饱和蒸气压，一般高于10个大气压。优点是反应进程快，适合连续生产，酸液不用回收。缺点是所需温度和压力较高，副产物较多，反应器材质要求高。在这三种水解方法中，稀酸水解在反应时间、生产成本等方面较其他两种有优势。稀硫酸水解法是在1856年由法国梅尔森斯首先提出，后经多次改进，1952年研制出稀酸水解渗滤床反应器。目前，仍是生物质产糖最简单的方法之一，且成为发明新方法的基准。

20世纪70年代后期至80年代前半期，有关稀酸水解系统的模型和新的水解工艺成为热点。1983年由Stinson提出二阶段稀酸水解工艺，其原理是半纤维素和纤维素的水解条件不同，以不同的反应条件分开水解。90年代以来极低浓度酸水解、高压热水法等工艺因环境友好、对反应器材质要求低而受到重视。近10年来研究热点在于新型反应器的开发和反应器理论模型研究，以提高稀酸水解产率和开发单糖外的其他化学品，如糠醛、乙酰丙酸等。通过动力学模型研究及工艺设计实践，认识到高的固体浓度、液固的逆向流动以及短的停留时间是提高单糖转化率的关键。据此，新型反应器主要有逆流水解、收缩床水解、交叉流水解及其组合等，但其多处于小试和中试阶段，还并未见商业化报道。

自 20 世纪 80 年代以来，木质纤维素类生物质稀酸水解多采取两步工艺。第一步用低浓度稀酸和较低的温度先将半纤维素水解，水解产物主要为五碳糖；第二步以较高的温度及酸浓度得到纤维素的水解产物——葡萄糖。其优点是减少了半纤维素水解产物的分解，从而提高了单糖的转化率；产物浓度提高，降低了后续乙醇生产的能耗和装置费用；半纤维素和纤维素水解产物分开收集，便于单独利用。

另外，超低酸水解工艺是较有前途的稀酸水解工艺。超低酸（extremely low acids，ELA）水解工艺指浓度为 0.1%以下的酸，以其为催化剂在较高温度下（通常在 200℃以上）的水解过程。该工艺有以下明显优势：a. 中和发酵前液体，产生的 $CaSO_4$ 产量最小；b. 对设备腐蚀性小，可用普通不锈钢来代替昂贵的耐酸合金；c. 属于绿色化学工艺，环境污染小。美国可再生能源实验室（NREL）以极低浓度酸水解工艺对连续逆流反应器、收缩渗滤床（BSFT）和间歇床（BR）等进行研究，发现连续逆流反应器在 ELA 条件下可得到 90%的葡萄糖产率，BSFT 的反应速度是 BR 的 3 倍。

③ 酶水解　始于 20 世纪 50 年代的生物质酶水解技术，是指利用纤维素酶对生物质中的纤维素催化水解产糖的过程。酶水解是生化反应，在常压、45～50℃、pH 值 4.8 左右的条件下进行，可形成单一糖类产物且产率可达 90%以上，不需要外加化学药品，副产物较少，提纯过程相对简单，生成的糖不会发生二次分解。因此，酶水解技术越来越受到各国重视，甚至有人预测酶水解有替代酸水解的趋势。缺点是酶的生产成本高，要消耗 9%左右的生物质物料，预处理设备较大，操作成本较高，反应时间长，合适的纤维素酶尚在开发研究中。目前，所应用的酶主要有三种：内切型葡聚糖酶 Endoglucanases（EC 3.2.1.4）、外切型葡聚糖酶Ⅰ（β-1,4-葡聚糖纤维二糖水解酶，cellobiohydrolases）（EC 3.2.1.91），以及β-葡萄糖苷酶 β-glucosidases（EC 3.2.1.21），全球最大的酶生产商是 Genencor International 和 Novozymes Biotech Incorporated。

纤维素酶制造方法有固体发酵法和液体发酵法。目前，大规模生产纤维素酶的方法是固体发酵法，即微生物在没有游离水的固体基质上生长，一般将小麦麸皮堆在盘中，用蒸汽灭菌后接种。生长期经常喷水雾并强制通风，保持一定的温度、湿度和良好的空气流通，微生物培养成熟后用水萃取，过滤后将酶从萃取液中沉淀下来。目前，酶的研究热点在于选择培养能够提高酶产率和活性的微生物，以廉价的工农业废弃物作为微生物培养基，开发各种酶的回收方法以及试验各种发酵工艺。在酶水解工艺中酶的生产成本最高。

（3）发酵　纤维素原料复杂的组成决定了其水解产物也会相当庞杂，有些产物对微生物的发酵过程具有一定抑制或毒害作用。所以，其发酵工艺和菌种的选择，工艺条件的控制，与淀粉和糖类原料相比有较大的区别。

半纤维素构成了生物质的相当部分，其水解产物是以木糖为主的五碳糖，以农作物废弃物和草为原料时还有约占五碳糖 10%～20%的阿拉伯糖生成，故五碳糖的利用是决定该工艺经济性的重要因素，利用五碳糖发酵生产乙醇也是纤维素原料生产乙醇的重要特征。五碳糖利用途径主要包括：用木糖异构酶将木糖异构成木酮糖，酵母再发酵木酮糖为乙醇，产率达 41%～47%；对五碳糖自然发酵的微生物很难满足其他方面的要求，如发酵产率、乙醇耐受力和溶解氧等方面的问题；用基因工程技术开发能发酵五碳糖的微生物，可获得既能发酵葡萄糖也能发酵木糖的菌种。

通过酸水解，尤其是稀酸水解得到的糖液中存在很多有害成分，它们会阻碍微生物的发酵活动，降低发酵效率。有害物中含量最多的是乙酸，可达10g/L以上，以及糠醛、羟甲基糠醛和少量木质素的降解组分，它们对微生物乙醇发酵的影响很大。为了降低乙醇的生产成本，在20世纪70年代开发了同时产糖和发酵的工艺（SSF），即把经过预处理的生物质、纤维素酶和发酵用的微生物加入到一个发酵罐内，使酶水解和糖酵解在同一装置内完成。当然，SSF流程也可用几个发酵罐串联生产，其不但简化了生产装置，且因发酵罐内的纤维素水解速度远低于葡萄糖发酵速度，使溶液中葡萄糖和纤维二糖的浓度很低，消除了它们作为水解产物对酶水解的抑制作用，相应可减少酶的用量。此外，低的葡萄糖浓度也减少了杂菌感染的机会。SSF已成为很有前途的生物质制备乙醇工艺，目前，其主要问题是水解和发酵条件的匹配。

乙醇发酵是燃料乙醇生产中最重要的工段，纤维素类生物质主要降解成可发酵的葡萄糖和木糖，所以要用专用酵母或细菌将这些六碳糖和五碳糖发酵为乙醇。在乙醇发酵过程中，其主要产物是乙醇和CO_2，但同时也伴随着产生40多种发酵副产物。这些发酵副产物主要是醇、醛、酸、酯4大类化学物质，有些是由于酵母菌生命活动引起的，如甘油、杂醇油、琥珀酸等；有些则是因为细菌污染所致，如醋酸、乳酸、丁酸等。对发酵产生的副产物应加强控制和在蒸馏过程中进行分离，以保证乙醇的质量。按发酵过程物料存在状态，发酵法可分为固体发酵法、半固体发酵法和液体发酵法。根据发酵醪注入发酵罐的方式不同，可以将乙醇发酵的方式分为间歇式、半连续式和连续式三种，固体发酵和半固体发酵法主要采取间歇式发酵的方式；液体发酵则可以采取间歇式发酵、半连续发酵或连续发酵的方式。固体发酵法和半固体发酵法在我国主要是用于生产白酒，一般产量较小，生产工艺较古老，劳动强度大。而在现代大生产中，都采用液体发酵法生产乙醇，与固体发酵法相比，具有生产成本低、生产周期短、连续化、设备能自动化、劳动强度大大减轻等优点。

乙醇提取与精制工艺是获得燃料乙醇成品的最后一道工序，包括蒸馏工艺和无水乙醇的制备。通常用普通蒸馏方法制得的乙醇，浓度最高只能得到体积分数为95%的乙醇和水的恒沸物，而作为掺混到汽油中的燃料乙醇是需要脱水至乙醇含量达99.5%以上的无水乙醇。

案例7-3：利用玉米秸秆生产燃料酒精（刘荣厚等，2007）

我国是农业大国，农作物秸秆产量丰富（我国年产7亿多吨），其中玉米秸秆占35%，除少量作为饲料和部分还田外，绝大部分以微生物无用分解方式进入自然生态循环系统。如果能利用其中的10%来生产燃料乙醇，将获得400万吨的乙醇产量，节约粮食100万吨以上。

（1）玉米秸秆原料成分　玉米秸秆三大主要成分是纤维素、半纤维素、木质素，玉米秸秆原料的具体成分见表7-3。其中，纤维素和半纤维素占干重的64%，可以为乙醇发酵提供丰富的转化糖。

表7-3　玉米秸秆原料的成分

纤维素/%	半纤维素/%	木质素/%	灰分/%	非细胞壁成分/%	其他/%
38.9	25.1	19.5	5.8	7.9	2.8

（2）玉米秸秆制燃料乙醇的工艺流程　玉米秸秆制燃料乙醇的工艺流程见图7-7，按工艺操作的顺序，将整个流程分解为7个部分：秸秆预处理、酶水解、发酵种子培养、酒精发酵、醪液分离、蒸馏脱水、木糖制备。

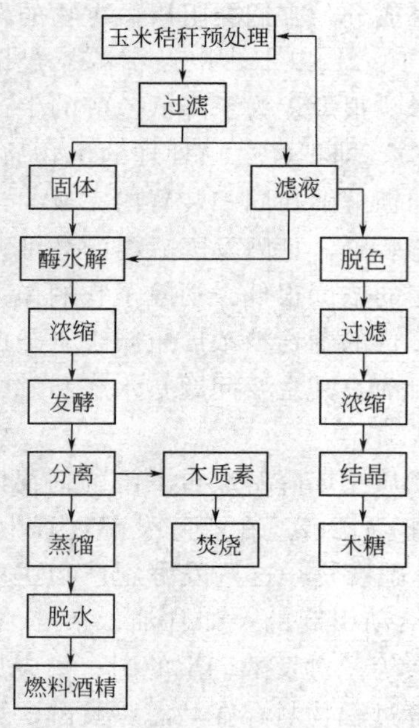

图 7-7 玉米秸秆制乙醇工艺流程图

① 玉米秸秆预处理 玉米秸秆与其他作物秸秆类似，纤维素的微小构成单位被半纤维素和木质素形成的鞘所包围。借助化学的、物理的和生物的方法进行预处理，使纤维素与木质素、半纤维素之间的紧密结构变得疏松，破坏纤维素的晶体结构，打断部分β-1,4-糖苷键，使后续的水解容易进行。玉米秸秆预处理可以采用的方法较多，常见的秸秆预处理方法列于表 7-4。选择预处理方法的基本原则是低成本、高效率、产糖高和与水解工艺相匹配。

由于本系统采用酶水解工艺，所以选择蒸汽爆破对玉米秸秆进行预处理。步骤是：到厂的玉米秸秆经除石除铁清洗，用切割机切成 1.5cm 长段，水浸 40min，提到间歇蒸汽爆碎器的料仓，经余汽预热后加入汽爆器压实，通入蒸汽，压力达到 2.5MPa 后，保温 8min，开启泄压阀将料喷入贮仓中。经这种爆碎器爆碎的玉米秸秆，纤维素水解转化率可达 70%以上。汽爆采用间歇操作对环境影响轻微。汽爆废气中含有少量糠醛可回收。

② 酶水解 将汽爆后 10%的玉米秸秆经水洗后转入产酶罐，加适量营养盐，接入里斯木霉 Rut-C_{30} 菌种，40h 达到产酶高峰。产酶过程中的洗渣水含 3%～5%的五碳糖，可回收入糖液罐一并发酵生产酒精，液体 1/3 作为工艺水返回浸泡罐，1/3 收集到另一贮罐用于生产木糖。里斯木霉发酵结束后，将此发酵物作为纤维素酶与另外 90%玉米秸秆汽瀑渣混合，50℃保温水解 24h，纤维素转化率达到 70%以上，经压机滤压滤得 6%左右稀糖液，此稀糖液经闪蒸和无机膜超滤浓缩成 20%～24%的糖液用于酒精发酵。滤渣饼的主要成分是木质素和少量未水解纤维素，用于锅炉燃料。

表 7-4 秸秆预处理方法

预处理	简 介	评 述
机械破碎	用切碎、研磨等方法	能耗大
热裂解	300℃以上使纤维素分解	能耗大
汽爆	高压饱和蒸汽(160～260℃)处理后急剧降压	能耗较大、成本低、抑制物多
氨爆	在高温、高压下与氨水接触后急剧减压	不产生抑制物,需回收氨
碳爆	经二氧化碳处理后爆裂	成本低于氨爆
酸水解	硫酸等强酸处理	需中和,成本高于汽爆
碱水解	NaOH 等碱处理	产生黑液
湿热处理	用 190℃热水处理	不需酸碱,但需回收热能
氧化	过氧化氢处理材料,氧化除去部分木质素和半纤维素	用过氧化氢成本较高
臭氧	臭氧除去部分木质素和半纤维素	常温常压反应,但臭氧成本高
有机溶剂	甲醇、丙醇等在高温及酸催化下破坏木质素	有机溶剂必须回收
微生物处理	用过氧化物本科的白腐菌等降解木质素	条件温和、效率低

③ 发酵种子培养 酒精发酵菌种采用可以同时利用六碳糖和五碳糖的休哈塔酵母，用常规方法进行发酵种子培养。

④ 酒精发酵 酶解浓缩得到的 20%以上糖液加入适量营养盐，接入休哈塔酵母种子(0.8 亿～1.2 亿个/mL)，30℃发酵 24h，醪液酒分可达到 10%。糖的酒精转化率达到 85%以上。

⑤ 醪液分离　将醪液中的酵母菌体用离心分离机分离回收作饲料。

⑥ 蒸馏脱水　分离除去酵母菌体后的发酵醪液入蒸馏塔蒸馏成95%酒精，再入分子筛塔脱水得无水乙醇。由于采用了无机膜超滤浓缩糖液工艺，使发酵所产生的酒精浓度达到10%左右，蒸汽消耗量降低2/3以上。蒸馏塔冷凝水回用于预处理工段浸料和锅炉补水，低压余汽用于原料预热。蒸馏塔底废液经厌氧、好氧处理达标后进入市政污水处理厂。

⑦ 木糖制备　汽爆后得到的水洗液中有5%～6%的单糖，其中木糖占60%～70%，水洗液经活性炭脱色、过滤、浓缩、结晶得到副产品木糖。

本工艺的关键性技术是蒸汽爆碎预处理技术、酶水解技术、无机膜浓缩技术、休哈塔酵母六碳糖和五碳糖同时酒精发酵技术。主要生产设施为汽爆器、木霉纤维素生产机组、酶解机组、压滤机组、离心分离机组、膜分离机组、蒸馏塔（四塔）、水电气公用工程、仪器仪表系统、化验室系统及相应土建工程。

(3) 经济分析　采用以上工艺，单位酒精的生产成本为3635.41元/t，酒精生产成本及构成见表7-5。

表7-5　酒精生产成本及构成

项目	单价	数量	金额/元	构成/%
原材料			2063	56.75
玉米秸秆	300元/t	5.88t	1764	
营养盐			299	
能源动力		1061kW·h	1332.41	36.65
蒸汽	48.5元/t	18.25元/t	885.13	
水	0.15元/t	294t	44.1	
电	0.38元/t		403.18	
制造费用			148	4.07
设备折旧			133	
易耗品			15	
工资			92	2.53
合计			3635.41	100.00

7.4.2.6　生物质生物柴油技术

生物柴油的概念是1895年由德国工程师鲁道夫（Dr. Rudolf）提出的，其生产技术的研究始于20世纪50年代末。所谓的生物柴油是指以各类动植物油脂为原料，与甲醇或乙醇等醇类物质经过酯交换反应改性，使其最终变成可供内燃机使用的一种燃料。目前多数生物柴油是用可食用的菜油、豆油等制成，很多不可食用的植物油同样可制成生物柴油，有待开发（吴谋成，2007）。可能的生产原料包括下面几种。

(1) 废弃动植物油脂　我国每年消耗1800万吨食用油，可利用废弃动植物油脂资源量约200万吨。这其中包括食用油厂的下脚酸化油、由餐饮废弃物提炼的地沟油和国家战略粮油储备的陈库油等。以地沟油为主的那部分废油脂尚未得到合理应用，既污染环境，又威胁饮食安全。

(2) 冬闲田油菜　中国是世界油菜主产国和油菜籽的主要消费国。我国油菜种植面积约为700余万公顷，约占油料种植总面积的一半；油菜籽总产量约1300万吨，单产约1800kg/hm^2；菜籽油产量约470万吨，占我国自产植物油产量的44%左右，而菜籽油消费量占植物油消费总量的23%。目前，我国油菜主要生产区是长江中下游地区，其中湖北、安徽、江苏、四川和湖南五省年产量均超过100万吨，占全国产量的60%以上。我国油菜生产还有进一步发展的潜力，新培育的高产油菜品种单产可达2000kg/hm²。另外，我国南方特别是长江流域有约1.3亿亩（866万公顷）冬闲稻田，可用于种植油菜。由于油菜为冬季作物，与粮棉争地的矛盾少，我国的油菜面积在过去数十年中增加了3倍多，并未明显影响粮食产量。因此，通过冬季复种油菜，这部分冬闲田为生物柴油提供原料植物油有良好前景。

（3）木本油料植物　木本油料植物具有适应性强、不占用良田耕地、可长期利用等优势。我国现有主要木本油料林面积约为420.6万公顷，含油果实含量达到559.4万吨。研究显示，麻疯树、黄连木、文冠果、光皮树等几种油料植物品种分布较广、适应性强，能利用荒山沙地建立规模化生物柴油原料基地。据国家林业局于2005年编制的《全国能源林规划》，计划到2020年，全国将培育2亿亩高产优质能源林基地，将可以满足每年600多万吨生物柴油和装机容量1500多万千瓦的发电原料需求。尽管如此，有效落实相关规划、集约化发展油料植物仍面临着不少问题，主要包括：优良品种和推广种植面积少，适生条件和实际可利用土地面积不清，规模种植情况下的产油率差异大等。

（4）产油微藻　据了解，我国的有机碳组成中，海洋藻类占了1/3，藻类是一种数量巨大的可再生资源，也是生产生物质能源的潜在资源，其中微型藻类的含油量非常高，可以用于制取生物柴油。微藻能够有效地利用太阳能，通过光合作用固定二氧化碳，将无机物转化为氢、高不饱和烷烃、油脂等能源物质；微藻生物能源可以再生，燃烧后不排放有毒有害物质，对大气二氧化碳没有净增加。此外，微藻的产油效率相当高，在一年的生长期内，以每公顷生产生物质燃油的能力比较，玉米能产172L，大豆能产446L，油菜籽能产1190L，棕榈树能产5950L，而微藻能产95000L。

生物柴油原料的主要评价指标包括密度、热值、运动黏度、十六烷值、闪点等。由不同原料制成的生物柴油性质差别较大，如以地沟油为原料制成的生物柴油，其十六烷值较高；以豌豆油、大豆油、棕榈油和地沟油为原料制成的生物柴油，其闪点较高；废动植物油为原料生产的脂肪酸甲酯或多或少都存在不饱和键，碘值高。以豆油生产的豆油甲酯，碘值高达(124～128g)/100g；以城市地沟油生产的甲酯，碘值也在（80～85g)/100g。

生物柴油的生产方法包括生物酶法、化学法、超临界甲醇法。基本而传统的方法是化学法。化学法生产生物柴油是由甲醇或乙醇等醇类物质与天然植物油或动物脂肪中主要成分甘油三酯发生酯交换反应，利用甲氧基或乙氧基取代长链脂肪酸上的甘油基，将甘油基断裂为三个长链脂肪酸甲酯或乙酯从而缩短碳链长度，降低油料的黏度，改善油料的流动性和汽化性能，达到作为燃料使用的要求。

目前生物柴油在世界上发展迅速，美国、德国、日本、巴西、印度都在积极推动这项产业的发展。欧洲和北美利用过剩的菜籽油和大豆油为原料生产生物柴油已获得推广应用。生物柴油使用和生产最多的是欧洲，占成品油市场的5%。欧洲自2000年以来每年增长约28.2%，目前有21个国家生产使用生物柴油，其中德国在生物柴油生产量上居于首位，德国还是世界上应用生物柴油最为普遍的国家。美国的生物柴油产量在近5年来也快速增长。近年来，巴西、马来西亚、印度等国利用自身气候条件优势，加快发展以棕榈油、麻疯树油为原料的生物柴油。巴西2006年7月公布的生物柴油计划提出，从2007年起在柴油中强制性添加2%的生物柴油，到2013年柴油中添加生物柴油的比例达到5%。

我国生物柴油技术已进入产业示范阶段，年生产能力超过100万吨，但由于原料缺乏，年生产总量仅为30万吨左右。从2000年福建龙岩最早发展生物柴油开始，至2009年末，国内从事生物柴油开发的企业已发展到100家左右。我国生物柴油生产原料主要为餐饮废油或榨油脚，严重影响产品质量，也不能保证原料的稳定供应。生物柴油生产基本上采用传统的化学法，即油脂和甲醇在碱性催化剂的作用下，经酯交换或醇解-酯化反应生成脂肪酸甲酯，存在转化率较低、能耗和成本高、环境污染等问题。目前，国内外生物柴油生产的主流技术是化学酯交换法，主要使用液体催化剂（KOH、NaOH或浓硫酸）。应用液体碱催化法，必须严格脱除原料油中的游离酸和水分，避免催化剂失活而影响酯交换效率。应用液体酸催化法，少量水分和游离酸不影响产率，但甲醇和副产物丙三醇呈乳化状，很难分离，且酸易腐蚀设备。此外，液体酸碱催化工艺的环境友好性差，且液体酸碱法均需要采用后续分离工艺，不利于生产的高效进行。

7.4.3 我国生物质能的发展概况

我国具有丰富的生物质资源，现有的统计资料表明可作为能源利用的生物质资源量折合标准煤约3亿～4亿吨。随着边际性土地的开发利用，资源量还有很大的增长潜力。相比之下，我国生物质能利用技术的开发研究，尤其是推广应用方面与国际先进水平还有一定差距。我国政府和社会公众对可再生能源给予了高度重视。2007年，国务院发布了《可再生能源中长期发展规划》，将生物质能和水电、风电、太阳能一起作为最重要的可再生能源列出了非常具体的发展规划。规划指出，根据我国经济社会发展需要和生物质能利用技术状况，重点发展生物质发电、沼气、生物质固体成型燃料和生物液体燃料。到2020年，生物质发电总装机容量达到3000万千瓦，生物质固体成型燃料年利用量达到5000万吨，沼气年利用量达到440亿立方米，生物乙醇燃料年利用量达到1000万吨，生物柴油年利用量达到200万吨。

截至2010年底，我国生物质发电总装机容量已超过2000MW，生物质固体燃料（含颗粒状、块状、棒状生物质固体燃料）产能达到180万吨/年；已建成户用沼气4000万户，每年产沼气154亿立方米，已建设有畜禽养殖废弃物大中型沼气工程4700多处，工业有机废物沼气工程1600多处，总共年产沼气40亿立方米；已建成产能30万吨/年的非粮燃料乙醇设施，另外50万吨/年产能正在筹建中；生物柴油产能约达到100万吨/年，产量约为30万～50万吨/年。总体来看，除非粮燃料乙醇外，我国其他生物质能发展都达到或超过了《可再生能源中长期发展规划》的阶段要求，但与2020年的发展目标相比还有显著差距。与生物质资源潜力相比，目前我国在生物质能利用方面总体还处于规模化应用推广的初级阶段，具有广阔的发展前景。

思考题

1. 什么是生物质？生物质三大组分纤维素、半纤维素、木质素在化学组成、空间结构及化学稳定性上有何不同？

2. 通过查阅最新文献，简述生物质生物方法脱胶（包括去除半纤维素及木质素等）的最新进展及其在生物质利用中的作用。

3. 生物方法脱胶和化学方法脱胶各自有何优缺点？

4. 什么是生物质能？生物质能的利用具体包括哪些技术？其特点有何不同？

5. 论述我国生物质能的产业化现状。

参考文献

［1］ 日本能源学会. 生物质与生物能源手册［M］. 史仲平，华兆哲译. 北京：化学工业出版社，2007.
［2］ 李海滨，袁振宏，马晓茜等. 现代生物质能利用技术［M］. 北京：化学工业出版社，2012.
［3］ 吴创之，马隆龙. 生物质能现代化利用技术［M］. 北京：化学工业出版社，2003.
［4］ 中国石油和石化工程研究会. 乙醇燃料与生物柴油［M］. 北京：中国石化出版社，2009.
［5］ 邓丽. 不同脱胶处理下凤眼莲纤维素黄原酸盐结构与性能研究［D］. 武汉：华中农业大学，2011.
［6］ 马丽晓. 凤眼莲秸秆生物脱胶的研究［D］. 武汉：华中农业大学，2009.
［7］ 周文兵. 凤眼莲秸秆堆肥与钾素回收及其纤维改性材料的特性研究［D］. 武汉：华中农业大学，2007.
［8］ 吴谋成. 生物柴油［M］. 北京：化学工业出版社，2007.
［9］ 刘荣厚，梅晓岩，颜涌捷等. 燃料乙醇的制取工艺与实例［M］. 北京：化学工业出版社，2007.

第 8 章　大气环境生态工程

教学目的　理解大气污染对植物生长的抑制效应及植物在大气污染修复中的作用。

重点、难点　植物对大气污染的修复过程与机理。

8.1　大气污染概述

8.1.1　大气组成

大气是人类及一切生物赖以生存、必不可少的物质和基本的环境要素之一，是自然环境的重要组成部分。为了研究评价大气质量和大气污染现象，首先要了解大气的组成。

从地球表面至大约 1000km 的高空，绕着地球的空气层称为大气层，它是由多种气体组成的。大气层下层浓密，上层稀薄，其密度随着高度的增加而减小，大气质量约 99.9%都集中在 55km 以下的空间。大气层的质量仅占地球总质量的 0.0001%左右。

大气中的悬浮微粒是由大气中的固体和液体颗粒状物质所组成的。固体微粒是指因自然现象如大风、火山爆发、森林火灾、陨石流星烧毁等过程产生的各种悬浮物，有尘土、火山灰、烟尘、宇宙尘埃以及飘逸的植物花粉、细菌等。液体微粒系指水汽凝结物，如水滴、云雾和冰晶等。这些细小的微粒悬浮物能够影响大气的能见度，削弱太阳辐射到达地球表面的强度。由于自然环境因素的不确定性，大气中悬浮微粒物的形状、密度、大小、含量、种类及粒径分布和化学性质总是在不断变化。同样，大气中水蒸气的含量也是变化的，它取决于时间、地理位置及气象条件如大气环流、气温等自然因素。在干旱的沙漠地区，大气水蒸气含量可能低于 0.01%，在湿热的热带可超过 6%。大气中水汽含量虽然不大，但它却是构成各种天气现象，如云、雾、雨、霜、露等的主要因素。

干燥洁净大气中的 CO_2 和 O_3 的含量虽然甚微，但其物理状况变化对大气温度和对地球上生物的生存起着重要作用。自然生态系统中的 CO_2 主要来源于有机物的微生物分解矿化、动物呼吸和火山喷发、森林火灾等，它们能够吸收来自地表的长波辐射，阻止地球热量向空间的散发，其含量随时间和方位会有所变化。随着工业革命的兴起和发展，燃料的大量使用和森林植被的严重破坏使大气层中的 CO_2 不断增加，打破了大气中 CO_2 平衡，气候逐渐变暖。O_3 是大气中的微量成分之一，它能够吸收大部分的太阳紫外辐射，保护地球生物免遭太阳紫外辐射的过度照射而引起的伤害。臭氧是氧原子和氧分子在其他物质参与下生成，由于低层大气中光离解的原子氧太少，而在高层大气中气体分子又太稀少，因此 O_3 主要集中在大气层中距地面 20～25km 的高度处，形成了平均厚度为 3mm 的臭氧层（0℃、1 个标准大气压条件下）。自然生态系统中 O_3 含量随季节和纬度变化。近年来由于人类活动使大量的氮氧化合物和氟氯烃进入臭氧层，以及超音速飞机在臭氧层高度范围的飞行日益增多，使臭氧层遭到损耗和破坏，某些地区上空甚至出现臭氧空洞。

8.1.2 大气污染

大气污染的形成具有一定的条件，国际标准化组织（ISO）对此作出如下定义：空气污染，通常是指由于人类活动和自然过程引起某些物质进入大气中，这些物质呈现出足够的浓度，在大气中存在足够长的时间，并因此而危害了人体的舒适、健康和福利或危害了环境。

形成大气污染的原因包括自然因素和人为因素两个方面。自然因素主要包括自然过程造成的火山活动、森林火灾、地震、土壤岩石风蚀、海啸、雷电、动植物尸体的腐烂及大气圈空气的运动等，自然过程造成的大气污染，包括尘埃、硫氧化物、氮氧化物等。人为因素包括人类的生活活动和生产活动两个方面，人类生活、工业生产、交通运输等活动中的燃料燃烧、废气排放等过程导致一些非自然大气组分的有害物质如粉尘、碳氧化物、硫氧化物、氮氧化物等进入大气，在大气中积累后超过自然大气中该组分的含量波动上限而形成污染。通常说的大气污染主要是指人类活动造成的，与人类活动相比较，自然因素引起的大气污染大多是暂时性的。因为自然环境具有一定的自净化能力，能够通过自身的物理、化学和生物机能，如扩散、稀释、沉降、雨水冲洗、地面吸附、植物吸收等作用，经过一段时间后会自动消除自然因素引起的大气污染，以恢复、维持生态系统的平衡。因此，人类活动，尤其是生产活动是大气污染的主要原因，是防止大气污染的主要对象。

8.1.3 大气污染物

大气污染物是指由于人类活动或自然过程排入大气的，超过其在大气中的本底浓度，并对人或环境产生有害影响的物质。随着经济和环境保护的发展，大气污染物的名单越来越长，目前已经认定的有100余种。进入大气的污染物种类很多，根据其存在的形态可分为颗粒污染物和气态污染物两大类。

8.1.3.1 颗粒污染物

颗粒污染物又称气溶胶，是指沉降速度可以忽略的固体或液体颗粒在气体介质中的悬浮体。按气溶胶产生的来源和存在的相态，以及物理化学特性等条件，气溶胶可以细分为10多种类型。这里，从大气污染控制的角度，将气溶胶态污染物分为以下三种形式。

(1) 粉尘（dust） 粉尘指分散悬浮于气体介质中的较小固体颗粒，尺寸为1～200μm。它的形状往往不规则，是在破碎加工、运输、建筑施工、农业活动、土壤和岩石风化、火山喷发过程中形成的。在重力作用下能发生沉降，但在某一段时间内能保持悬浮状态。粉尘的种类很多，如煤粉、水泥、金属粉尘、黏土粉尘、石棉等。

(2) 烟尘 烟尘指气溶胶态物系中由燃烧、冶金过程形成的细微颗粒物，通常包括下述三种类型。

① 烟炱（fume）：在冶金过程中形成的固体粒子的气溶胶。它是熔融物质挥发过程产生的气态物质的冷凝物，在生成过程中总是伴有诸如氧化之类的化学反应。烟炱的粒径非常微小，一般小于1μm。如金属铝、锌、铅的冶炼过程中，在高温熔融状态下，这些物质能够迅速挥发，并氧化生成氧化铝、氧化锌和氧化铅等烟尘。

② 飞灰（fly ash）：燃料燃烧中产生的呈悬浮状的非常分散的细小灰粒，包括燃料完全燃烧和不完全燃烧后残留的固体残渣，尺寸一般小于10μm，主要在炉窑中产生，尤以粉煤

为燃料燃烧时排出的飞灰比较多。

③ 黑烟（smoke）：燃烧产生的能见气溶胶。主要是化石燃料燃烧时，在高温缺氧条件下，烃类物质热分解生成的炭黑颗粒，粒径尺寸一般为0.01～1μm。

（3）雾（fog） 雾是大气中微小液体颗粒悬浮体的总称，泛指水蒸气凝结、液体雾化和化学反应而形成的液滴，如水雾、油雾、酸雾、碱雾等，粒径尺寸小于100μm。在气象学中则是指造成能见度小于1km的小水滴悬浮体。

悬浮于大气中的固态和液态气溶胶态污染物的粒径尺寸通常小于500μm，大于100μm的颗粒易于沉降，对大气造成的危害较小。在大气污染控制中，对小于100μm的气溶胶固体颗粒物，又分为以下几种。

① 可吸入颗粒物（PM_{10}），空气动力学粒径小于等于10μm的颗粒物，它的粒度小，质量轻，不易沉降而能长期飘浮于空气中；

② 细颗粒物（$PM_{2.5}$），空气动力学粒径小于等于2.5μm的颗粒物；

③ 总悬浮微粒（TSP），粒径小于等于100μm的所有颗粒物。

8.1.3.2 气态污染物

气态污染物在大气中以分子状态形式存在。气态污染物种类繁多，影响较大，大部分也源于燃料燃烧。依据与污染源的关系，可将气态污染物分为一次污染物和二次污染物。主要的一次污染物有硫化合物、氮化合物、碳氧化合物、碳氢化合物，以及某些行业排放的氧化剂如臭氧、氟化物等，二次污染物有光化学烟雾、硫酸烟雾等。通常，二次污染物对环境的危害比一次污染物更大。

（1）含硫化合物 含硫化合物主要指SO_2、SO_3和H_2S等，其中SO_2的来源广、数量最大，是影响和破坏全世界范围大气质量的最主要的气态污染物，尤其在燃用高硫煤的地区。含硫化石燃料的燃烧、有色金属冶炼、火力发电、石油炼制、造纸、硫酸生产及硅酸盐制品熔烧等过程都向大气排放SO_2，以化石燃料燃烧产生的SO_2最多，约占70%以上。工业生产和生活中的煤燃烧是最大的SO_2排放源，火力发电厂排出的SO_2浓度虽然较低，但是总排放量却最大。SO_3往往伴随着SO_2同时排放，但数量比较少。大气中的H_2S来源除了有机物的腐败外，主要是造纸厂、炼油厂、炼焦厂、石化企业、农药制造、染料厂等工业生产中的排放。H_2S在大气中属于不稳定物质，在有颗粒物存在下，很快就会被氧化成SO_3或SO_2。含硫化合物是造成二次污染硫酸烟雾的主要物质，并参与了酸雨的形成。

（2）含氮化合物 大气污染物中含氮化合物种类很多，如NO、NO_2、N_2O（一氧化二氮）、N_2O_3（三氧化二氮），以及NH_3（氨）、HCN（氰化物）等，通常用符号NO_x表示氮氧化物。其中造成大气污染的NO_x主要是NO和NO_2。NO_x主要来源于化石燃料的燃烧，大约83%的NO_x是由燃料的燃烧而产生的。各种燃烧设备如锅炉、窑炉、燃气轮机装置，以及各种交通车辆，特别是以汽油、柴油为燃料的机动车辆排放的NO_x最多。在汽车保有量高的城市，NO_x是最主要的大气污染物。此外，硝酸生产、氮肥厂、石化企业以及炸药制备过程也产生NO_x，土壤和水体的硝酸盐在微生物的反硝化作用下也可生成N_2O。在燃烧过程中，空气中的氮气和燃料中的含氮化合物在不同的燃烧条件下生成NO_x，其中主要是NO和少量NO_2，进入大气的NO在空气中被进一步氧化为NO_2。

（3）碳氧化合物 污染大气的碳氧化合物主要有两种物质，即CO和CO_2。CO和CO_2是各种大气污染物中排放量最大的污染物之一，既来源于人为污染源，也来源于天然污染源。化石燃料的燃烧排放是主要的人为污染源，当燃料完全燃烧时形成 CO_2；在缺氧条件下的不完全燃烧则形成 CO。全世界 CO 每年排放量约为 2.10×10^8t，排放量为大气污染物之首，主要来源于燃料的燃烧和汽车尾气。虽然 CO 氧化成 CO_2 的速率很慢，但多年来地球上 CO 的浓度并未持续增加，始终保持在大气本底浓度大约为 $0.1\times10^{-6}m^3/m^3$ 的水平，这表明自然界存在着一定的抑制 CO 增长的机制，如土壤微生物的代谢作用和 OH 自由基的氧化作用能将 CO 转化为 CO_2。但是，对于 CO 排放相对集中的城市，化石燃料的大量使用使城区的 CO 浓度远远超过自然水平。尤其是大城市交通繁忙时或冬季取暖季节，在不利于废气扩散时，CO 的浓度则有可能达到危害环境的水平。此外，向大气释放 CO 的天然源有：烃类物质的转化，如甲烷经 OH 自由基氧化形成的 CO；海洋生物代谢向大气释放 CO；植物叶绿素光分解产生的 CO 等。

来源于化石燃料燃烧和生物呼吸作用的 CO_2 是无毒气体，参与地球上的碳循环。但 CO_2 是主要的温室气体之一。近年来，化石燃料的大量使用，使地球上的 CO_2 逐年增多，导致全球性气候变暖，即温室效应加强。

（4）碳氢化物　大气中的碳氢化合物（HC）通常是指可挥发的各种有机烃类化合物，由碳和氢两种元素组成，如烷烃、烯烃和芳烃等。大气中的碳氢化合物大部分来自于植物的分解，人为来源主要是石油燃料的不完全燃烧和石油类物质的蒸发。其中，汽车尾气排放占主要比例，此外，石油炼制、石化工业、涂料、干洗等都会产生碳氢化合物而融入大气。人为排放的碳氢化合物数量虽然有限，但它对环境的影响不可忽视。各种复杂的碳氢化合物，如多环芳烃（PAH）中的苯并［*a*］芘具有明显的致癌作用，是一种强致癌剂，食物油炸、抽烟会产生苯并［*a*］芘，更大的危害还在于碳氢化合物和氮氧化合物的共同作用会形成光化学烟雾。

（5）卤素化合物　对大气构成污染的卤素化合物，主要是含氯化合物及含氟化合物，如氟氯烃、HCl、HF、SiF_4 等。其来源比较广泛，钢铁工业、石油化工、农药制造、化肥工业等工矿企业的生产过程中都有可能排放卤素化合物。虽然这些氟氯烃类气体排放数量不多，但对局部地区的植物生长具有很大的伤害；同时，它也是破坏臭氧层的主要成分之一。

（6）硫酸烟雾　硫酸烟雾是大气中的 SO_2 等含硫化合物，在有水雾、气溶胶以及氮氧化合物存在时，在一定的气象条件下，发生一系列化学或光化学反应而形成的硫酸雾或硫酸盐气溶胶。通常是在相对湿度比较高，气温比较低，并伴有煤烟尘、含有重金属的飘尘等存在时发生的。SO_2 在洁净的大气中比较稳定，但在污染大气中，能在颗粒气溶胶表面上迅速氧化，从而形成硫酸烟雾，在大气中滞留或被远距离输送。

（7）光化学烟雾　在太阳紫外线照射下，大气中的氮氧化物、碳氢化合物和氧化剂之间发生一系列光化学反应而生成的淡蓝色（有时呈紫色或黄褐色）二次污染物，即光化学烟雾，其主要成分是臭氧、过氧乙酰基硝酸酯（PAN）、醛类及酮类等。由于美国洛杉矶市的地貌和气候特征，非常适合于光化学烟雾的生成，其在 20 世纪 40 年代工业发展迅速，汽车保有量快速增加，排放出数量巨大的汽车废气，洛杉矶是世界上最早发生光化学烟雾的城市。二战后随着工业的快速发展和汽车的普及，在世界各地，如日本、美国、加拿大、法国、澳大利亚等国的大城市，光化学烟雾是一种常见的光化学污染现象。光化学烟雾的危害非常大，如具有特殊的呛人气味，刺激眼睛和呼吸道黏膜，造成呼吸困难，使植物叶片变黄甚至枯萎等。

8.1.4　大气污染物对植物的危害

很多植物对大气污染敏感，容易受到伤害。这是因为植物有庞大的叶面积，不断地与空气接触并进行活跃的气体交换。而且，植物不像高等动物那样具有循环系统，可以缓冲外界的影响，为细胞和组织提供比较稳定的内环境。此外，植物根植于土壤之中，固定不动，不能躲避污染物的侵入，一旦大气污染物浓度超过植物的忍耐限度，植物便从外表形态、内部结构，尤其化学成分上表现出一系列的反应特征，细胞和组织器官受到伤害，生理功能和生长发育受阻，群落组成发生变化，甚至造成植物个体死亡，种群消失。

植物受大气污染物的伤害一般可分为可见伤害和不可见伤害（即隐性伤害）两大类型，可见伤害又可分为急性伤害、慢性伤害和混合型伤害。急性伤害指经高浓度大气污染物暴露后几个小时至几天内植物组织产生肉眼可见的坏死症状。慢性伤害指长期与低浓度污染物接触，因而生长受阻，发育不良，几天以至几年才呈现肉眼可见的失绿、早衰等现象。而隐性伤害是在不产生肉眼可见症状的情况下产生可测生理或生化变化、植物生长量、产量的降低。大气污染物中对植物影响较大的是二氧化硫（SO_2）、氟化物、氧化剂和乙烯。氮氧化物也会伤害植物，但毒性较小。氯、氨和氯化氢等虽会对植物产生毒害，但一般是由于事故性泄漏引起的，危害范围不大。

8.1.4.1　二氧化硫对植物的影响

硫是植物必需营养元素。空气中的少量 SO_2，经过叶片吸收后可进入植物体内，参与体内硫代谢过程。在土壤缺硫条件下，大气中含少量 SO_2 对植物生长有利。但如果大气中 SO_2 浓度超过了植物的耐受上限值，就会引起伤害，这一极限值称为伤害阈值，它因植物种类和环境条件而异。综合大多数已发表的数据，SO_2 对植物慢性伤害阈值的范围在 25～150$\mu g/m^3$。

典型的 SO_2 伤害症状出现在植物叶片的脉间，呈不规则的点状、条状或块状坏死区，坏死区和健康组织之间的界限比较分明，坏死区颜色以灰白色和黄褐色居多；有些植物叶片的坏死区在叶子边缘或前端。SO_2 伤害和叶子年龄很有关系，在大多数情况下同一株植物上刚完成伸展的嫩叶最易受害；尚未伸展或未完全伸展的嫩叶抗性较强；较老叶子的抗性也较强，但如果已进入衰老期，在有的植物上表现为加速黄化和提早落叶。

SO_2 经过气孔进入叶组织后，溶于浸润细胞壁的水分中，成为 SO_3^{2-} 或 HSO_3^-，并产生 H^+，H^+ 降低细胞 pH 值，干扰代谢过程；SO_3^{2-} 或 HSO_3^- 直接破坏蛋白质的结构，使酶失活。因此，SO_2 对植物细胞的毒性与这三种离子有关。SO_3^{2-} 或 HSO_3^- 可以被细胞氧化成 SO_4^{2-}，SO_4^{2-} 的毒性远比 SO_3^{2-} 或 HSO_3^- 小，而且可被植物作为硫源利用，所以这种氧化过程被认为是解毒过程。如果 SO_2 进入的速度超过了细胞对它的氧化速度，SO_3^{2-} 或 HSO_3^- 积累起来，便会引起急性伤害。在继续不断地吸收并氧化 SO_3^{2-} 的情况下，SO_4^{2-} 的积累量超过了细胞耐受的程度，就会造成慢性伤害。此外，在 SO_3^{2-} 氧化为 SO_4^{2-} 的过程中可能产生自由基，这些自由基引起膜类脂的过氧化，从而伤害膜系统。

8.1.4.2　氟化物对植物的影响

大气氟污染物主要为 HF、F_2、SiF_4（四氟化硅）、H_2SiF_6（氟硅酸）等，其中排放量最大、毒性最强的是 HF。大气氟化物的排放量远比 SO_2 小，影响范围也小些，一般只在污染源周围地区，但氟化物中的主要成分 HF 对植物的毒性很强。空气中 HF 含量达到 $\mu g/L$

级浓度时，接触数十天可使敏感植物受害。氟是积累性毒物，植物叶子能连续不断地吸收空气中极微量的氟，吸收的氟化物顺着导管向叶片的尖端和叶缘部分移动，因而叶尖和叶缘的氟化物含量较高。进入叶片的氟化物与叶片内的钙质发生反应，生成难溶性的氟化钙化合物，沉积于叶片及叶缘的细胞间，当浓度积累到一定程度时即表现症状。

植物受氟伤害的典型症状是叶尖和叶缘坏死，受害叶组织和正常叶组织之间常形成明显的界限，有时会在两者之间产生一条红棕色带。氟污染容易危害正在扩展中的未成熟叶片，因而常常使植物枝梢顶端枯死。此外，氟伤害还常伴有失绿和过早落叶现象，使生长受抑制，对结实过程也有不良影响。试验证明：氟化物对花粉粒发芽和花粉管伸长有抑制作用。氟污染使成熟前的桃、杏等果实在沿缝合线处的果肉过早成熟，呈现红色、软化，降低果实的品质。

氟在组织内能和金属离子如钙、镁、铜、锌、铁或铝等结合，可能对氟起解毒作用，但因这些对植物代谢有重要作用的阳离子被氟结合，容易引起这些元素缺乏症，如缺钙症等。

HF 对植物可产生酸型烧灼状伤害。F^- 是烯醇化酶的强烈抑制剂，使糖酵解受到抑制，此时 G-6-P 脱氢酶被活化，使五碳糖途径畅通，这可能对植物适应一定浓度氟具有实际意义。试验表明，唐菖蒲（*Gladiolus gandavensis*）敏感品种的呼吸主要是依赖糖酵解途径，而抗性品种则较多地依赖五碳糖途径。F^- 还能够抑制同纤维素合成有关的葡萄糖磷酸变位酶的活性，因而阻碍燕麦胚芽鞘的伸长。

8.1.4.3 氧化剂对植物的影响

氧化剂以 O_3 为主，占总氧化剂的 85%～90%，其次为过氧乙酰硝酸酯（PAN），此外还有一些醛类等。

O_3 通过气孔进入植物叶片，首先破坏表皮细胞和栅栏组织。色素沉着是落叶树、灌木和草本植物最普遍出现的 O_3 伤害形态，导致在叶片的上表面可见轮廓清晰的斑点，根据植物种类的不同，这些斑点可为暗褐色、黑色、红色或紫色。此外，随污染程度不同，部分植物还可能发生失绿斑块和褪色。针叶树还会出现顶部坏死现象。对 O_3 污染，中龄叶敏感，未伸展幼叶和老叶有抗性，这与 SO_2 的伤害症状相似。

PAN 的叶伤害症状比较特殊，双子叶植物如菠菜、糖用甜菜和叶用甜菜的伤害特征是叶片下表面出现玻璃质状或青铜色。显微镜镜检表明，受 PAN 伤害的叶片，其海绵叶肉组织，尤其是气孔区附近的海绵组织原生质体会皱折收缩，由此产生的空隙呈玻璃质状等外观形态构成典型的 PAN 伤害形态。表皮不直接受害。当 PAN 浓度增加时，栅栏组织也会受到影响，产生玻璃质状镶边的棕色坏死斑，其结果使叶片出现双面坏死。一般而言，单子叶植物比双子叶植物更容易出现双面坏死现象。

氧化剂伤害在不出现可见症状的情况下也会使植物生长明显受阻，这是与 SO_2 伤害不同之处。这是由于质体破坏，一些酶受抑制，从而降低了光合能力造成的。O_3 和 PAN 还使希尔反应和光合磷酸化受阻，也抑制氧化磷酸化过程，使细胞膜的选择透性发生变化，严重时会使细胞分隔作用解体，引起代谢紊乱。细胞膜透性被破坏的后果使得谷氨酸从线粒体和叶绿体中进入细胞质，进而使之脱羧变成 γ-氨基丁酸，γ-氨基丁酸的积累意味着细胞正常分隔作用被破坏。

植物受 PAN 伤害的一个特点是：植物如果在暴露 PAN 前处在黑暗中则其抗性强；如果其受光照 2～3h 后再暴露，就变得敏感。研究表明，这与植物叶绿体中具有含双硫键的蛋白有关，该类蛋白在光合作用下巯基增加，导致含巯基的酶易受PAN氧化而失去活性。

8.1.4.4 乙烯对植物的影响

天然气、煤、石油以及植物体和垃圾等的不完全燃烧都会产生乙烯，汽车排出的废气中含有乙烯。石油裂解工厂和聚乙烯工厂等是乙烯的主要污染源。

乙烯是植物的一种内源激素，对植物生长发育起极其重要的调控作用，很低浓度的乙烯即能对植物产生显著的生理影响，调节其生长和发育，如脱叶和果实成熟等。当环境空气受到乙烯污染时，就会干扰植物的正常生长发育，μg/L级的乙烯就能引起许多植物生长异常，落花落果，造成农林业损失。乙烯对植物的影响不像其他污染物那样破坏植物组织，其影响着植物生长、生殖的各个过程，影响作用表现于多方面。

“偏上反应”是植物在乙烯胁迫下的一种典型反应，即在乙烯影响下，叶柄上下两侧细胞的相对生长速率改变，上侧细胞比下侧细胞生长快，致使叶柄向下弯曲，叶片下垂。一般来说，幼嫩叶子容易发生偏上反应，老叶反应不敏感。偏上反应是可逆的，当脱离乙烯接触后，叶柄能逐渐恢复正常。乙烯的另一个作用是引起植物叶子、花蕾、花和果实的脱落，因而影响某些农作物产量和花卉的观赏效果。如棉花、芝麻、油菜、番茄、胡椒等作物易受乙烯影响而落花落蕾，乙烯污染源附近的大叶黄杨、苦楝、女贞、香樟、夹竹桃等出现不同程度的异常落叶。

有一些植物因接触乙烯而产生不正常的生长反应，如茎变粗，节间变短，顶端优势消失，侧枝丛生等。乙烯能使一些植物的繁殖器官发生各种异常反应。比如香石竹、紫花苜蓿、夹竹桃等正在开放的花朵在乙烯暴露下发生闭花现象（又称“睡眠”效应）；乙烯使洋玉兰的花瓣和花萼脱水枯萎，使菊花、美人蕉、木槿的花朵畸形，花期缩短。乙烯污染使向日葵、蓖麻、小麦等结实不良、空秕率增加，使西瓜、桃子等产生畸形果和开裂果，坐果率降低。

促使叶片和果实失绿也是乙烯的常见效应，这与脱落和提早成熟有关，是衰老加速的表象。失绿是由于乙烯使植物的叶绿素酶活力提高和叶绿素的分解加速所造成的。

8.2 植物对大气污染的抗性

植物长期生活于一定的生态环境中，与环境不断地相互作用和相互影响而保持相对稳定的动态平衡。外界出现不良条件，植物可通过本身的调节作用迅速适应，以求得生存和发展。因此，任何植物对外界的不良条件都有一定的抵抗能力。植物对有害气体表现抗性，是我们在大气污染区应用植物净化空气的先决条件。

植物对有害物质的抗性包括避性和耐性。避性是植物体抗御有害物质入侵和伤害的能力。当大气污染物超过其在正常生态环境中的含量时，植物可通过形态解剖学、生理学和生态学特性保护机体，避免危害；或者少吸收、不吸收有害物质；或者吸收一定数量的有害物质，通过生理生化作用进行降解或把它们排出体外。耐性是植物对进入体内并积累于一定器官内的有害物质的忍耐能力。在污染环境中，一些植物能吸收和积累较多的有害物质而不受害或受害较轻，具有较大的容忍量。植物对有害物质一般既有避性，也有耐性。但有些植物以避性为主；有些植物以耐性为主。中国特有的孑遗植物银杏对大气氟污染有较强的抗性，因为它的叶片有蜡层保护，对氟的吸收积累量很低，它对氟的抗性是以避性为主。榆树对大气氟污染也有较强的抗性，因为它的叶片对氟污染物具有较高的吸收积累量，它的抗性是以耐性为主。

8.2.1 抗性类型

植物对大气污染的抗性主要通过以下三种途径产生。

（1）形态解剖学抗性　植物具有某些形态解剖学特征，如针状叶、鳞片状叶、叶片厚、叶面密生茸毛、角质层厚、蜡腺发达、气孔数量少、气孔凹陷、气孔腔内有腺毛、气孔能及时关闭等，可阻止或减少有害气体进入体内，避免有害气体的侵袭。比如夹竹桃，叶片厚，革质，有复表皮层，表皮细胞壁厚，角质层厚，气孔分布在气孔窝内，并有表皮毛覆盖，栅栏组织多层，海绵组织不发达，机械组织发达等，这些综合的形态特征，使夹竹桃对各种有害气体都具抗性。

（2）生理学抗性　大气中有害物质通过气孔进入植物体后，植物通过生理生化过程对有害物质进行同化降解，或通过根系叶片等器官把它们排出体外，或积累于某些器官中。植物对积累于体内的有害物质在一定数量范围具有忍耐能力。比如，植物体内存在清除自由基的机制，可使植物减少自由基造成的伤害。其中最主要的是超氧化物歧化酶，可以通过催化氧化反应，清除由于 SO_2 污染产生的超氧离子（O_2^-），从而避免对细胞的伤害。

（3）生物学抗性　有些植物重新萌发的能力很强，受到大气污染侵袭时，虽然产生受害症状，如芽枯死、叶片退绿、坏死或脱落，但短期内便能重新萌生新芽新叶，很快恢复生长。如在广州地区的竹子，受害落叶后 5～7d 内便能产出新叶。在我国许多地区被认为对多种气体抗性强的构树（*Broussonetia papyrifera*），落叶数天后也可长出新叶，形成新的绿色树冠。

8.2.2 抗性等级

植物对污染物的抗性不是绝对的，而是相对的。污染物浓度增高，超过植物的忍受限量，抗性强的植物也会出现严重的症状，生理功能失调或者遭到破坏，甚至造成植株枯萎死亡。在同样的生态条件下，各种植物对同一污染物的反应是不同的。有些植物对大气污染物的抗性较强，在污染环境中受害较轻；有些植物则十分敏感，在污染物浓度不高时就出现受害症状，甚至整个植株死亡。因此，可根据植物对污染物的反应划分为不同的抗性等级，这不论在生态学的研究上还是在工业区绿化的实践中都具有重要的意义。

评定各种植物的抗性和划分抗性等级，不能只根据一两项指标，而要综合评定。既要考虑在植物生活过程中，大气污染物对整个植株生长发育的影响，也要考虑污染物使植物地上部分器官尤其是叶器官受害的症状和程度，以及植物吸收和积累污染物的能力。因此，应通过污染现场植物生态调查、污染现场植物栽植试验和人工熏气（即植物人工熏气）实验等方法综合评定抗性等级。目前对抗性等级有采用三级划分法的：抗性强、抗性中等、敏感；有采用四级划分法的：抗性强、抗性较强、抗性较弱、敏感；有采用五级划分法的：抗性强、抗性较强、抗性中等、抗性较弱、敏感。三级划分法的优点是简单方便，便于实际应用，如中国、美国、日本等多采用此法。三级划分法的分级标准如下。

（1）抗性强　植物在污染较重的环境中能长期生长，或在一个生长季节内经受 1～2 次浓度较高的有害气体的急性危害后仍能恢复生长。叶片基本上能达到经常全绿，或虽出现较重的落叶、落花、芽枯死等现象，但生活能力很强，在较短时间内能再度萌发新芽、新叶，继续生长发育。在人工模拟熏气条件下，植物接触适当剂量（浓度、时间）的有害气体后，叶片不受害或受害较轻。当然，人工熏气必须根据各种有害气体的毒性，选择适当的剂量。如果有害气体浓度过高，任何植物都会受到较重的危害而达不到抗性鉴定的目的。

（2）抗性中等 植物在污染较重的环境中能生活一定时间，在一个生长季节内经受一两次浓度较高的有害气体急性危害后出现较重的受害症状。叶片上往往伤斑较多，叶形变小并有落叶现象，树冠发育较差，经常发生枯梢。在人工模拟熏气条件下，植物接触适当剂量的有害气体后，叶片受害中等。

（3）敏感 植物在污染较重的环境中很难生活，木本植物常常在栽植1～2年内枯萎死亡，幸存者长势衰弱，最多只能维持2～3年。叶片变形，伤斑严重。在生长季节内，经受一次浓度较高的有害气体急性危害后，大量落叶、落花、芽枯死，很难恢复生长，植株在短期内枯萎死亡。在人工模拟熏气条件下，植物接触适当剂量的有害气体后，叶片受害严重。如雪松在SO_2污染的空气中，生长状况差，枝叶基本枯黄剥落，是一种对SO_2污染敏感性强的树种。

8.2.3 影响抗性的因素

植物的抗性决定于其本身的遗传特性、发育阶段和环境因素，变化范围较大。影响植物抗性的主要因素如下。

8.2.3.1 植物本身因素

植物对大气污染的抗性不仅在种间存在着明显差异，在种内也有差异。一个植物种群遭受大气污染危害，同种植物中各个个体的受害程度常常是不一样的。污染物的浓度和接触时间不变而环境条件改变时，同种植物的各个个体受害程度也不一样。抗性的个体差异，有些与遗传特性有关，有些与植物本身的生理状况有关。生长在条件适宜地区的植株长势健壮，抗性也就较强。此外，植物在整个生活周期或年生活周期中的不同发育阶段，对同一污染物的反应不同。成熟龄阶段的抗性较强，幼龄和老龄阶段抗性较弱。在年生活周期中，营养期的抗性较强，开花期的抗性较弱。

8.2.3.2 环境因素

植物受大气污染危害后表现的受害程度，不能完全归因于污染物浓度，而是常常随环境因素的变化而改变。

（1）光照 光照是影响植物对大气污染抗性的重要因素。植物一般在夜间和早晚受害程度轻，白天受害程度较重；阴天受害程度轻，晴天受害程度重。光照影响抗性的原因，一般认为主要与气孔开度有关。黑暗时气孔关闭，随着光照的加强，气孔开度加大。大气污染物主要通过气孔进入植物体内，气孔开度加大，污染物进入植物体内数量增多，从而使植物受害程度加重。

（2）温度 一般是温度低，抗性强；随着温度的升高，敏感性也相应增高。在同样污染浓度下，气温20℃以下时的受害症状较20℃以上时轻。这主要是较高的气温促使气孔张开，并且加强植物的同化作用，从而使植物吸入更多的污染物。

（3）相对湿度 较高的大气相对湿度能促进气孔开放，使植物吸收更多的污染物。如相对湿度在80%以上，植物吸收有害气体的速度比湿度在10%时快5～10倍，植物最易受害。

（4）土壤 植物受大气污染危害的程度，还随土壤类型、水分和养分状况而变化。生长在黏重土壤的植物的受害程度比生长在排水良好土壤的植物重。潮湿的土壤能提高植物对大气污染的敏感性。土壤含水量下降，可使植物的抗性增强，减轻植物的受害程度。土壤的养分状况在植物抵抗大气污染的危害中也有重要作用。在地力贫瘠、管理粗放条件下生长的植物受害重，抗性差。缺氮植物比正常植物敏感得多。因此，增施适量的氮肥可以增强植物的抗性，当然氮肥过多也会使植物抗性降低。

8.3 植物对大气污染的净化

植物对于一定浓度范围内的大气污染物，不仅具有一定程度的抵抗力，而且也具有相当程度的吸收有害气体的能力。植物通过其叶片上的气孔和枝条上的皮孔，将大气污染物吸收入体内，在体内通过氧化还原过程降解成无毒物质，或通过根系排出体外，或积累贮藏于某一器官内。植物对大气污染物的这种吸收、降解和积累、排出，实际上起到了对大气污染的净化作用。生态功能上的差异使不同植物种类的环境保护功能有显著的不同。选择抗性强和吸收净化有害气体能力强的绿化植物，从而建立不同类型的人工绿化生态工程体系，可作为防治环境污染的重要途径之一。

值得注意的是，城市街道两侧的绿化树木形成的茂密的树冠会在道路上方形成顶盖，在吸收污染物的同时也会阻碍街道内的污染物向上扩散。采用数值模拟、风洞实验、野外实地监测等多种手段，国内外学者研究了城市绿化带对区域空气质量的影响，但由于绿化带类型、污染物性质、大气运动等因素的复杂影响，研究结论不尽相同。一方面，树木的阻挡可降低风速促进颗粒沉降，起到降尘作用。另一方面，风速降低导致污染物扩散减弱，局部区域污染物浓度可能增高。

8.3.1 大气污染的植物修复过程与机理

（1）植物吸附与吸收修复　吸附是一种物理过程，主要发生在植物地上部分的植株表面，吸附与表面结构如叶片形态、粗糙程度、叶片着生角度等有关。有研究发现，植被是从大气中清除亲脂性有机污染物如多氯联苯（PCBs）和多环芳烃（PAHs）最主要的途径。

植物可以通过气孔吸收大气中的多种化学物质，包括 SO_2、Cl_2、HF、重金属（如 Pb）等。湿润的植物表面可吸收水溶性污染物如 SO_2、Cl_2 和 HF 等；而植物对于挥发或半挥发性有机污染物的吸收与污染物本身的理化性质（分子量、溶解性、蒸气压、辛醇-水分配系数等）有关。有报道认为，大气中约有 44%的多环芳烃（PAHs）被植物吸收；另有研究发现植物可以有效地吸收空气中的苯、三氯乙烯和甲苯。对于植物如何从空气中吸收重金属的机理认识还很有限，大多来自土壤和水中吸收重金属的研究结果。一旦重金属进入植物组织或细胞，植物金属硫蛋白（MT）、植物螯合肽（PC）、游离的组氨酸、膜上特异性转运蛋白等物质将为重金属在植物体内的存在形态、运输和分布起重要的作用。

（2）植物降解修复　植物降解是指植物通过代谢过程来降解污染物或通过植物自生的物质如酶类来分解外来污染物的过程，能直接降解有机污染物的酶类主要为：脱卤酶、硝基还原酶、过氧化物酶、漆酶和腈水解酶等。比如，细胞色素能促进植物体内 PCBs 的氧化降解。将人的细胞色素 P4502E1 基因转入烟草后，转基因植株氧化代谢三氯乙烯（TCE）和二溴乙烯（EDB）的能力提高了约 640 倍。通过同位素标记实验，表明植物中的酶可以直接降解 TCE，先生成三氯乙醇，再生成氯代乙酸，最后生成 CO_2 和 Cl_2；植物体内的脂肪族脱卤酶也可以直接降解 TCE。对于一些在植物体内较难降解的污染物如 PCBs，将动物或微生物体内能降解这些污染物的基因转入植物体内可能是一种好办法。这种基因工程的手段不仅能提高植物降解有机污染物的能力，还可以使植物修复具有一定的选择性和专一性。

(3) 植物转化修复　植物转化是指利用植物的生理过程将污染物由一种形态转化为另一种形态的过程。如何防止植物增毒和如何强化植物解毒是利用植物转化修复大气污染物的关键。如利用基因工程技术使植物将空气中的 NO_2 大量地转化为 N_2 或生物体内的氮素。利用专性植物有效地吸收空气中的臭氧（包括其他的光氧化物），并利用其体内的一系列的酶如超氧化物歧化酶、过氧化物酶、过氧化氢酶等和一些非酶抗氧化剂如维生素C、维生素E、谷胱甘肽等进行转化清除。

(4) 植物同化和超同化修复　植物同化是指植物对含有植物营养元素的污染物的吸收，并转化成自身的物质组成，促进植物体自身生长的现象。除了以上所提到的 CO_2 外，植物可以有效地吸收空气中的 SO_2，并迅速将其转化为亚硫酸盐至硫酸盐，再加以同化利用。植物体内与 NO_2 代谢有关的酶和基因的表达调控研究已比较清楚，所涉及的酶类主要为硝酸盐还原酶（NR）、亚硝酸还原酶（NiR）和谷氨酰胺合成酶（GS），这几种酶的基因都已成功转入受体植株中，并随着转入基因的表达和相应酶活性的提高，转基因植株同化 NO_2 的能力有了不同程度的提高。这些研究成果不仅为培育高效修复大气污染的植物提供了快捷的途径，同时也为修复植物的生理基础研究提供了新的实验手段。

8.3.2　植物的滞尘效应

植物因其冠层结构和叶面特性对大气颗粒物有一定的滞留作用。植物叶子表面粗糙不平、多绒毛，有些植物还能分泌油脂和黏性物质，可吸附、滞留一部分粉尘。植物滞留颗粒物的过程是复杂的，影响因素包括树种（叶面积指数LAI、树木空间结构、表面形态）和气象条件（空气温度、太阳辐射、表面湿度）。树木冠层是光合作用和吸收 CO_2 最大化的结果，它提供了比树木本身所占面积大2～10倍的叶面积，有很大的表面粗糙度，增加了湍流沉降和碰撞频率。因此，树木比其他植物更有效地捕获颗粒物。

植物之间吸滞粉尘的能力差别很大，这主要和植物的叶片表面粗糙程度以及叶片着生角度等有关。例如，榆、朴、木槿叶面粗糙，女贞、大叶黄杨叶面硬挺，风吹不易抖动，因此吸附粉尘的能力较强。而加拿大白杨等叶面比较光滑，叶片下倾，叶柄细长，风吹易抖动，吸滞能力较低。此外，云杉、侧柏、油松等枝叶能分泌树脂、黏液，具有很大的吸附粉尘的能力。

叶面积特性和微观粗糙度的变化影响颗粒物沉降模式。表面黏性有利于粗颗粒物的滞留，而表面粗糙性有利于细颗粒物的滞留。风洞实验发现，针叶树叶片气孔周围滞留较多的细颗粒物，这是因为针叶树比阔叶树有更小的叶子和更复杂的枝茎，能够滞留更多的大气颗粒物，由此也使自身处于高浓度有毒物质的威胁下。速生针叶树能够通过快速生长弥补颗粒物潜在的负面影响。在当前城市大气污染状况下，针叶树能够正常生长，因此许多人提出在城市绿化中应适当提高针叶树的比率。在高污染地区，阔叶树虽然通过落叶减少了对有毒物质的负荷，但却导致污染物在土壤中的积累，造成其他生理损害，污染物在土壤中不容易被淋溶和转移时更加如此。

8.3.3　植物对 SO_2 的净化

目前人们对大气 SO_2 的控制和治理，除用各种脱硫措施外，利用植物来吸收净化 SO_2

也是人们长期探讨的问题。由于树木生物量大，生长周期长，对污染物的吸收、转化、降解和蓄积也较多，且树木砍伐后污染物不会进入食物链，因此国内外对于树木吸收和净化大气中 SO_2 的研究十分活跃。

对任何植物来说，硫都是一种必需的生命元素，其是构建植物体必需氨基酸如蛋氨酸，以及一些非必需氨基酸如半胱氨酸和胱氨酸的重要组成成分。因此，植物为了保证正常生长发育就必须从外界环境中吸取适量的硫。其途径主要有两种：一是通过根从土壤中以 SO_4^{2-} 的形态获得，二是从空气中吸收气态的 SO_2 作为硫源。植物吸收 SO_2 的作用机理是：通过叶片上的气孔、枝条上的皮孔，将 SO_2 吸入体内，其中一部分用来形成如蛋白质、肤氨酸、蛋氨酸以及硫辛酸维生素等含硫有机化合物成为植物的组成成分，或者被转化为营养物以硫酸盐的形式存在于细胞内，而另一部分会通过根系排出体外。有试验证明，大气中的 SO_2 被植物叶片吸收后，有92.5%的 SO_2 转化成硫酸盐积存在叶片中，还有7.5%被利用形成氨基酸和蛋白质。由此可见，植物对 SO_2 的吸收、积累、排出，对大气起到了净化作用。

（1）不同树种对 SO_2 的吸收能力　植物叶片吸收 SO_2 以后，叶内 SO_2 的含量将增加。一般把树木受 SO_2 污染后，叶片含硫量的增加值作为树木的吸收量。不同树种叶片的吸收量不同，有些树种之间的差异很大。比如，有实验测得同样 SO_2 浓度下的构树对 SO_2 吸收量为干叶重的6.12%，云杉为0.52%，前者为后者的12倍。由于树木吸收了空气中 SO_2 以后，大部分以无机硫的形式在树叶中积累，因而可以认为，树叶在受污染后，其含硫量的增加值大小在很大程度上反映了树木净化 SO_2 的能力。以下为部分树种吸收 SO_2 的能力。

吸收量大于1.5%以上的有构树、白蜡、馒头柳、海棠、新疆杨。

吸收量中等（1.08%～1.38%）的树有合欢、丁香、连翘、侧柏、黄栌、元宝枫、白玉棠、木槿、加杨、国槐、臭椿、洋槐、立柳。

吸收量较小（0.52%～0.84%）的树有桧柏、云杉、柿子、泡桐、黄刺梅、桃树、白皮松、华山松。

（2）SO_2 在植物体中的转移与同化　采用放射性原子示踪的方法证明，植物叶片中硫的积累最多，其顺序是叶＞叶柄＞主茎＞主根＞侧根。从这个顺序可以看出植物体中大量硫是从叶部气孔吸入体内。还有一部分是通过嫩枝皮孔进入体内。当大气中硫含量高时，通过根部进入植物体内的硫量几乎很少，相反，硫可通过根被排入土壤中。空气中 SO_2 被树木吸收后虽然大部分在叶内以水溶性无机硫的形式积累，但其中的一部分以较快速度通过茎的韧皮部运送到根部，从而使无机硫分布到整个植物体内。有的树种还可以通过根系将 SO_2 排出根外，有时这部分数量还占相当大的比例。植物体内的硫一部分被转化为营养物以硫酸盐的形式存在于细胞内，或用来形成如蛋白质、肤氨酸、蛋氨酸之类正常的含硫代谢物。实验发现苗木从 SO_2 污染区移入清洁区后，一般树木含硫量显著下降。这是由于清洁区内空气中 SO_2 浓度很低，叶片中无机硫不再增加或是增加甚微，原积累在叶内的无机硫又不断地转移和被同化的缘故。在含硫量下降快的树种里，SO_2 在其体内转移、同化较快，因而其净化能力也较强，这些树种包括国槐、银杏、臭椿。

8.3.4 植物对氟的吸收

氟的化学性质非常活泼，绝大部分都以化合物的形态存在。引起大气污染的氟化物主要来自制砖、水泥、陶瓷、磷肥、电解铝、含氟药物、农药、塑料、橡胶、冷冻剂、某些稀有元素分离的工厂以及以煤为燃料的工厂。

各种植物都能从大气中吸收积累氟。当氟的数量不大时，不会影响生长，且低浓度的氟有刺激树木生长的作用。在大气氟污染区以叶片吸收大气中氟为主，正常情况下，植物根系也可从土壤中吸收氟，但数量有限。在污染环境中，当氟浓度不太高时，植物通过叶片的气孔进行气体交换，不断地吸收与积累氟化物，从而降低空气中的氟浓度，达到净化空气的效果。但与硫污染不同，氟进入叶片后，不能转移到茎和根部，也不能转化为其他化合物，只能在叶片中积累下来。因此，在污染区内叶片氟的含量高出清洁区叶片氟含量的值就是吸收量。

不同植物对氟的吸收累积有明显差异，如氟在茶树叶片中的生物积累效率非常高，为土壤可溶性氟的1000倍，为土壤总氟的2～7倍，97%的氟积累在叶片中，而在其他部位只有3%。氟积累量与叶龄有关，老叶和落叶氟积累量较高。氟化物在作物体内积累分布的显著特征是，在叶中的积累量最高，且叶内氟化物极少向外输送，从不同叶位看，氟化物的分布是基部叶>顶部叶>中上部叶，在不同器官中氟分布规律一般是叶>茎>根，但当土壤污染严重时会出现根叶倒置情况。张德强等（2003）研究了32种盆栽于佛山市污染区的城市园林绿化植物对大气氟化物的净化能力，发现竹节树，桑科的小叶榕、傅园榕、菩提榕、环榕，山茶科的大头茶、红花油茶，苏木科的仪花，紫金牛科的密花树，山矾科的光叶山矾等14种植物对氟化物不但具有较强的抗性，而且具有较高的吸收净化能力，叶片平均含氟量达3725.9mg/kg DW（1954.9～5331.7mg/kg DW），是清洁区（170.3mg/kg DW）的21倍。由此表明这些植物对大气氟污染具有很好的净化能力和修复功能。此外，污染严重区域植物叶片氟含量与大气污染物浓度密切相关，大气氟化物浓度越高，污染区域植物叶片氟含量越高。

8.3.5 植物对 NO_2 的净化

植物净化大气 NO_2 的研究相对较少。大气中的 NO_2 可以通过植物叶片直接进入植物体内，也可以通过雨水或土壤沉降而间接进入植物体内。许多因素，包括植物体表绒毛、表皮活性、叶片光合作用等都会影响大气氮氧化物在植物叶片上的沉降。叶片上的 NO_2 可以通过开放的气孔转移到植物体内，植物类型、年龄、NO_2 浓度、多种环境和营养条件等都对该过程产生影响。

通过 ^{15}N 同位素标记实验，人们发现在3小时内，被植物吸收的 NO_2 中约有65%转化为有机氮。在土壤氮素不足的区域生长的植物中，大气 NO_2 对有机氮的贡献显著，而且只要 NO_2 浓度不是太大，则有机氮含量随着 NO_2 浓度的增高而增高，证实了植物对 NO_2 的吸收净化作用。但大气 NO_2 超过一定浓度，植物体内有机氮含量会下降。比如，浓度为 $3\times10^{-7}m^3/m^3$ 的 NO_2 对于氮素不足的土壤上生长的向日葵有营养作用，但如果 NO_2 浓度达到 $2\times10^{-6}m^3/m^3$，则会表现出毒害作用。以实验室得到的植物对 NO_2 的同化量为依据，可以估计在城市大气 NO_2 浓度下，每年每公顷树冠约能吸收0.08～1.9kg NO_2，比正常的N素需求量高出约10%。

酶的测定表明，NO_2 在植物体内的同化作用与无机氮的同化途径一致。溶于植物体液中的 NO_2 首先转化为硝酸或亚硝酸盐，随后在硝酸和亚硝酸还原酶的作用下生成 NH_4^+，然后合成谷氨酸。不同研究已经证实，NO_2 污染暴露下的植物体内硝酸和亚硝酸还原酶的活性增强。

日本学者测定不同树种在^{15}N-NO_2熏气实验下叶片中还原性氮的含量变化，以此评价不同树种同化NO_2的能力，并通过比较不同NO_2熏气浓度下同一树种同化能力的差异，评估树种对NO_2污染的抗性。在测试的70种行道树中，刺槐、国槐、黑杨和日本晚樱等为净化大气NO_2的最优选择。以刺槐为例，1km长的路旁种100棵刺槐，如果大气NO_2体积浓度为$10^{-7}m^3/m^3$，每年可同化约9.4kg NO_2-N。

8.4 城市热岛效应

城市热岛效应（urban heat island effect）是在不同区域气候背景下，由于人类活动特别是城市化因素导致生态环境失调引起的一种城市地表及大气温度较相邻郊外温度高的自然现象。

热岛效应的形成与多种因素有关，这些因素之间相互作用、相互影响，因此城市热岛效应的成因很复杂。概括地说，它是城市化的人为因素和局地天气气象条件共同作用的产物。人为因素包括下垫面性质的改变、人为热及大气污染的释放等。局地天气气象条件中较为重要的是天气形势、风、云量等。

下垫面是大气的底边界，是气候形成的重要因素，它对局地气候的影响非常敏感。当气流从上游的均一下垫面移向下游的另一种均一下垫面时，下垫面的动力、热力或水汽输送条件常发生跃变，它与空气间存在着复杂的物质和能量交换。城市内部大量人工构筑物对边界层的结构产生一定影响，改变下垫面的属性。沥青、水泥、混凝土等人工构筑物热容量小、吸热快且透水性差、含水量小，在相同的环境条件下，比绿地或其他自然下垫面升温快，因而其表面的温度明显高于自然下垫面，形成了城市中以人工构筑物为中心的高温区域，即城市热岛。此外，城市中建筑参差错落，形成许多高宽比不同的"城市街谷"，这种复杂的立体下垫面长波辐射的热能损失比郊区旷野小，再加上城市街谷中风速又比较小，热量不易散失，这也使得城区温度较郊区高，形成城市热岛。

许多研究表明风速对城市热岛强度发展有显著的影响。当无风或微风时，在城市下垫面长波辐射和人为热共同作用下空气温度升高，增暖的空气滞留在城市低空，热量不易外散，热岛效应得以维持。当风力增加，来自上风方向的郊区空气不断流入市区，空气的水平和垂直混合作用能破坏热岛效应。

人为热主要来源于人类生活和生产活动以及生物新陈代谢所产生的热量。城市中高密度的人口，工业生产、交通等排放的废热，以及空调排出的热量都是造成城市温度高于郊区的重要因素。而大气中的烟雾、飘尘等污染物会在城区上空形成雾障。这些雾障在白天减弱太阳辐射；夜间阻碍并吸收地面的长波辐射，地表辐射热及人为热源放出的大量热量被雾障阻挡在近地面层，从而使得城区上空气温上升，形成城市热岛。

城市热岛直接或间接地对气象要素、居民生活和城市经济产生多种影响。由于热岛中心区域近地面气温较高，大气作上升运动，与周围地区形成气压差异，周围地区近地面大气向中心区辐射，在城市中心区形成一个低压漩涡，这样使得人们生活生产中燃烧化石燃料产生的硫化物、氮氧化物、碳氧化物、碳氢化合物等大气污染物质在热岛中心区域聚集，危害人体的生命健康，使城区空气质量下降，给人们的生活和生产带来诸多不便。

8.4.1　城市热岛效应对植物的影响

植物物候被认为是指示气候及自然环境变化的重要指标。城市热岛效应使得城市生态系统对城市里的植物来说是特殊的生态系统，与森林生态系统有很明显的区别；其次，城市热岛效应导致的局部平均温度上升幅度较全球变暖导致的全球平均温度上升幅度更加明显。因此，长期生活在城市的植物必然会对城市热岛效应作出响应。已有研究结果表明，热岛效应对植物的物候期及植株总生物量造成了一定影响，导致城区内植物的春季物候期提前和秋季物候期推迟幅度比郊区明显。

温度是影响植物生长的重要环境因子之一，植物生长和生物量分配会随着温度发生变化。长期生活在城市的植物必然会对城市热岛效应作出响应。植物对于高温环境的适应表现在形态、生理和行为 3 个方面。在高温条件下，有些植物生出密绒毛和鳞片来过滤一部分阳光；有些植物的叶片革质发亮，能反射部分阳光，从而降低植物受到的热伤害；有些植物的树干和根茎上生长着很厚的具有绝热和保护作用的木栓层。此外，温度升高对酶促反应及发生在细胞膜上的生理生化反应有很大影响，影响光合作用。

8.4.2　植物对热岛效应的影响

城市绿化是现代城市中主要的自然因素。城市绿化不仅具有吸收二氧化碳、制造氧气、吸收有毒气体、滞留空气中的粉尘等净化环境的作用，而且还具有遮阳、降温、增湿和改善局地小气候等多种效能，从而能够补偿一部分由于城市化而受到损害的自然环境功能。植物通过蒸腾作用，吸收环境中的热量，降低了环境空气的温度；另一方面，蒸腾作用同时能提高周围环境的空气相对湿度。而植物在进行光合作用时，能从空气中吸收大量 CO_2，削弱温室效应，一定程度上削弱热岛效应的强度。此外，绿色植物能够吸收、反射并遮挡太阳辐射，再通过植物的蒸腾作用和光合作用使所吸收到的大部分辐射能量转化为化学能，使到达地面及树冠下面的太阳辐射大大减少。如此，对周围环境起到降温增湿、平衡热量的效果，缓解了城市热岛效应。

8.5　防污绿化生态工程

8.5.1　防污绿化生态工程设计的基本原理与原则

防污绿化生态工程应遵循的基本原理与其他生态工程基本相同，即在设计时需遵循以下原理：系统论原理；生态环境效益与社会经济效益协同原理；投入产出原理；产品与市场协调原理；生物的多样性原理；生物种群分布原理；生物之间共生、互生原理；机能节律与时间节律配合原理；生态位与扩展的生态位理论；生态系统的能量流动、物质循环、信息传递与食物链原理以及有关专业的技术原理。防污绿化林带大多建设在工厂的生产区与生活区、大气污染较重的工业区与城市部分区域。一般而言，防污绿化生态工程要求达到以下目的：①降低大气有毒有害气体浓度；②吸滞粉尘；③衰减噪声，改善小环境气候；④减少空气含菌量及放射性物质含量；⑤满足绿化的主要功能要求。

为达到上述目的，在工程的规划设计时，需遵循以下原则：①防污绿化设计要与所在地区（工厂、城市等）的园林绿化总体规划相协调，规划设计时既要有长远考虑，又要有近期安排，要与所在地区园林绿化的分期建设相协调。②规划设计布局要合理，以保证生产与交通安全，绿化时不能影响地下、地上管线、地面交通、车间生产采光等。③应选择有着多种防护功能、植物间协防能力较强、适应性强的绿色植物；由于污染区的空气、水质、土壤等条件一般要比其他地区差，大气污染物种类较多，所以应该选择具有适应不良环境条件的植物，以便改变环境质量；因地制宜地选择适应当地气候、土壤、水分等条件的乡土种或经过科学筛选已适应当地自然条件的外来植物，尤其是适应性强、成活率高、生长健壮、抗病虫害能力强、易于管护的植物种。

8.5.2 防污植物的筛选

不同的树种对大气污染各自有不同的反应，一些树种表现出严重的受害症状，另一些树种在污染物的侵害下仍然能够顽强地生存，并在城市和工业区达到降解大气污染物的目的。有关树种对污染物抗性方面的研究，国内外主要采用的方法如下。

(1) 室内熏气试验法　该方法是通过密闭熏气装置控制污染物浓度，研究供试植物在不同污染物浓度下的反应特征以及相关的生理生态变化，从而确定供试植物的抗性等级。自从20世纪70年代开始，国内外的学者采用该方法进行了大量的室内熏气试验，早期主要是用于研究植物对单一污染物的抗性等级、急性伤害阈值等，之后发展到研究混合污染物对植物的综合影响。

室内熏气试验法的优点主要是可以明确地判断不同浓度的单一甚至是多种污染物对树种的伤害作用，以此筛选出相应的抗性树种。其缺点主要是因室内培植环境条件与室外复杂的环境气象条件存在较大的差异，室内熏气试验结果并不能完全或真实反映植物在室内污染环境下的响应，受限于培植条件的长期维持，该方法一般仅用于研究植物的急性伤害，对于慢性伤害的研究则难以实现。

(2) 受污染植物调查法　该方法采用调查与污染源不同距离的植物生长状况以及受伤害程度，从而初步判断不同植物对有害气体的抵抗能力。调查的内容一般有植物的受害症状、生长状况（株丛高度、胸径地径、生物量等）、相关的生理指标（如叶液pH值及叶绿素含量、细胞膜透性、氧化物歧化酶活性和抗坏血酸含量等）等，采用综合评价法对调查数据进行综合分析比较，将所调查的植物的大气污染抗性进行分级。

(3) 叶片解剖结构观测法　叶绿体是光合作用的主要场所，一般分布在叶片的栅栏组织，栅栏组织的厚度大小一般可反映其内部叶绿体数量的多少，反映其光合作用的强弱。叶片解剖结构观测法就是通过植物叶片解剖形态数量间接判断其光合生理指标，是一种初步了解植物对大气污染抗性强弱的简易方法。常规采用显微镜测量计算叶片横切面上栅栏组织和海绵组织的厚度之比，以及叶片气孔位置，来推断各植物的抗性等级。一般认为栅栏组织与海绵组织厚度的比值越大，抗性就越强。

(4) 植物大气污染抗性指标与综合评价　抗性指标作为衡量植物抵抗大气污染能力大小的标准在植物的抗性评价及抗性树种的选择中具有重要的作用。评价植物对大气污染抗性的指标主要包括以下几个方面：叶片解剖结构、叶液pH值及叶绿素含量的变化、细胞膜透性的变化、氧化物歧化酶（SOD）活性和抗坏血酸（ASA）含量的变化等。因植物对环境胁迫的抗性大小受到多种因素的影响，但是各种因素所起作用的大小不同，如何对植物的抗性等级进行科学评价是一个难点，目前一般采用急性伤害阈值法和植物抗逆性综合评价法。植物抗逆性综合评定的方法主要有隶属函数法、坐标综合评定法、层次分析法等，这些方法都是采用某种统计方法对几种与植物抗性有关的指标进行统计分析，然后对植物抗性进行排序，确定植物的抗性大小。通常认为综合评价法能够正确反映植物抗性的强弱。

8.5.3　防污绿化生态工程的植物配置

防污绿化生态工程要以绿为主，绿中求美，大量种植能吸收有害气体、抗污染的乔木和花灌木，以植物造景、植物造园的方式绿化美化城市与厂区，充分发挥绿化植物在改善生产环境卫生、创造优美舒适的工作和生活环境等方面的综合功能。防污绿化林带的植物配置要充分考虑植物的时空结构合理性与相互协防功能以及生态系统的健康持续发展。进行防污绿化生态工程植物配置需遵循如下原则。

(1) 防污功能优先原则　植物材料的选择、植物种的搭配等必须能够适应污染环境、最大限度地以改善与提高空气质量为出发点，尤其要选择对主要大气污染物具有较强的抗性或净化功能的植物（乔木、灌木、草本），所配置的植物群落对空气污染物净化的综合功能最高。根据植物污染抗性筛选结果，选择对项目地主要大气污染具有最强抗性和净化功能的乔木（同等条件下，优先考虑常绿阔叶高大树种）作为防污植物群落的骨干树，然后根据骨干树的生理生态特征，再选择一些具有协防功能的配景树、配景灌木与草本，构建防污绿化带。

(2) 可持续发展原则　根据生态学原理，在充分了解各植物种类的生物学、生态学特性的基础上合理布局、科学搭配使各植物种和谐共存，群落稳定发展，达到调节自然环境与城市环境关系的效果，在城市中实现社会、经济和环境效益的协调发展。在满足防污功能的前提下，遵从“生态位”原则，构建适宜的复层群落结构，利用不同物种生态位的分异，采用耐阴性、个体大小、叶型、根系深浅、养分需求和物候期等方面差异较大的植物，避免种间直接竞争，形成互惠共生，结构与功能相统一的良性生态系统，实现防污绿化带的可持续发展。

(3) 安全生产与卫生原则　防污植物配置不能对生产生活以及交通等安全造成威胁。植物的枝叶伸展不能对道路车辆通行、架空管线或其他生产活动带来安全威胁或不便，植物的根系也不能对地下管网造成破坏。综合考虑上述情况配置防污绿化带的乔、灌、草，所配置的植物的花、果、枝叶等无不良气味，蚊虫较少。

(4) 易于管护原则　防污绿化林除需具有较强的抗污净化功能外，因其建设在城市道路或工厂生产生活区，其日常管护活动将对生产生活、交通等带来一定的影响，因此，防污绿化林在植物配置时需考虑其管护的便易性。一般将株型整齐、分枝点高、寿命较长、病虫害少的乔木配置在靠道路一侧，需较多管护的植物配置在便于管护作用的一侧。

思考题

1. 为什么大气中含量甚微的 CO_2 和 O_3 对地球上生物的生存起着重要作用？
2. 大气中的颗粒污染物和气态污染物各有哪些？
3. 简述植物对大气污染物抗性的影响因素。
4. 论述城市热岛效应的解决途径。
5. 简述防污绿化生态工程植物配置需遵循的原则。

参考文献

[1] 陈芳，周志翔，郭尔祥，叶贞清.城市工业区园林绿地滞尘效应的研究——以武汉钢铁公司厂区绿地为例 [J].生态学杂志，2006，25：34-38.

[2] 董韶伟.重庆市下垫面热效应及城市热岛效应的流动观测研究 [D].重庆：重庆大学，2007.

[3] 范丽雅，刘树华，刘辉志，桑建国.绿化带对城市大气环境及空气质量的影响 [J].气候与环境研究，2006，11：87-93.

[4] 冯采芹.绿化环境效应研究（国内篇）：绿化物质对环境污染物质净化效益的研究 [M].北京：中国环境科学出版社，1992.

[5] 高金晖.北京市主要植物种滞尘影响机制及其效果研究 [D].北京：北京林业大学，2007.

[6] 高金晖，王冬梅，赵亮，王多栋.植物叶片滞尘规律研究——以北京市为例 [J].北京林业大学学报，2007，29：94-99.

[7] 韩阳，李雪梅，朱延姝.环境污染与植物功能 [M].北京：化学工业出版社，2005.

[8] 蒋高明.大气污染指示树种的研究 [J].城市环境与城市生态，1992，5（4）：40-45.

[9] 孔国辉，汪嘉熙，陈庆诚.大气污染与植物 [M].北京：中国林业出版社，1988.

[10] 梁淑英.南京地区常见城市绿化树种的生理生态特性及净化大气能力的研究 [D].南京：南京林业大学硕士论文，2005.

[11] 刘艳菊，丁辉.植物对大气污染的反应与城市绿化 [J].植物学通报，2001，18（5）：577-586.

[12] 鲁敏，李英杰，鲁金鹏.绿化树种对大气污染物吸收净化能力的研究 [J].城市环境与城市生态，2002，15：7-9.

[13] 吕海强，刘福平.化学性大气污染的植物修复与绿化树种选择（综述）[J].亚热带植物科学，2003，32：73-77.

[14] 邱靖.三种垂直绿化植物净化大气中 SO_2 能力研究 [D].南京：南京林业大学硕士论文，2009.

[15] 王蕾，哈斯，刘连友，高尚玉.北京市六种针叶树叶面附着颗粒物的理化特征 [J].应用生态学报，2007，18：487-492.

[16] 王亚婷，范连连.热岛效应对植物生长的影响以及叶片形态构成的适应性 [J].生态学报，2011，31（20）：5992-5998.

[17] 吴春华.大气氟化物对橡胶树的伤害实验研究 [D].广州：华南热带农业大学硕士论文，2001.

[18] 孙淑萍.北京城区绿化对空气中可吸入颗粒物与降尘的影响 [D].北京：中国农业大学硕士论文，2003.

[19] 薛泽辉.从树木生理学角度分析大气污染对植物的影响及植物的生态适应 [J].河南林业科技，2007，27：40-42.

[20] 王亚婷.城市典型植物对热岛效应的响应与适应研究 [D].北京：中国科学院大学，2013.

[21] 杨景辉，钱谊，肖兴基.大气污染物对植物的影响及其环境质量的生物学基准 [M].北京：中国环境科学出版社，1994.

[22] 许格希，裴顺祥，郭泉水等.城市热岛效应对气候变暖和植物物候的影响 [J].世界林业研究，2011，24：12-17.

[23] 余叔文.二氧化硫对植物的伤害和植物对二氧化硫的抗性 [J].植物生理学通讯，1983，(3)：7-14.

[24] 张德强，褚国伟，余清发等.园林绿化植物对大气二氧化硫和氟化物污染的净化能力及修复功能 [J].热带亚热带植物学报，2003，11：336-340.

[25] 钟珂，亢燕铭，王翠萍，王跃思.城市绿化对街道空气污染物扩散的影响 [J].中国环境科学，2005，25（增刊）：6-9.

[26] 种培芳，苏世平.4 种金色叶树木对 SO_2 胁迫的生理响应 [J].生态学报，2013，33（15）：4639-4648.

[27] 庄正宁. 环境工程基础 [M]. 北京：中国电力出版社，2006.

[28] Jusuf S K, Wong N H, Hagen E et al. The Influence of Land Use on the Urban Heat Island in Singapore [J]. Habitat International, 2007, 31: 232-242.

[29] Kourtidis K, Georgoulias A K, Rapsomanikis, S., et al. A Study of the Hourly Variability of the Urban Heat Island Effect in the Greater Athens Area During Summer [J]. Science of the Total Environment, 2015, 517: 162-177.

[30] Litschke T, Kuttler W On the Reduction of Urban Particle Concentration by Vegetation-a Review [J]. Meteorologische Zeitschrift, 2008, 17: 229-240.

[31] Pandeya A K, Pandeya M, Mishra A. Air Pollution Tolerance Index and Anticipated Performance Index of Some Plant Species for Development of Urban Forest [J]. Urban Forestry & Urban Greening, 2015, 14 (4): 866-871.

[32] Pugh T A M, MacKenzie A R, Whyatt J D, Hewitt C N. The Effectiveness of Green Infrastructure for Improvement of Air Quality in Urban Street Canyons [J]. Environmental Science & Technology, 2012, 46: 7692-7699.

[33] Salmond J A, Williams D E, Laing G, Kingham S, Dirks K, Longley I, Henshaw G S. The Influence of Vegetation on the Horizontal and Vertical Distribution of Pollutants in a Street Canyon [J]. Science of the Total Environment 2013, 443: 287-298.

[34] Singh S N, Verma A: Phytoremediation of Air Pollutants: A Review. In: Singh S N and Tripathi R D. eds [J]. Environmental Bioremediation Technologies. Springer-Verlag Berlin Heidelberg, 2007, 293-314.

[35] Takahashi M, Higaki A, Nohno M, Kamada M, Okamura Y, Matsui K, Kitani S, Morikawa H. Differential Assimilation of Nitrogen Dioxide by 70 Taxa of Roadside Trees at an Urban Pollution Level [J]. Chemosphere, 2005, 61: 633-639.

[36] Takahashi M, Matsubara T, Sakamoto A, Morikawa H. Uptake, Assimilation, and Novel Metabolism of Nitrogen Dioxide in Plants [J]. In: Willey N eds. Phytoremediation: Methods and Reviews. Humana Press Totowa New Jersey, 2007, 109-118.

[37] Tripathi B D, Tripathi A. Foliar Injury and Leaf Diffusive Resistance of Rice and White Bean in Response to Sulfur Dioxide and Ozone, Singly and in Combination [J]. Environmental Pollution, 1992, 75 (3): 265-268.

[38] Vos P E J, Maiheu B, Vankerkom J, Janssen S. Improving Local Air Quality in Cities: To Tree or Not to Tree [J]. Environmental Pollution, 2013, 183: 113-122.

[39] Zhang X X, Wu P F, Chen B. Relationship Between Vegetation Greenness and Urban Heat Island Effect in Beijing City of China [J]. Procedia Environmental Sciences, 2010, 2: 1438-1450.

第9章　环境生态工程综合设计与实验

实验1　小型人工湿地系统设计

一、设计目的

人工湿地与传统污水处理工艺相比，具有较好的经济可行性，现已经广泛用于世界各地多种污水的处理，特别是应用于生活污水的处理，已取得较好的处理效果。本书第3章介绍了人工湿地的作用原理、分类、设计计算和运行维护等内容，学生已对人工湿地相关知识有整体的把握。为了进一步巩固人工湿地方面的基础理论知识，本设计拟利用人工湿地处理校园生活污水，通过对工艺流程及工艺参数的选择和计算，强化学生的设计意识，增强学生的环境生态工程实践技能。

二、设计任务

1.工程概况

湖北省某新建中学因位置偏远，所排污水不易接入市政排水管网，需要对校园生活污水进行处理。由于学校有较多空地，考虑采用基建、运行成本较低的人工湿地为主体的污水处理系统。

2.进水水量与水质

污水主要是来自学生宿舍、教学楼、食堂等处的生活污水，设计处理水量为50t/d，进水水质见表9-1。

表9-1　进水水质

项目	pH	SS/(mg/L)	COD/(mg/L)	BOD_5/(mg/L)	NH_3-N/(mg/L)	TN/(mg/L)	TP/(mg/L)
进水平均水质	7.13	82.9	135.7	78.5	22.4	40.7	3.8

3.出水水质

校园生活污水经处理后排入附近的河流，按照所在城市的规划，该河水质要达到《地表水环境质量标准》(GB 3838—2002) 中Ⅲ类水体要求。

三、设计要求

1.查阅《城镇污水处理厂污染物排放标准》(GB 18918—2002)，确定出水水质应满足的标准，并据此计算人工湿地系统对SS、COD、BOD_5、NH_3-N、TN和TP应达到的处理效率。

2.选择包括一级处理构筑物及人工湿地等构筑物的处理系统，可以考虑不同类型人工湿地的组合，并绘出污水处理系统的工艺流程图。

3. 查阅资料，选择合适的人工湿地填料类型和尺寸，并查得其相应的孔隙率。根据处理效率的要求，确定人工湿地的水力停留时间，计算人工湿地的容积、面积及长宽尺寸，并校核人工湿地的水力负荷和有机负荷。

4. 利用 CAD，绘制污水处理系统的平面布置图和单体构筑物图。

四、思考题

1. 根据地域，选择合适的 3～5 种人工湿地挺水植物，并简述植物在人工湿地去除污染物过程中有哪些方面的作用。

2. 人工湿地去除有机污染物的主要机理是什么？

3. 怎样减少人工湿地堵塞问题的发生？

实验 2　土地渗滤技术处理地表径流

一、实验目的

1. 掌握土地渗滤技术处理地表径流的原理。

2. 计算土地渗滤技术对地表径流污染物的去除效率。

二、实验原理

利用土壤颗粒间的孔隙，过滤地表径流中的颗粒态污染物质，提高地表径流水质。

三、实验装置

实验装置见图 9-2。

四、实验材料

取 ϕ(11～20mm) 卵石、ϕ(21～30mm) 卵石、陶粒、粗砂四种填料，分别洗净，风干后备用。另取农田表层土烘干，磨碎后备用。

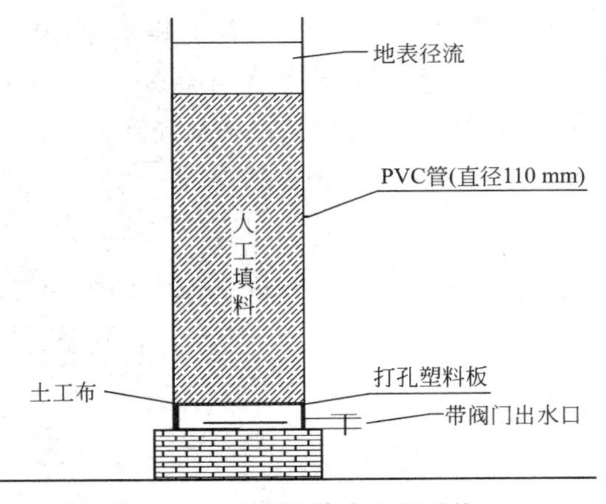

图 9-2　土地渗滤技术处理系统

五、实验步骤

1. 土壤渗滤柱填充将四种填料分别填入渗滤柱中，柱高 50cm。

2. 配制地表径流用农田土配制 TSS 为 300mg/L 的模拟地表径流，并测定其总 COD、可溶态 COD。

3. 地表径流净化操作将模拟的地表径流缓慢倒入填充柱上端，出水管阀门全开，保持液面高 5cm，连续接纳渗滤出水，记录出水流量变化。

4. 测定出水中总 COD、可溶态 COD 含量。

六、计算

总 COD 污染物去除率(%)=(径流中 COD 总量－出水 COD 总量)×100/径流中 COD 总量 (9-1)

可溶态 COD 污染物去除率(%)=(径流中可溶态 COD－出水中可溶态 COD)×100/径流中可溶态 COD (9-2)

七、思考题

1. 各渗滤柱在饱和出流条件下，出水流量随时间有无变化？为什么？
2. 各渗滤柱对颗粒态和可溶态 COD 的去除效率有何不同？
3. 减少出水流量，延长水力停留时间，能否提高可溶态 COD 的去除效率？

实验 3 脱氮床的构建及运行测试

一、实验目的

1. 学习脱氮沟及脱氮床去除地下水硝酸盐的原理。
2. 掌握脱氮床设计过程和脱氮床有关水力参数的计算。

二、实验原理

硝酸盐是地下水污染的重要指标，地下水去除硝酸盐的生化法由于具有高效低耗的特点而广泛应用。生化法去除地下水中硝酸盐的脱氮沟技术是在地下水位较浅的地区以锯末或其他天然有机物料和土壤混合构建一堵松散多孔的混合土墙即脱氮墙，墙体与地下水的水流方向垂直，在地下水流经脱氮墙时锯末等有机含碳物料不断分解，为硝化细菌和反硝化细菌生长提供持久的碳源，地下水中的 NO_3^--N 流经脱氮墙时被反硝化细菌作为缺氧呼吸的电子受体而最终被还原为 N_2 逸出，从而降低 NO_3^--N 向受纳水体的排放量。在实验室条件下装置的脱氮床技术也是基于上述原理。

该技术以甲醇为假想可溶性碳源，其对硝酸盐去除的主要反应如下：

$$6NO_3^- + 2CH_3OH \xrightarrow{\text{硝酸还原菌}} 6NO_2^- + 2CO_2 + 4H_2O$$

$$6NO_2^- + 3CH_3OH \xrightarrow{\text{亚硝酸还原菌}} 3N_2 + 6OH^- + 3CO_2 + 3H_2O$$

总反应式为：

$$6NO_3^- + 5CH_3OH \xrightarrow{\text{反硝化菌}} 3N_2 + 6OH^- + 5CO_2 + 7H_2O$$

据研究，现行构建的脱氮沟有效运行寿命可超过 20 年。

本实验所涉及的脱氮床的工作原理与上述过程一致。

三、实验设计

（一）试验床设计

试验床的尺寸为长 2.4m，宽 1.2m，高 1.2m。床壁用 13mm 厚的胶合板搭建，壁内安装有不透水的 PVC 管。为了利用重力使排水口到掩埋式贮存池的排水过程便利，床壁设计高出地面 0.5m。每种试验床进口和出口装置见图 9-3（a）。所有进水管和出水管的内径均为 15mm。水平点到点流的进水管和出水管都为单管，进水口和出水口都为水平流；水平扩散流进水口或出水口均装有三根垂直的多孔管，多孔管均匀地分布在试验床的横截面上，并与底座相连；上行流的进水和出水的多孔管设计成矩形状，均匀地安装在床顶部和床底；下行流的进水和出水与上行流的一致，只是水流流向刚好相反。使用时，每周用少量的自来水冲洗进水管和出水管，以清除实验过程中产生的生物膜，防止其堵塞管道。

试验床内填充有 2.9m^3 的无籽玉米棒作为碳源，为防止产生的气泡造成玉米棒的浮动，填料用混凝土板盖压。

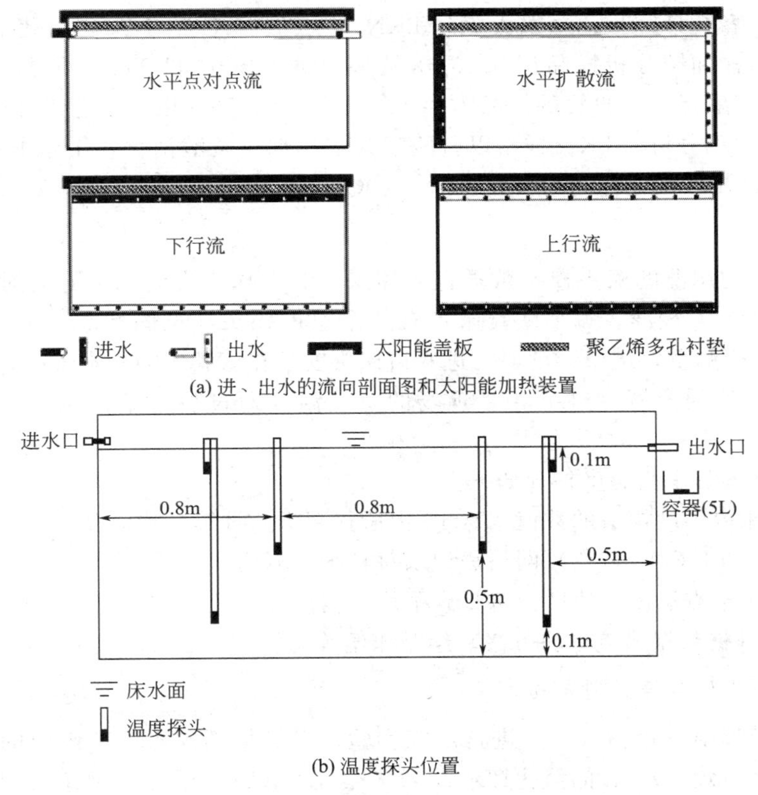

(a) 进、出水的流向剖面图和太阳能加热装置

(b) 温度探头位置

图 9-3　脱氮床设计

太阳能盖板的材料为波纹聚碳酸酯，将太阳能盖板置于试验床的顶部，用泡沫塑料堵住其和床框之间的缝隙。黑色聚乙烯多孔衬垫置于太阳能盖板和试验床之间。在聚乙烯多孔衬垫和太阳能盖板之间埋有一根长 20m、内径 20mm 的黑色聚乙烯管，以用于太阳能盖板对即将进入床内的水流进行加热。管中水流的停留时间大约为 13min。

（二）处理水运行

每一个试验床的进水都要在一定时间用已知体积的容器测量其流量，在水质检验和示踪物实验期间都要进行流量测量。

二级城市污水（3.4m^3/d）用泵从污水处理厂沉淀池出水中抽入到 5000L 地埋式曝气过滤池（SAF）中，作为硝化污水。在污水排放到反硝化床前，往 SAF 中往污水中添加硝酸

钾以使其 NO_3^--N 浓度增加至约 200mg/L，以保证进水硝酸盐浓度高出试验床对硝酸盐低限浓度。SAF 出口处安装有六个水平的三角堰，通过重力排水管道对进入硝化床的污水进行分流，污水以 0.57m^3/d 的平均流速进入每一个试验床，在每一个试验床中污水的流速也是在 0.3～0.8m^3/d。由于污水处理厂的负荷变化，出水管路会定期产生生物膜。因此，这些管路需经常用自来水冲洗，以除去生物膜。

四、结果分析

（一）水质分析

实验期间，每周都对进水和出水取样，分析其 NO_3^--N，测量温度值。每个月对进水和出水的 pH 值、溶氧（DO）、总凯氏氮（TKN）、氨氮（NH_4^+-N）和生化需氧量（BOD）测定一次。硝酸盐和铵分析样品用 0.45μm 滤膜过滤，BOD 和 TKN 的样品不过滤，其中 TKN 的样品用硫酸保存。收集的样品贮存于 4℃下。NO_3^--N 用离子色谱分析，NH_4^+-N 用苯酚/次氯酸钠比色分析。TKN 样本以硫酸铜为催化剂用硫酸消化，用苯酚/次氯酸钠比色分析。BOD 样品添加硝化抑制剂培养 5d 后，DO 仪测定。

（二）温度测量

实验中的温度用温度探头连接数据记录器采集。在探头安装和拆卸时对探头进行三点（0℃，20℃和 40℃）校准。每个试验床各有 8 个温度探头［见图 9-3（b）］，实验时每隔 10min 对温度进行测量，记录温度值。进水口探头安装在试验床的进水管中，而出水口的探头被浸没在出口处的容器（5L）中。现场的空气温度通过位于地面以上 1.5m 温度探头测量。

每个试验床的日平均温度估计如下。

① 用 8 个床内温度探头的数值（从 1h 内所得数据）计算日均温度［见图 9-3（b）］；

② 使用 11×13（143 节点）网格法记录每日平均温度；

③ 计算 143 个点温度均值即为每日床平均温度。

用 11×13 网格数据（克里格方法）绘制床温等温线。

（三）示踪剂测定及其停留时间分析

每个试验床都用溴化物（Br）进行示踪实验，以测量不同水流范围内的水力效率和太阳能加热后的水力效率。1L 的溴化钾示踪剂（8g/L）（Br）用计量泵输入到进水中（脉冲周期为 12min），在出水口收集的样品在 4℃下保存，使用沉淀滴定法分析。

溴示踪剂经过试验床的停留时间通过停留时间分布（RTD）的矩分析予以评估。

RTD，也称为 E 曲线：

$$E(t)=\frac{Q(t)C(t)}{M_0} \tag{9-3}$$

式中，$E(t)$=RTD，d^{-1}；t 为时间，d；$Q(t)$ 为床出水流量，m^3/d；$C(t)$为床出水中的 Br 浓度，g/m^3；M_0 为出口流出的 Br 总量，g。

出口流出的溴其总量可利用 RTD 矩分析进行确定。RTD 零阶矩的绝对量即为试验床出口的示踪剂总质量：

$$M_0=\int_0^{\infty}Q(t)C(t)\mathrm{d}t \cong \sum_{i=1}^{n}Q_i(t)C_i(t)\Delta t \tag{9-4}$$

式中，n 为样品数。

RTD 的标准化一阶矩即为曲线下方区域的重心，其所对应的时刻为示踪剂的平均停留时间 $\bar{t}$（d）：

$$\bar{t}=\int_0^{\infty} tE(t)\mathrm{d}t \cong \sum_{i=1}^{n} t_i E_i(t)\Delta t \qquad (9\text{-}5)$$

（四）水力性质测量

为了测量填料的孔隙度，用一个 200L 桶填满无籽玉米棒，用水浸透几天直到水位恒定，在此过程中将钢筋网罩放置在填料上以防止玉米棒浮动，同时保证桶的边缘充满水。在水位恒定 24h 后将水排干，测量初级（或排水）孔隙度；然后从桶中取沥干水后的玉米棒样品称量，再将其在 40℃下干燥至恒重，沥水后玉米棒样品质量与其干燥后质量之差即为次级孔隙度。

上述装置出水的理论水力停留时间（HRT）：

$$\text{HRT}=\text{填料体积}\times\text{初级孔隙度}/\text{水流流量} \qquad (9\text{-}6)$$

水平流床填料的导水率（K）用达西方程计算：

$$q=KIA \qquad (9\text{-}7)$$

式中，q 为流量，m^3/d，流量由床进、出口水之间的水力梯度得到［见图 9-3（a）］；I 为水力梯度；A 为床的截面积，m^2。

试验床（或湿地单元）的水力效率（e_v）为示踪剂平均滞留时间 $\bar{t}$ 与理论水力停留时间（HRT）的比值，其中均匀水流的 e_v 值为 1，e_v 值小于 1 说明水流处于不同的短路状态。

注：对于垂直流床，由于其水头只有非常小的垂向变化，真正意义上的水力梯度不能测到。

五、数据处理

（一）实验参数

利用所测数据绘制床温等温线，计算示踪剂的 E 曲线与示踪剂的平均停留时间、水平流床填料的导水率（K）以及各试验床的水力效率 e_v。

（二）显著性检验

用配对的 t 检验来确定由于太阳能采暖或不同流动范围内试验床平均温度和硝酸盐去除之间的显著性差异；用线性相关来确定在硝酸盐的去除和水力效率之间是否存在显著相关（所有检验的置信区间均为 95%，所得数据均为平均值±标准差）。

六、思考题

1. 为什么在脱氮床工作过程中，出水口会产生生物膜？
2. 怎样较准获得脱氮床的平均温度？
3. 什么是矩分析？怎样利用矩分析来获得脱氮床的关键参数？

实验 4　纤维素基黄原酸钙盐的制备及其对镉离子的吸附

一、实验目的

1. 学习用植物秸秆化学改性制备重金属吸附剂-纤维素基黄原酸钙盐的方法。

2. 比较不同来源植物秸秆在相同改性工艺下制备的吸附剂吸附性能差异，以及同一植物秸秆经不同制备工艺制得的吸附剂吸附性能差异。

二、实验原理

植物秸秆通过碱化去除木质素和半纤维素后，所得较高纯度的碱化纤维素再进行黄化改性，制得纤维素基黄原酸钠盐，再经过钙盐置换，使之转化为较为稳定的纤维素基黄原酸钙盐，洗涤烘干即得吸附剂，可对 Cd^{2+} 等重金属离子发生交换反应。不同植物秸秆原料及制备工艺对改性反应效率有不同程度的影响。实验涉及的主要反应如下：

$$\text{Cell—OH} + \text{NaOH} \longrightarrow \text{Cel—ONa} + H_2O$$

$$CS_2 + \text{Cell—ONa} \longrightarrow \text{Cell—OCS}_2\text{Na}$$

$$2\,\text{Cell—OCS}_2\text{Na} + Ca^{2+} \longrightarrow (\text{Cell—OCS}_2)_2\text{Ca} + 2Na^{+}$$

$$(\text{Cell—OCS}_2)_2\text{Ca} + Cd^{2+} \longrightarrow (\text{Cell—OCS}_2)_2\text{Cd} + Ca^{2+}$$

三、试剂

（1）200g/L NaOH 溶液，100g/L NaOH 溶液。

（2）CS_2。

（3）3mol/L 盐酸，0.5mol/L 盐酸。

（4）10% $CaCl_2$ 溶液。

（5）混合洗涤液：由稀碱液（pH 为 8 左右）和酒精按体积比 3∶1 配制而成，其中稀碱液用蒸馏水滴加稀氢氧化钠微调使 pH 值为 8.0±0.1。

（6）1000mg/L Cd^{2+} 溶液：以 $CdCl_2$ 配置，并用稀盐酸或氢氧化钠微调使其 pH 值为 6.0±0.1。

（7）Cd^{2+} 系列浓度标液：用 1000mg/L 原标液（外购）配置各系列梯度浓度，分别为 0mg/L、0.10mg/L、0.50mg/L、1.00mg/L、2.00mg/L、4.00mg/L。

四、材料与仪器

（1）凤眼莲茎叶部秸秆、水杉木屑烘干并粉碎过 40 目筛、商品 732 型阳离子交换树脂。

（2）集热式恒温搅拌反应器。

（3）原子吸收分光光度计。

（4）真空泵。

（5）恒温振荡器。

五、实验步骤

1. 吸附剂制备

（1）吸附剂制备（改性工艺 1） 称取凤眼莲茎叶部秸秆、水杉木屑粉末样各 5g（放大时为 100g，其余参数相应放大 20 倍，下同）于 500mL 烧杯中，向其中加入 100mL 200g/L 的 NaOH，在 30℃下，恒温搅拌 60min，抽滤（以 4 层纱布为过滤介质），弃去滤液；接着加入 100mL 10%（2.5mol/L）的 NaOH 溶液，在 30℃下，恒温搅拌 30min 后，向其中缓慢加入 0.4mL CS_2，继续反应 90min，再加入 10% $CaCl_2$ 5mL，继续在 30℃下搅拌反应 10min，抽滤，弃去上清液；抽滤后所得固体用 pH 值为 8.0 左右的碱水和酒精混合洗涤液

($V_{碱水}$ ∶ $V_{酒精}$ =3∶1) 洗涤，每次200mL，分次洗涤到悬浮液pH值降至8～9，抽滤，将固体物在50℃烘干，注意在完全烘干前多次用玻棒将湿固体捣散以免烘干后结块和过硬，待完全烘干后，称重，计算吸附剂产品各自产率，然后研磨过40目筛，所得粉末样即为各植物相应纤维素黄原酸钙盐吸附剂。

(2) 吸附剂制备（改性工艺2）　称取凤眼莲茎叶部秸秆、水杉木屑粉末样各5g于500mL烧杯中，向其中加入100mL 200g/L的NaOH，在30℃下，恒温搅拌60min，抽滤（以4层纱布为过滤介质），弃去滤液；接着加入100mL 10%（2.5mol/L）的NaOH溶液，在30℃下，恒温搅拌30min后，向其中缓慢加入0.4mL CS_2，继续反应90min，静置，抽滤，保留湿固体。向湿固体中滴加3mol/L的盐酸溶液，边加边搅拌，使湿固体pH降至11左右（用精密pH试纸测试，注意pH接近11的时候，改用0.5mol/L的盐酸调节），然后加入10% $CaCl_2$ 5mL，继续在30℃下搅拌反应10min，离心，弃去上清液，再用pH值为8.0左右的碱水和酒精混合洗涤液（$V_{碱水}$ ∶ $V_{酒精}$ =3∶1）洗涤，每次200mL，分次洗涤到悬浮液pH值降至8～9为止，抽滤，将固体物在50℃烘干，注意在完全烘干前多次用玻棒将湿固体捣散以免烘干后结块和过硬，待完全烘干后，称重，计算吸附剂产品各自产率，然后研磨过40目筛，所得粉末样即为各植物相应纤维素黄原酸钙盐吸附剂。

2. 吸附剂吸附量测定

分别称取0.05g吸附剂以及作为对照的植物原料粉末样和商品732型阳离子交换树脂于250mL锥形瓶中，加入20mL 1000mg/L的Cd^{2+}溶液，在25℃恒温摇床中振荡30min，摇床速度150r/min，平行3次，过滤后滤液再经适当稀释，用原子吸收法测定吸附后各溶液中的Cd^{2+}浓度。

纤维素黄原酸钙盐对Cd^{2+}离子吸附量的计算：

$$Q=(C_0-C_1)\times V/(m\times 1000) \tag{9-15}$$

式中，Q为吸附量，mg/g；C_0为Cd^{2+}初始浓度，mg/L；C_1为吸附平衡后Cd^{2+}浓度，mg/L；V为溶液体积，mL；m为纤维素黄原酸钙盐样品干重，g。

六、思考题

1. 改性工艺2中，在加入$CaCl_2$之前，将CS_2黄化后的物料用盐酸中和使pH值降至11左右的目的是什么？

2. 制备钙盐吸附剂最后洗涤步骤中为何要用碱水与酒精的混合洗涤液洗涤，而不是仅用碱水洗涤？

3. 水生植物秸秆和陆生植物秸秆在同样改性工艺下产物的产率有多大差异？其主要原因是什么？

4. 同样的植物秸秆原料分别经过不同工艺改性制备的产物产率、吸附性能各有多大差异？水生植物秸秆和陆生植物秸秆在同样改性工艺下的产物吸附性能孰高孰低？引起这些差异的可能原因是什么？同一植物秸秆原料、同一工艺下小试和放大试验所得的改性产物吸附性能上有多大差异？引起这种差异的可能原因是什么？

实验5　园林植物叶片滞尘量的比较分析

一、实验目的

1. 学习园林植物叶片滞尘量的测定方法。

2. 比较不同园林植物叶片对大气颗粒的截留能力。

二、实验原理

植物叶片由于其表面特性和本身的湿润性使得植物具有很大的滞尘能力，从而能够将一部分颗粒污染物从大气中清除。颗粒被枝叶表面保留一段时间后，经雨水冲刷落地，枝叶表面又恢复滞尘能力。用蒸馏水将叶片上的颗粒洗净后，间隔一定时间测定叶片上截留的颗粒物质量，可以估算和比较不同树木叶片的滞尘能力。

三、材料和试剂

(1) 不同园林植物叶片。

(2) 万分之一天平。

(3) 电热板。

(4) 手持放大镜。

四、实验步骤

1. 采样准备

在校园内同一区域选择不同阔叶植物，每种植物在生长状况良好的个体的不同方向选定供试叶片并挂上标签。实验前一天用装有蒸馏水的喷壶在选定的叶片上进行喷水，以冲掉叶片上的降尘，让叶片重新滞尘，记录冲洗时间。

2. 叶片采样

对选定的叶片从叶柄处剪断，用镊子将叶片轻轻放入保鲜袋内封存，带回实验室进行后续处理分析。采集叶片时尽量避免叶片上的灰尘脱落，带回的途中尽量避免震动。

3. 叶片滞尘量测定

将采集的叶片在蒸馏水中浸渍约 10min 后，用不掉毛的软毛刷刷洗叶片，并用软毛刷轻轻刷洗装叶片的保鲜袋，然后将洗液移至干燥锥形瓶中，置于电热板上加热促使水分蒸发。当锥形瓶内水剩约 10mL 时，将其转入已称重干燥蒸发皿中，95℃水浴蒸干，以万分之一天平称重，两次质量之差即为采集叶片截留的颗粒物质量。

4. 估算叶片面积

刷洗后的叶片置于干净的阴凉处晾干，将其轮廓描绘在已称重（质量记为 W_1）的 A4 纸张上，然后将 A4 纸张上有叶片轮廓的部分剪下，称重，记为 W_2；计算 A4 纸张面积，记为 S_1；则叶片面积为：$S_2=W_2\times(S_1/W_1)$。

5. 叶片形态观察

借助手持放大镜，观察不同阔叶植物叶片表面形态，包括叶片质地、表面粗糙度、表面黏性、有无茸毛、叶脉凹凸等。

五、数据分析

计算不同阔叶植物单位叶片面积在相同时间间隔内截留的颗粒物质量，比较不同植物种类叶片的滞尘能力，并结合叶片形态观察，归纳总结颗粒污染净化能力强的植物的叶片特征。

六、思考题

影响园林植物净化大气颗粒污染的因素有哪些？

实验 6 浮水植物凤眼莲对污水的修复

一、实验目的

了解污染水体植物修复的特点，有效估算修复受损环境所需植物的生物量。

二、实验原理

根据某些植物消纳污染物的特性，在清淤、截污和适时换水基础上因地制宜地实施水生植物净化水体，提高水体的自净功能，增加生物多样性，恢复水体自身良好的生态系统。

三、实验步骤

1. 实验在长 2m、宽 1m、高 1.5m 的水族箱（见图 9-4）里进行。取南湖水至水族箱的 1m 深处，在箱内投放凤眼莲苗 120 株，并称量总鲜重。水培实验共 3 个平行，培养时间 1 个月，其间每隔 10d 测植株数与总鲜重。

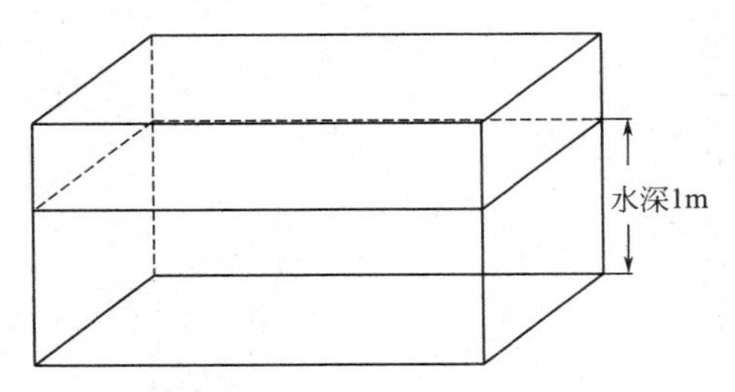

图 9-4 培养浮水植物的水族箱结构图

2. 取样与水质指标的测定

在凤眼莲投放前后于水族箱各取 3 个水样，每个水样 500mL，测定水质理化指标。高氯酸-硫酸消化凯氏定氮法测定 TN；苯酚-次氯酸盐法测定 NH_3-N；高氯酸-硫酸-钼锑抗比色法测定 TP；重铬酸钾法测定 COD；重量法测定 TSS。

四、结果分析

1. 修复水体所需植物的估算

根据每平方米凤眼莲的生物量、凤眼莲（鲜重）的氮和磷含量、水体中的氮和磷含量，假设植物所含的氮、磷来自水体且水体中的 N、P 全被吸收，计算净化水体所含 N、P 全被吸收所需的凤眼莲量。

这里的估算只是假设。凤眼莲对水中 N、P 含量的吸收率具有一定的限度，估算只反映凤眼莲净化功能的一个量的概念。

2. 水质的净化效果

通过分析植物修复前后水样中的 TN、NH_3-N、TP、COD、TSS 的变化评价植物对水质的净化效应。

五、思考题

1. 在该实验中，如何进行多种植物的有效配置？

2. 如何有效防治用于修复水体的植物可能引起的二次污染？